高等学校“十二五”计算机规划精品教材

Visual FoxPro 大学应用教程（第二版）

主　编○匡 松　何志国　王 勇　邓克虎
副主编○鄢 莉　朱正国　刘 欢　郭黎明

西南财经大学出版社
Southwestern University of Finance & Economics Press

图书在版编目(CIP)数据

Visual FoxPro 大学应用教程/匡松,何志国,王勇,邓克虎主编．—2 版．—成都:西南财经大学出版社,2014. 1

ISBN 978 - 7 - 5504 - 1297 - 2

Ⅰ.①V… Ⅱ.①匡…②何…③王…④邓… Ⅲ.①关系数据库系统—程序设计—高等学校—教材 Ⅳ.①TP311. 138

中国版本图书馆 CIP 数据核字(2013)第 302883 号

Visual FoxPro **大学应用教程(第二版)**

主 编 匡 松 何志国 王 勇 邓克虎

责任编辑:植 苗

封面设计:何东琳设计工作室

责任印制:封俊川

出版发行	西南财经大学出版社(四川省成都市光华村街 55 号)
网 址	http://www. bookcj. com
电子邮件	bookcj@ foxmail. com
邮政编码	610074
电 话	028 - 87353785 87352368
照 排	四川胜翔数码印务设计有限公司
印 刷	四川森林印务有限责任公司
成品尺寸	183mm × 256mm
印 张	16. 75
字 数	385 千字
版 次	2014 年 1 月第 2 版
印 次	2014 年 1 月第 1 次印刷
书 号	ISBN 978 - 7 - 5504 - 1297 - 2
定 价	35. 00 元

编委会

主　编： 匡　松　何志国　王　勇　邓克虎

副主编： 鄢　莉　朱正国　刘　欢　郭黎明

编　委：（排名不分先后）

陈　超　何春燕　张俊坤　刘　颖

缪春池　喻　敏　薛　飞　黄　涛

王勇杰　李世嘉　吴　江　韩延明

宁　涛　张　英　陈　斌　谢志龙

第二版前言

本书以 Visual FoxPro 6.0 为基础，覆盖全国计算机等级考试二级 Visual FoxPro 考试大纲，系统介绍 Visual FoxPro 6.0 的基础知识、程序设计及应用的基本方法，主要内容包括：数据库概述；Visual FoxPro 初步知识；数据类型与基本运算；表的操作；索引和数据库操作；视图与查询；SQL 基本操作；程序设计基础；表单设计及应用；报表设计及应用；菜单设计及应用；应用程序的集成与发布。

本书结构合理，通俗易懂，数据一致，例题丰富，图文并茂。为了便于学生理解和掌握 Visual FoxPro 基础知识、面向对象可视化的程序设计方法、应用程序的集成与发布、应用程序开发技术以及参加全国计算机等级考试二级 Visual FoxPro 考试的需要，本书提供有《Visual FoxPro——习题·实验·案例》配套教材（匡松、何志国、梁庆龙主编，西南财经大学出版社出版）供学生练习、巩固和强化所学知识。

本书由匡松、何志国、王勇、邓克虎担任主编，鄢莉、朱正国、刘欢、郭黎明担任副主编，匡松、何志国、王勇、邓克虎、鄢莉、朱正国、刘欢、郭黎明是主要执笔人，陈超、何春燕、张俊坤、刘颖、缪春池、喻敏、薛飞、黄涛、王勇杰、李世嘉、吴江、韩延明、宁涛、张英、陈斌、谢志龙也参加了书中部分内容的编写工作。

编　者

2013 年 11 月

前言

本书以 Visual FoxPro 6.0 为基础，覆盖全国计算机等级考试（National Computer Rank Examination，简称 NCRE）二级 Visual FoxPro 考试大纲，结合高等学校财经类专业本科教学实际要求，力求全面讲述 Visual FoxPro 6.0 的基础知识和应用程序设计方法。主要内容包括：数据库概述；Visual FoxPro 初步知识；数据类型与基本运算；表的操作；索引和数据库操作；视图与查询；SQL 基本操作；程序设计基础；表单设计及应用；报表设计及应用；菜单设计及应用；应用程序的集成与发布。

为便于读者理解和掌握 Visual FoxPro 基础知识、面向对象可视化的程序设计方法、应用程序的集成与发布、应用程序开发技术以及参加全国计算机等级考试的需要，本书配有《Visual FoxPro 大学应用——习题·实验·案例》供读者练习、巩固和强化所学知识。

本书结构合理，通俗易懂，数据一致，例题丰富，图文并茂，可作为高等学校数据库应用课程的教材，也可作为全国计算机等级考试二级 Visual FoxPro 考试的教学参考用书。

本书由匡松、郭黎明担任主编，负责全书设计和统稿，梁庆龙、何福良、李朔枫、甘嵘静担任副主编，李自力、古永红、缪春池、喻敏、王李、王宇、薛飞、黄涛、王勇杰、李世嘉、吴江、韩延明、宁涛、张英、陈斌、谢志龙等也参加了本书部分内容的编写工作。

编　者

2009 年 12 月

目 录

1　数据库概述

本章主要介绍与数据库有关的基本知识，包括数据、信息和数据处理、数据库系统的基本概念，数据模型、关系数据库以及数据库新技术概述等。这些基本知识是学习使用 Visual FoxPro 的基础。

1.1　数据、信息与数据处理

随着计算机硬件技术和软件技术的发展，数据管理的水平在不断提高，管理方式也发生了很大的变化。

1.1.1　数据与信息

（1）数据

数据是客观事物属性的取值，是信息的具体描述和表现形式，是信息的载体。在计算机系统中，凡能为计算机所接受和处理的各种字符、数字、图形、图像及声音等都可称为数据。因此，数据泛指一切可被计算机接受和处理的符号。数据可分为数值型数据（如产量、价格、成绩等）和非数值型数据（如姓名、日期、文章、声音、图形、图像等）。数据可以被收集、存储、处理（加工、分类、计算等）、传播和使用。

（2）信息

信息是事物状态及运动方式的反映（表现形式），需经过加工、处理后才能交流使用。数据用于记载、描述和传播信息，是信息的载体。

信息与数据既有联系又有区别，它们之间的关系可描述为：信息是对客观现实世界的反映，数据是信息的具体表现形式。需要注意的是，用不同的数据形式可以表示同样的信息，但信息不随它的数据形式的不同而改变，例如，某个部门要召开会议，可以把“开会”这样一个信息通过广播（声音形式的数据）、文件（文字形式的数据）等方式通知给有关单位，在这里，声音或文字都是不同的反映方式（表现形式），可以表示同一个信息。

1.1.2　数据处理

数据处理也称为信息处理。所谓数据处理，是指利用计算机将各种类型的数据转换成信息的过程。它包括对数据的采集、整理、存储、分类、排序、加工、检索、维护、统计和传输等一系列处理过程。数据处理的目的是从大量的、原始的数据中获得人们所需要的资料并提取有用的数据成分，从而为人们的工作和决策提供必要的数据基础和决策依据。

1.1.3 数据管理技术的发展

数据管理是指对数据进行组织、存储、分类、检索和维护等的操作，是数据处理的核心。数据管理技术的发展主要经历了人工管理、文件管理和数据库系统管理三个阶段。

（1）人工管理阶段

人工管理阶段始于20世纪50年代，这个时期的计算机主要用于科学计算。在硬件方面，由于当时没有磁盘作为计算机的存储设备，数据只能存放于卡片、纸带、磁带上；在软件方面，既没有操作系统，也没有专门管理数据的软件，数据由计算生成或由处理它的程序自行携带。

在人工管理阶段数据管理存在的主要问题是：

① 数据不能独立。编写的程序直接针对程序中的数据，程序的运行依赖于数据的逻辑格式和物理格式。当数据修改时，程序也得修改，而程序修改后，数据的格式、类型也得变化以适应处理它的程序。

② 数据不能长期保存。数据被包含在程序中，程序运行结束后，数据和程序一起从内存中释放。

③ 没有专门进行数据管理的软件。人工管理阶段不仅要设计数据的处理方法，而且还要说明数据在存储器中的存储地址。应用程序依赖于数据，各程序之间的数据不能相互传递，数据不能被重复使用。因而这种管理方式既不灵活，也不安全，编程效率低下，程序维护和数据管理困难。

④ 一组数据对应于一个程序。一个程序中的数据不能被其他程序利用，数据无法共享，从而导致程序和程序之间有大量重复的数据存在。

人工管理阶段程序与数据之间的关系如图1-1所示。

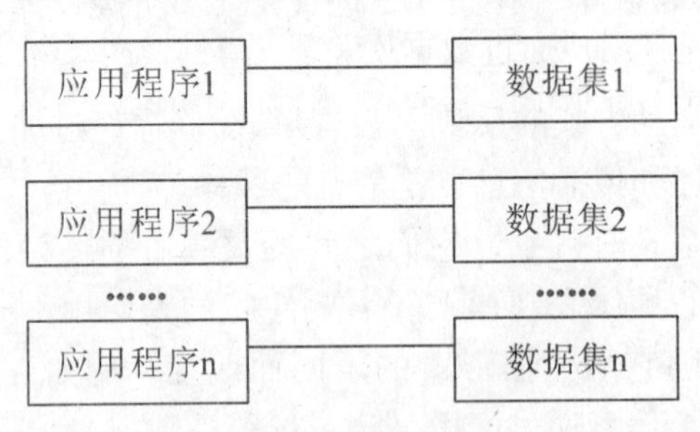

图1-1 人工管理阶段程序与数据之间的关系

（2）文件管理阶段

在20世纪60年代，计算机软、硬件技术得到快速发展，硬件方面有了磁盘、磁鼓等大容量且能长期保存数据的存储设备；软件方面有了操作系统，操作系统中有专门的文件系统用于管理外部存储器上的数据文件，且数据与程序分开，数据能长期保存。

在文件管理阶段，把有关的数据组织成一个文件，这种数据文件能够脱离程序而独立存储在外存储器上，由一个专门的文件管理系统对其进行管理。在这种管理方式下，应用程序通过文件管理系统对数据文件中的数据进行加工处理。应用程序与数据文件之间具有一定的独立性。与早期人工管理阶段相比，使用文件系统管理数据的效率和数量都有很大提高，但仍存在以下问题：

① 数据没有完全独立。虽然数据和程序被分开，但所设计的数据依然是针对某一特定的程序，数据文件仍然高度依赖于其对应的程序，不能被多个程序所共享。

② 存在数据冗余。文件系统中的数据没有合理和规范的结构，使得数据的共享性极差，即使是不同程序使用部分相同数据，数据结构也完全不同，也要创建各自的数据文件。这便造成数据的重复存储，即数据的冗余。

③ 数据不能被集中管理。文件系统中的数据文件没有集中的管理机制，数据的安全性和完整性都不能得到保障。

文件系统阶段程序与数据之间的关系如图 1 - 2 所示。

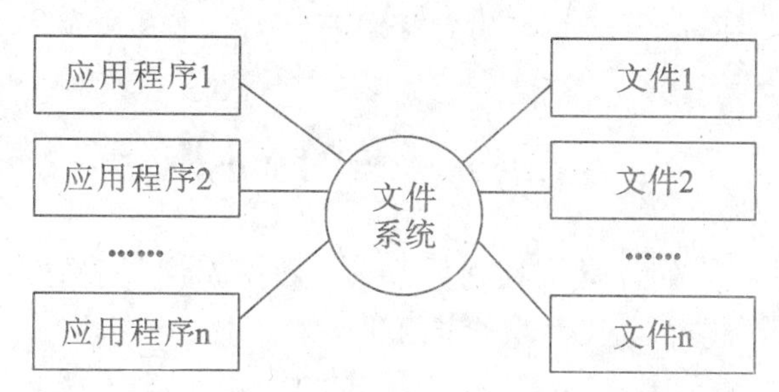

图 1 - 2　文件系统阶段程序与数据之间的关系

（3）数据库系统管理阶段

由于文件系统管理数据存在缺陷，迫切需要一种新的数据管理方式，把数据组成合理结构以进行集中、统一管理。数据库技术始于 20 世纪 60 年代末，到了 20 世纪 80 年代，随着计算机的普遍应用和数据库系统的不断完善，数据库系统在全世界范围内得到广泛的应用。

在数据库系统管理阶段，将所有的数据集中到一个数据库中，形成一个数据中心，实行统一规划，集中管理，用户通过数据库管理系统来使用数据库中的数据。

数据库系统的主要特点如下：

① 实现了数据的结构化：在数据库中采用了特定的数据模型组织数据。数据库系统把数据存储于有一定结构的数据库文件中，实现了数据的独立和集中管理，克服了人工管理和文件管理的缺陷，大大方便了用户的使用和提高了数据管理的效率。

② 实现了数据共享：数据库中的数据能被多个应用程序共享，为多个用户服务。数据共享可以减少数据冗余，节约存储空间，还能够避免数据之间的不一致性。

③ 实现了数据独立：用户的应用程序与数据的逻辑结构及数据的物理存储方式无关。数据独立可以简化应用程序的编制，减少应用程序的维护和修改。

④ 实现了数据统一控制：数据库系统提供了各种控制功能，保证了数据的并发控制、安全性和完整性。数据库作为多个用户和应用程序的共享资源，允许多个用户同时访问。并发控制可以防止多用户并发访问数据时产生的数据不一致性。安全性可以防止非法用户存取数据。完整性可以保证数据的正确性和有效性。

在数据库系统管理阶段，应用程序和数据完全独立，应用程序对数据的管理和访问更加灵活。一个数据库可以为多个应用程序共享，使得程序的开发和运行效率大大提高，减少了数据冗余，实现了数据资源共享，提高了数据的完整性、一致性以及数据的管理效率。

数据库系统阶段程序与数据之间的关系如图 1－3 所示。

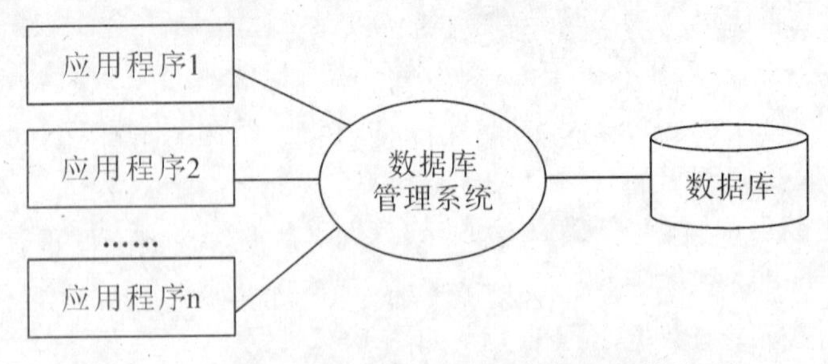

图 1－3 数据库系统阶段程序与数据之间的关系

1.2 数据库系统的基本概念

在数据库技术中，人们常常接触到数据库、数据库管理系统、数据库系统、数据库应用系统这些名词，它们之间有着一定的联系和区别。

1.2.1 数据库

数据库（Data Base，DB）就是按一定的组织形式存储在一起的相互关联的数据的集合，其中的数据具有特定的组织结构。所谓“组织结构”，是指数据库中的数据不是分散的、孤立的，而是按照某种数据模型组织起来的，不仅数据记录内的数据之间是彼此相关的，数据记录之间在结构上也是有机地联系在一起的。数据库具有数据的结构化、独立性、共享性、冗余量小、安全性、完整性和并发控制等基本特点。在数据库系统中，数据库已成为各类管理系统的基础，为用户和应用程序提供了共享的资源。

1.2.2 数据库管理系统

数据库管理系统（Data Base Management System，DBMS）是负责数据库的定义、建立、操纵、管理和维护的一种计算机软件，是数据库系统的核心部分。数据库管理系统是在特定操作系统的支持下进行工作的，它提供了对数据库资源进行统一管理和控制的功能，使数据结构和数据存储具有一定的规范性，提高了数据库应用的简明性和方便性。DBMS 为用户管理数据提供了一整套命令，利用这些命令可以实现对数据库的各种操作，如数据结构的定义，数据的输入、输出、编辑、删除、更新、统计和浏览等。

1.2.3 数据库系统

数据库系统（Data Base System，DBS）是指计算机系统引入数据库后的系统构成，是一个具有管理数据库功能的计算机软硬件综合系统。具体地说，它主要包括计算机硬件、操作系统、数据库（DB）、数据库管理系统（DBMS）和相关软件、数据库管理员及用户等组成部分。数据库系统具有数据的结构化、共享性、独立性、可控冗余度以及数据的安全性、完整性和并发控制等特点。

(1) 硬件系统：是数据库系统的物理支持，包括主机、外部存储器、输入/输出设备等。

(2) 软件系统：包括系统软件和应用软件。系统软件包括支持数据库管理系统运行的操作系统（如 Windows 2000）、数据库管理系统（如 Visual FoxPro 6.0）、开发应用系统的高级语言及其编译系统等；应用软件是指在数据库管理系统的基础上，用户根据实际问题自行开发的应用程序。

(3) 数据库：是数据库系统的管理对象，为用户提供数据的信息源。

(4) 数据库管理员（DBA）：是负责管理和控制数据库系统的主要维护管理人员。

(5) 用户：是数据库的使用者，利用数据库管理系统软件提供的命令访问数据库并进行各种操作。用户包括专业用户和最终用户。专业用户即程序员，是负责开发应用程序的设计人员；最终用户是对数据库进行查询或通过数据库应用系统提供的界面使用数据库的人员。

1.2.4 数据库应用系统

数据库应用系统（Data Base Application System，DBAS）是在 DBMS 支持下根据实际问题开发出来的数据库应用软件。一个 DBAS 通常由数据库和应用程序两部分组成，它们都需要在 DBMS 支持下开发。

1.3 数据模型

数据模型是对现实世界数据特征的抽象，是用来描述数据的一组概念和定义。数据模型按不同的应用层次可划分为概念数据模型和逻辑数据模型两类。概念数据模型又称为概念模型，是一种面向客观世界、面向用户的模型，主要用于数据库设计。而逻辑数据模型常称为数据模型，是一种面向计算机系统的模型，主要用于数据库管理系统的实现。

数据模型一般分为三种：层次模型、网状模型和关系模型。如果数据库中的数据是依照层次模型存储的数据，该数据库称为层次数据库；如果是依照网状模型进行存储，该数据库称为网状数据库；如果是依照关系模型进行存储，该数据库称为关系数据库。

1.3.1 层次模型

层次模型是数据库系统最早使用的一种模型。层次模型表示数据间的从属关系结构，它是以树型结构表示实体（记录）与实体之间联系的模型。层次模型的主要特征是：

(1) 层次模型像一棵倒立的树，有且仅有一个无双亲的根结点。

(2) 除根结点以外的子结点，有且仅有一个父结点。

层次模型只能直接表示一对多的联系，不能表示多对多的联系。例如，学校的行政机构（如图1-4所示）、企业中的部门编制等都是层次模型。支持层次模型的数据库管理系统称为层次数据库管理系统。

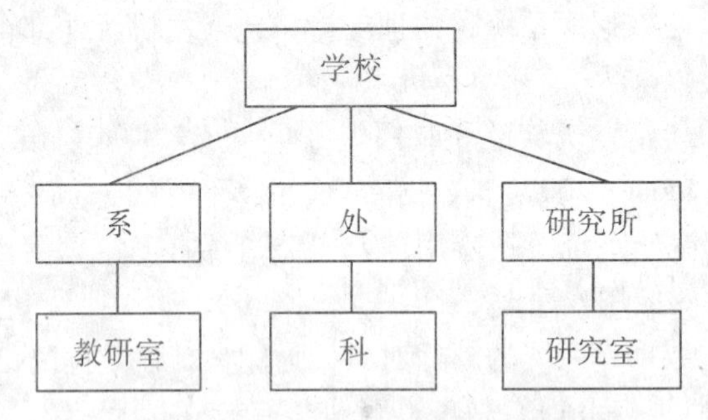

图1-4　学校行政机构的层次模型

1.3.2　网状模型

网状模型是以网状结构表示实体与实体之间联系的模型，使用网状模型可表示多个从属关系的层次结构，也可表示数据间的交叉关系，是层次模型的扩展。网状模型的主要特征是：

（1）允许有一个以上的结点无双亲。

（2）一个结点可以有多个双亲。

网状模型的结构比层次模型更具普遍性，它突破了层次模型的两个限制，允许多个结点没有双亲结点，允许一个结点具有多个双亲结点。此外，它还允许两个结点之间有多种联系。因此，网状模型可以更直接地描述现实世界。图1-5给出了一个简单的网状模型。

网状模型是以记录为结点的网络结构。支持网状模型的数据库管理系统称为网状数据库管理系统。

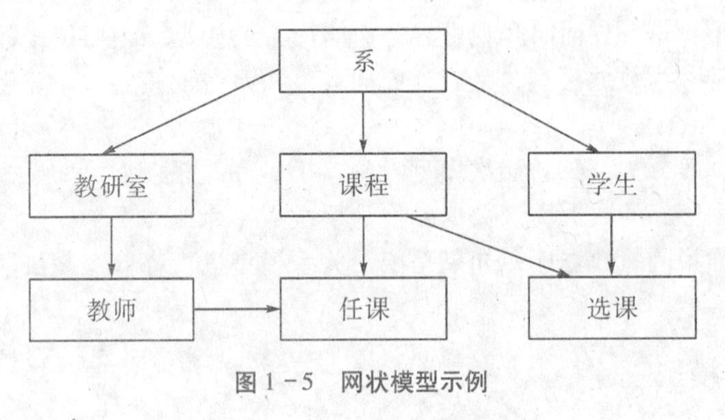

图1-5　网状模型示例

1.3.3　关系模型

关系模型是一种以关系（二维表）的形式表示实体与实体之间联系的数据模型。关系模型不像层次模型和网状模型那样使用大量的链接指针把有关数据集合到一起，而是用一张二维表来描述一个关系。关系模型的主要特点有：

（1）关系中的每一分量不可再分，是最基本的数据单位。

（2）关系中每一列的分量是同属性的，列数根据需要而设，且各列的顺序是任意的。

（3）关系中每一行由一个具体实体或联系的一个或多个属性构成，且各行的顺序可以是任意的。

（4）一个关系是一张二维表，不允许有相同的列（属性），也不允许有相同的行（元组）。

表1-1是一张商品表。在二维表中，每一行称为一个记录，用于表示一组数据项；表中的每一列称为一个字段或属性，用于表示每列中的数据项。表中的第一行称为字段名，用于表示每个字段的名称。

表1-1　　　　商品情况表

商品代码	商品名称	单价	生产日期	进口否	商品外形	备注
s1	笔记本电脑	7380.00	2009-03-12	T	（略）	（略）
s2	激光打印机	1750.00	2009-01-23	F	（略）	（略）
s3	DVD 刻录机	185.00	2009-02-03	F	（略）	（略）
s4	平板式扫描仪	380.00	2009-04-15	F	（略）	（略）
s5	4G U盘	75.00	2009-06-19	T	（略）	（略）
s6	台式计算机	4200.00	2009-05-10	T	（略）	（略）
s7	蓝牙无线鼠标器	320.00	2009-02-07	F	（略）	（略）
s8	双 WAN 口路由器	5100.00	2009-07-20	F	（略）	（略）
s9	15 寸触摸液晶显示器	1800.00	2009-03-24	T	（略）	（略）

关系模型对数据库的理论和实践产生了极大的影响，它与层次模型和网状模型相比有明显的优势，是目前最流行的数据库模型。支持关系模型的数据库管理系统称为关系数据库管理系统。Visual FoxPro 采用的数据模型是关系模型，因此它是一个关系数据库管理系统。

1.4　关系数据库

关系数据库是依照关系模型设计的若干二维数据表文件的集合。在 Visual FoxPro 中，一个关系数据库由若干个数据表组成，每个数据表又是由若干个记录组成，每个记录由若干个数据项组成。一个关系的逻辑结构就是一张二维表。这种用二维表的形式表示实体和实体之间联系的数据模型称为关系数据模型。

1.4.1　关系术语

关系是建立在数学集合概念基础之上的，是由行和列表示的二维表。下面列出常用的关系术语。

关系：一个关系就是一张二维表，每个关系有一个关系名。在 Visual FoxPro 中，一个关系就称为一张数据表。例如表1-1的商品情况表。

元组：二维表中水平方向的行称为元组，每一行是一个元组。在 Visual FoxPro 中，一行称为一个记录。例如表 1 - 1 商品情况表中的一行数据项。

属性：二维表中垂直方向的列称为属性，每一列有一个属性名。在 Visual FoxPro 中，一列称为一个字段。例如表 1 - 1 商品情况表中的商品代码、商品名称、单价等对应的列。

分量：二维表中一个元组的某个属性值。在 Visual FoxPro 中，一个分量称为数据项。

关系模式：对关系的描述。一个关系模式对应一个关系的结构。其格式为：

关系名（属性名 1，属性名 2，属性名 3，…，属性名 n）

例如，商品情况表的关系模式描述如下：

商品情况表（商品代码，商品名称，单价，生产日期，进口否，商品外形，备注）。

1.4.2 关系运算

在关系数据库中，经常需要对关系进行特定的关系运算操作。基本的关系运算有选择、投影和连接三种。关系运算的结果仍然是一个关系。

（1）选择运算

选择运算是从关系中找出满足条件的元组（记录）。选择运算是一种横向的操作，它可以根据用户的要求从关系中筛选出满足一定条件的元组，这种运算的结果是关系表中的元组的子集，其结构和关系的结构相同。

例如，从商品情况表 1 - 1 中找出单价大于等于 800 元的商品的结果如表 1 - 2 所示。

表 1 - 2　　**选择运算——单价大于等于 800 元的商品**

商品代码	商品名称	单价	生产日期	进口否	商品外形	备注
s1	笔记本电脑	7380.00	2009 - 03 - 12	T	（略）	（略）
s2	激光打印机	1750.00	2009 - 01 - 23	F	（略）	（略）
s6	台式计算机	4200.00	2009 - 05 - 10	T	（略）	（略）
s8	双 WAN 口路由器	5100.00	2009 - 07 - 20	F	（略）	（略）
s9	15 寸触摸液晶显示器	1800.00	2009 - 03 - 24	T	（略）	（略）

（2）投影运算

投影运算是从关系中选取若干个属性组成一个新的关系。投影运算是一种纵向操作，它可以根据用户的要求从关系中选出若干属性（字段）组成新的关系。其关系模式所包含的属性个数往往比原有关系少，或者属性的排列顺序不同。

例如，从商品情况表 1 - 1（商品代码，商品名称，单价，生产日期，进口否，商品外形，备注）关系中只显示商品代码、商品名称、单价、生产日期 4 个字段的内容的查询结果如表 1 - 3 所示。

表 1-3 投影运算

商品代码	商品名称	单价	生产日期
s1	笔记本电脑	7380.00	2009-03-12
s2	激光打印机	1750.00	2009-01-23
s3	DVD 刻录机	185.00	2009-02-03
s4	平板式扫描仪	380.00	2009-04-15
s5	4G U盘	75.00	2009-06-19
s6	台式计算机	4200.00	2009-05-10
s7	蓝牙无线鼠标器	320.00	2009-02-07
s8	双 WAN 口路由器	5100.00	2009-07-20
s9	15 寸触摸液晶显示器	1800.00	2009-03-24

（3）连接运算

连接运算是将两个关系通过共同的属性名（字段名）连接成一个新的关系。连接运算可以实现两个关系的横向合并，在新的关系中反映出原来两个关系之间的联系。

1.4.3 关系数据库

关系数据库是若干个关系的集合。在关系数据库中，一个关系就是一张二维表，也称为数据表。所以，一个关系数据库是由若干张数据表组成的，每张数据表又由若干个记录组成，而每一个记录是由若干个以字段加以分类的数据项组成的。

例如，有四张数据表，分别反映商品情况、销售、部门和部门指标等信息。

（1）商品情况表记录了商品的代码、名称、单价、生产日期、进口否、商品外形、备注等信息，如表 1-1 所示。

（2）销售表记录了各个部门销售商品的数量，如表 1-4 所示。

表 1-4 销售表

商品代码	部门代码	销售数量
s9	p4	9
s3	p2	19
s6	p1	5
s2	p4	14
s6	p2	2
s4	p1	8
s3	p4	1
s9	p2	18
s9	p1	8
s4	p4	8
s7	p4	6

表 1-4（续）

商品代码	部门代码	销售数量
s1	p2	16
s3	p1	13
s3	p5	11
s7	p2	14
s7	p1	8
s4	p2	10
s2	p5	13
s4	p5	16
s2	p2	8
s1	p1	20
s6	p5	8
s6	p4	20
s2	p1	2

（3）部门表反映了部门代码和所对应的部门名称及其负责人，如表 1-5 所示。

表 1-5　　部门表

部门代码	部门名称	部门负责人
p1	销售一部	蒋汉全
p2	销售二部	刘星星
p3	销售三部	张井红
p4	销售四部	王阿康
p5	销售五部	郑了万

（4）销售指标表反映了各个部门的部门代码及其销售定额，如表 1-6 所示。

表 1-6　　销售指标表

部门代码	销售定额
p1	250 000
p2	168 000
p3	100 000
p4	25 000
p5	80 000

上述四张数据表收集了有关商品情况、销售数量、部门信息和销售指标等信息。如果将这些数据集中在一张表中，表中的数据字段太多、数据量大、结构复杂，可能使数据重复出现，数据的输入、修改和查找都很麻烦，也会造成数据的存储空间的浪费。

在关系数据库中，通过数据库管理系统，可将这些相关的数据表存储在同一个数据库中，将两张数据表中具有相同值的字段名之间建立关联关系，如将商品情况表中的“商品代码”字段与销售表中的“商品代码”字段建立关联关系；将部门表中的“部门代码”字段与销售指标表中的“部门代码”字段建立关联关系。这不仅使每张数据表具有独立性，而且使表与表之间保持一定的关联关系。

1.5　数据库新技术概述

随着计算机应用领域的不断拓展和多媒体技术的发展，数据库技术的研究也取得了重大突破。从20世纪60年代末开始，数据库系统已从第一代层次数据库、网状数据库，第二代关系数据库系统，发展到第三代以面向对象模型为主要特征的数据库系统。用户应用需求的提高、硬件技术的发展和 Internet/Intranet 提供的丰富多彩的多媒体交流方式，促进了数据库技术与网络通信技术、人工智能技术、面向对象程序设计技术、并行计算技术等的相互渗透，互相结合，形成了数据库新技术，出现了面向对象数据库系统、分布式数据库、多媒体数据库系统、知识数据库系统、并行数据库系统、模糊数据库系统等新型数据库系统。

思考题

1. 简述数据管理技术的发展过程以及各个阶段的主要特点。
2. 什么是数据库、数据库管理系统、数据库系统和数据库应用系统?
3. 试述数据库、数据库系统、数据库管理系统三者之间的关系。
4. 简述层次模型和网状模型各自的特点。
5. 试述数据库管理系统的组成及其功能。
6. 什么是数据独立性？数据库为什么要有数据独立性?
7. 数据管理员的职责主要有哪些?
8. 简述关系、元组、关系模式、关系模型和关系数据库的定义。
9. 关系数据模型的特点是什么？举出一个关系模型的实例。
10. 一个关系应具有哪些基本性质?

2 Visual FoxPro 初步知识

本章主要介绍 Visual FoxPro 6.0 的初步知识，内容主要包括：启动与退出，工作主界面，常用文件类型，操作方式和命令格式。

本教材主要以 Visual FoxPro 6.0 版本（以后简称 Visual FoxPro）进行介绍。

2.1 Visual FoxPro 概述

Visual FoxPro 中的 Visual 的意思是“可视化”。该技术使得在 Windows 环境下设计的应用程序达到所见即所得的效果，在设计过程中可立即看到设计效果，如表单的样式、表单中控件的布局、字符的字体、大小和颜色等。

2.1.1 启动和退出 Visual FoxPro

（1）启动 Visual FoxPro

启动 Visual FoxPro 的常用方法如下：

- 打开“开始 | 所有程序”子菜单，选择“Microsoft Visual FoxPro 6.0”命令。
- 双击桌面上的 Visual FoxPro 图标，启动 Visual FoxPro。
- 双击与 Visual FoxPro 关联的文件。即：双击表文件、项目文件、表单文件等都能启动 Visual FoxPro，同时打开这些文件。

（2）退出 Visual FoxPro

退出 Visual FoxPro 的常用方法如下：

- 选择“文件”菜单中的“退出”命令。
- 按 Alt + F4 键。
- 在 Visual FoxPro 工作主界面，单击其右上角的“关闭”按钮。
- 在 Visual FoxPro 的命令窗口中输入并执行 QUIT 命令。

2.1.2 Visual FoxPro 工作主界面

启动 Visual FoxPro 后，屏幕上显示 Visual FoxPro 工作主界面，主要由标题栏、菜单栏、工具栏、命令窗口、工作区窗口和状态栏组成，如图 2 - 1 所示。

（1）标题栏

标题栏位于 Visual FoxPro 工作主界面的顶部，其中包含控制菜单框、窗口标题栏（Microsoft Visual FoxPro）、“最小化”按钮、“最大化”按钮和“关闭”按钮。

（2）菜单栏

标题栏下面是 Visual FoxPro 系统菜单，简称菜单栏。菜单栏中通常包含“文件”、“编辑”、“显示”、“格式”、“工具”、“程序”、“窗口”和“帮助”八个菜单项。这些菜单提供了 Visual FoxPro 的操作命令。Visual FoxPro 系统菜单的菜单项将根据操作状态有所增加或减少。例如，对表文件进行浏览时，将在菜单栏中增加“表”菜单，而减少了“格式”菜单。

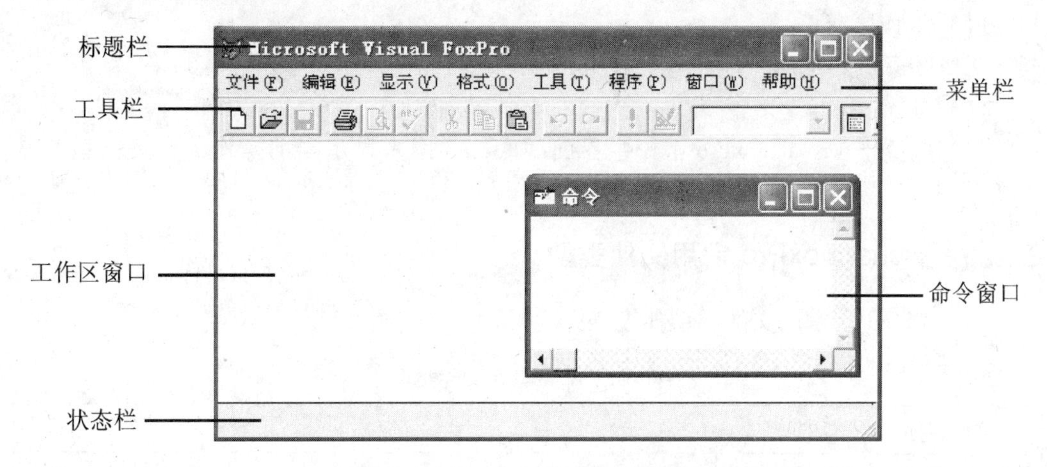

图 2－1 Visual FoxPro 工作主界面

（3）工具栏

工具栏位于菜单栏的下面，包括若干个工具按钮，每一个按钮对应一个特定的功能。Visual FoxPro 提供了十几种工具栏。选择“显示”菜单中的“工具栏”命令，可打开“工具栏”对话框（如图 2－2 所示），实现工具栏的显示或隐藏。

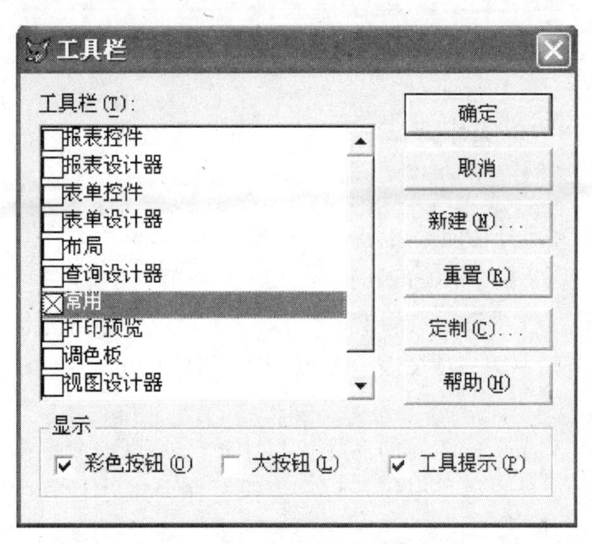

图 2－2 “工具栏”对话框

（4）命令窗口

命令窗口是执行、编辑 Visual FoxPro 命令的窗口。选择“窗口”菜单中的“隐藏”命令，可隐藏命令窗口；选择“窗口”菜单中的“命令窗口”命令，则显示被隐藏的命令窗口。还可用鼠标拖动命令窗口的标题栏来改变其位置，拖动它的边框可改变其大小。

命令窗口具有记忆功能。Visual FoxPro 在内存中设置了一个缓冲区，用于存储已执行过的命令。通过拖动命令窗口右侧的滚动条，或按键盘的上、下箭头键，可翻动出先前使用过的命令。在命令窗口，还可使用 Ctrl + C、Ctrl + V 等组合键来进行复制、粘贴等操作。

(5) 工作区窗口

工作区窗口是 Visual FoxPro 工作主界面的空白区域，用来显示操作结果。

(6) 状态栏

状态栏位于 Visual FoxPro 工作主界面的底部，用来显示当前操作的有关信息及操作状态。

2.1.3 Visual FoxPro 常用文件类型

Visual FoxPro 常用文件类型如表 2 - 1 所示。

表 2 - 1　Visual FoxPro 常用文件类型

文件名称	扩展名	简　述
表文件	. DBF	存放数据的二维表
数据库文件	. DBC	相关表文件的集合
程序文件	. PRG	将 Visual FoxPro 命令集合而组成的文件，也称为命令文件
表单文件	. SCX	用来设计数据输入和输出的屏幕界面文件
索引文件	. CDX	在表文件基础上建立的一种兼有排序和快速查询特点的文件
报表格式文件	. FRX	用于数据报表格式的打印及屏幕输出

2.1.4 Visual FoxPro 操作方式

(1) 菜单方式

Visual FoxPro 的大部分功能都可通过菜单操作来实现。菜单直观易懂，操作方便。例如，若要执行与“文件”相关的功能时，单击菜单栏中的“文件”菜单项，或按 Alt + F 组合键，出现“文件”菜单（使用“文件”菜单的这个操作过程叫做“打开文件菜单”），然后单击其中的一项命令，即可实现相应的功能。

(2) 命令方式

命令方式是指在 Visual FoxPro 的命令窗口中输入并执行命令来完成任务。在命令窗口可以输入和执行命令，也可以运行程序。执行命令或运行程序的结果将显示在屏幕上。

在命令窗口输入并执行命令时，注意以下几点：

① 每行只能写一条命令，每条命令均以 Enter（回车）键结束。

② 将光标移到先前执行过的命令行的任意位置上，按 Enter 键将重新执行该命令。

③ 按 Esc 键可清除刚输入的命令。

④ 在命令窗口中单击鼠标右键，弹出一个快捷菜单，选择相应的命令可完成命令窗口中相关编辑操作。

(3) 程序方式

程序方式是指用户根据实际应用的需要，将 Visual FoxPro 命令编写成程序，通过运行程序，自动执行其中的命令。

2.1.5 Visual FoxPro 命令格式

Visual FoxPro 命令的一般格式如下：

命令动词 [范围] [表达式] [FIELDS <字段名表>] [FOR/WHILE <条件>]

下面对命令中常用的一些子句以及使用规则作一些说明：

(1) 命令动词：每条命令必须以命令动词开头，命令动词指明了一种具体的操作。命令动词使用时不区分大小写。绝大多数命令动词可缩写为前 4 个字母，如 DISPLAY 可写为 DISP。

(2) 使用空格：命令中各子句之间必须用一个或多个空格分隔开。

(3) 几个符号约定：在描述命令时，尖括号“< >”中的内容是必选项；方括号“[ ]”中的内容是可选项；斜杠“/”或竖线“|”表示二选一。

(4) 表达式：表示命令的操作内容，由常量、内存变量、字段名、函数及运算符组成。

(5) FIELDS <字段名表>：表示命令所要操作的表中的字段。如果该项默认，则表示对所有字段操作；若选择多个字段操作，则各字段名之间用逗号分隔。

(6) 范围：表示对表进行操作的记录范围的限制，一般有以下 4 种选择：

① ALL：对表的全部记录进行操作。

② NEXT n：包括从当前记录开始的后面 n 个记录。

③ RECORD n：记录号为 n 的一个记录。

④ REST：包括从当前记录开始的后面所有记录。

(7) FOR/WHILE <条件>：其中<条件>是命令对表记录的操作的筛选。<条件>全称为“条件表达式”，其运算值为 .T. 或 .F. 。<条件>值为 .T.(真) 时，表示要执行操作；为 .F.(假) 时，则不操作。FOR <条件>的作用是：在规定的范围内，按条件检查全部记录。WHILE <条件>的作用是：在规定的范围内，只要条件成立，就对当前记录执行该命令，并把记录指针指向下一个记录，一旦遇到不满足条件的记录，停止搜索并结束该命令的执行。

(8) 命令换行：一条命令可分成多行书写，用分号“;”作为续行标志。

2.2 可视化设计工具

为了便于应用程序的开发，Visual FoxPro 提供了向导、设计器和生成器三种支持可视化设计的工具。

2.2.1 向 导

向导提供了完成某一任务所需要的详细操作步骤。在向导的引导下，用户可以一步一步方便地完成任务。

(1) 向导的种类

Visual FoxPro 提供了 20 余种向导工具。常用的向导有表向导、报表向导、表单向导、查询向导等。

Visual FoxPro 提供的向导种类及其功能如表 2－2 所示。

表 2－2 向导种类及功能

向导名称	功 能
表向导	引导用户在 Visual FoxPro 表结构的基础上快速创建新表
报表向导	引导用户利用单独的表来快速创建报表
一对多报表向导	引导用户从相关的表中快速创建报表
标签向导	引导用户快速创建标签
分组/统计报表向导	引导用户快速创建分组统计报表
表单向导	引导用户快速创建表单
一对多表单向导	引导用户从相关的数据表中快速创建表单
查询向导	引导用户快速创建查询
交叉表向导	引导用户创建交叉表查询
本地视图向导	引导用户快速利用本地数据创建视图
远程视图向导	引导用户快速创建远程视图
导入向导	引导用户导入或添加数据
文档向导	引导用户从项目文件和程序文件的代码中产生格式化的文本文件
图表向导	引导用户快速创建图表
应用程序向导	引导用户快速创建 Visual FoxPro 的应用程序
SQL 升迁向导	引导用户利用 Visual FoxPro 数据库功能创建 SQL Server 数据库
数据透视表向导	引导用户快速创建数据透视表
安装向导	引导用户从文件中创建一整套安装磁盘
邮件合并向导	引导用户创建邮件合并文件

(2) 向导的启动

使用向导的操作方法是：选择“工具”菜单中的“向导”命令，即可显示向导列表，如图 2－3 所示。

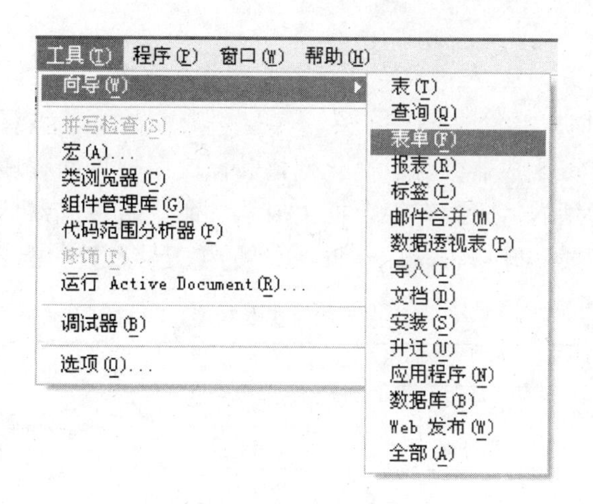

图 2-3 向导列表

2.2.2 设计器

Visual FoxPro 设计器提供了一个友好的图形界面。用户可以通过它创建并定制数据表结构、数据库结构、报表格式和应用程序组件等。

(1) 设计器的种类

常用的设计器有表设计器、查询设计器、视图设计器、报表设计器、数据库设计器、菜单设计器等。Visual FoxPro 提供的设计器种类及其功能如表 2-3 所示。

表 2-3 设计器种类及功能

名　称	功　能
表设计器	创建表并建立索引
查询设计器	创建本地表的查询
视图设计器	创建基于数据库表的视图
表单设计器	创建表单，用以查看并编辑表的数据
报表设计器	创建报表，以便显示及打印数据
标签设计器	创建标签布局以便打印标签
数据库设计器	建立数据库，查看并创建表间的关系
连接设计器	为远程视图创建连接
菜单设计器	创建菜单栏或快捷菜单

(2) 设计器的启动

以打开“表设计器”为例，其操作步骤如下：

① 选择“文件”菜单中的“新建”命令，打开“新建”对话框。

② 选择“表”单选按钮，单击“新建文件”按钮，打开“创建”对话框。

③ 输入表文件名，选择文件保存路径，单击“保存”按钮，打开“表设计器”对话框。

2.2.3 生成器

(1) 生成器的种类

利用 Visual FoxPro 生成器，可以简化创建和修改用户界面程序的设计过程，提高软件开发的质量。常用的生成器有组合框生成器、命令组生成器、表达式生成器、表单生成器、列表框生成器等。Visual FoxPro 提供的生成器及其功能如表 2-4 所示。

表 2-4　**生成器的种类及功能**

名　称	功　能
自动格式生成器	生成格式化的一组控件
组合框生成器	生成组合框
命令组生成器	生成命令组按钮框
编辑框生成器	生成编辑框
表单生成器	生成表单
表格生成器	生成表格
列表框生成器	生成列表框
选项生成器	生成选项按钮
文本框生成器	生成文本框
表达式生成器	生成并编辑表达式
参照完整性生成器	生成参照完整性规则

(2) 生成器的启动

以打开“表单生成器”为例，其操作步骤如下：

① 选择“文件”菜单中的“新建”命令，打开“新建”对话框。

② 选择“表单”单选按钮，单击“新建文件”按钮，打开“表单设计器”窗口。

③ 在“表单设计器”窗口的表单中，单击鼠标右键，然后在弹出的快捷菜单中选择“生成器”命令，打开“表单生成器”对话框，如图 2-4 所示。

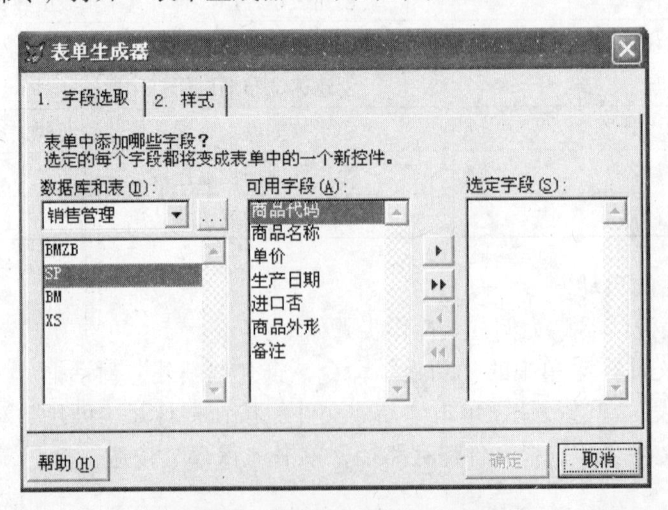

图 2-4　**“表单生成器”对话框**

思考题

1. Visual FoxPro 工作主界面主要由几部分组成?
2. Visual FoxPro 的命令窗口和工作区窗口各有何作用?
3. Visual FoxPro 通常有几种工作方式? 简述各种方式的特点。
4. 简述向导、生成器、设计器的种类、功能及启动方法。

3 数据类型与基本运算

Visual FoxPro 支持多种数据类型，提供了存放各种类型数据的常量、变量、数组等数据存储容器。Visual FoxPro 还提供了丰富的运算功能。用户可以用它们来灵活、有效地操作和管理数据。

本章主要介绍数据类型、常量、变量、运算符与表达式以及常用函数。

3.1 数据类型

数据类型是数据的基本属性，不同的数据类型有不同的存储方式和运算规则。Visual FoxPro 支持多种数据类型。

（1）字符型（Character）

字符型数据是指不具有计算功能的文字数据，是常用的数据类型之一。字符型数据由汉字和 ASCII 字符集中可打印字符（英文字符、数字字符、空格及其他专用字符）组成，最大长度可达 254 个字符。使用字符型数据时，必须用定界符（单引号、双引号或方括号）将字符串引起来。注意：当字符串中包含有一种定界符时，必须用另一种定界符来定界该字符串。例如："a"、'XYZ'、[电脑]、"数据库 +6.0"、"5678"、"It's a book" 等都是合法的字符型数据。

（2）数值型（Numeric）

数值型数据是描述数量的数据类型。在 Visual FoxPro 中，数值型数据又被细分为数值型、浮点型、货币型、双精度型和整型 5 种类型。

① 数值型（Numeric）。数值型数据是指可以进行算术运算的数据。数值型数据是由数字（0 ~9）、小数点和正负号组成。最大长度为 20 位（包括正、负号和小数点）。在内存中，数值型数据占用 8 个字节的存储空间，表示范围为 $-0.999\,999\,999\,9\times10^{19}$ ~ $+0.999\,999\,999\,9\times10^{20}$之间。例如：536、-123.567、+32 967.123 等都是合法的数值型数据。

② 浮点型（Float）。浮点型数据在存储方式上采取浮点格式，数据的精度要比数值型数据高。浮点型数据由尾数、阶数和字母 E 组成。例如：0.326E+9 表示 0.326×10^{9}，-1.58E-7 表示 -1.58×10^{-7}，-3.645E-89 表示 -3.645×10^{-89}。

③ 货币型（Currency）。规定在数据的第一个数字前加上一个货币符号（$）。货币型数据小数位的最大长度是 4 位，小数位超过 4 位的数据将按四舍五入原则自动截取。例如：$34、$898.324、$123.4567 等都是合法的货币型数据。

④ 双精度型（Double）。双精度型数据是具有更高精度的数值型数据。它只用于数据表中的字段类型的定义，并采用固定长度浮点格式存储。

⑤ 整型（Integer）。整型数据是不包含小数点部分的数值型数据，它只用于数据表的字段中，即在数据表中字段类型需用整数时才定义为整型数据。整型字段的表示范围为 -2 147 483 647 ~ +2 147 483 647。

（3）日期型（Date）

日期型数据是用于表示日期的数据。日期型数据包括年、月、日 3 个部分，每部分间用规定的分隔符分开。日期型数据的一般输入格式为 {^yyyy/mm/dd}，一般输出格式为 mm/dd/yy，其中 yyyy（或 yy）表示年，mm 表示月，dd 表示日。例如：{^2009-12-19}、{^2009.12.19}、{^2009/12/19} 等都是合法的日期型数据。

日期型数据用 8 个字节存储，其取值范围为：{^0001-01-01} ~ {^9999-12-31}。

（4）日期时间型（Date Time）

日期时间型数据是描述日期和时间的数据，包括日期和时间两部分内容，即：{<日期>,<时间>}。日期时间型数据除了包括日期的年、月、日，还包括时、分、秒以及上午、下午等内容。日期时间型数据的输入格式为 {^yyyy/mm/dd hh:mm:ss}，输出格式为 mm/dd/yy hh:mm:ss，其中，yyyy 表示年，mm 表示月，dd 表示日，hh 表示小时，mm 表示分钟，ss 表示秒。AM(或 A)和 PM(或 P)分别代表上午和下午，默认值为 AM。

日期时间型数据用 8 个字节存储。日期部分的取值范围与日期型数据相同，时间部分的取值范围为：00:00:00 AM ~ 11:59:59 PM。

（5）逻辑型（Logic）

逻辑型数据用于表示逻辑判断的结果。逻辑型数据只有真（.T.）和假（.F.）两个值，其长度固定为 1 个字节。使用时，也可用.T.、.Y. 和. y. 代替.T.，用.f.、.N. 和.n. 代替 .F.。

（6）备注型（Memo）

备注型数据主要用于存放不定长或大量的字符型数据。可以把它看成是字符型数据的特殊形式。备注型数据只用于数据表中的字段类型的定义。在数据表文件中，备注型字段长度固定为 4 个字符。这种类型的数据没有数据长度限制，仅受限于磁盘空间的大小。备注型数据不存放在数据表中，而是存放在与数据表文件同名、扩展名为.FPT的备注文件中。

（7）通用型数据（General）

通用型数据常用于存储图形、图像、声音、电子表格等多媒体信息。通用型数据只用于数据表中字段类型的定义，其字段长度固定为 4 个字符。这种类型的数据没有数据长度限制，仅受限于磁盘空间的大小。和备注型数据一样，通用型数据也是存放在与数据表同名、扩展名为.FPT 的备注文件中。

3.2 常 量

常量是一个在命令或程序中直接引用的具体值，在命令操作或程序运行过程中其值始终保持不变。Visual FoxPro 的常量类型有字符型、数值型、浮点型、日期型、日期时间型和逻辑型六种，而没有备注型、通用型等数据类型。

（1）字符型常量

字符型常量也叫字符串，它由数字、字母、空格等字符和汉字组成，使用时必须用定界符（""、''和[ ]）将字符串引起来，例如:'Visual FoxPro'、"256"、"AB123 电脑"和［三月油菜花黄］等都是合法的字符型常量。注意：数字用定界符引起来（如"256"）后就不再具有数学上的含意，即只是字符符号，不能参加数学运算。定界符（''、""）应在英文状态下输入。

（2）数值型常量

数值型常量即数学中用的整数和小数，例如 -23.5、1024 等。

（3）浮点型常量

浮点型常量是数值型常量的浮点格式，例如 1.58E+10、-3.14E-20 等。

（4）日期型常量

日期型常量表示一个确定的日期，例如 {^2009/12/19}。

（5）日期时间型常量

日期时间型常量表示一个确定的日期和时间，例如 {^2009-12-19 10:01:01}。

（6）逻辑型常量

逻辑型常量只有两个值，即 .T.(真)和 .F.(假)。逻辑真的常量表示形式有：.T.、.T.、.Y.、.y.。逻辑假的常量表示形式有：.F.、.f.、.N.、.n.。（注意：表示逻辑值的前后两个小圆点必不可少。）

3.3 变 量

变量是命令操作和程序运行过程中其值可以改变的量。Visual FoxPro 的变量一般分为字段变量和内存变量。内存变量除一般意义的内存变量（常直接称内存变量或简称变量）外，还有数组变量和系统变量两种特殊形式。

3.3.1 内存变量

内存变量是内存中的一个存储区域，变量值就是存放在这个存储区域的数据。每一个内存变量都必须有一个固定的名称，它的定义是通过赋值命令来实现的。内存变量常用来保存命令或程序需要的常数、中间结果或对数据表和数据库进行某种计算后的结果等。

内存变量的数据类型由它所存放的数据类型决定，其类型有：字符型、数值型、浮点型、日期型、日期时间型和逻辑型六种。当内存变量中存放的数据类型改变时，内存变量的类型也随之改变。

当内存变量与数据表中的字段变量同名时，在引用内存变量时，必须在内存变量名字的前面加上前缀 M.（或 M ->）；否则，系统将优先访问同名的字段变量。

根据需要，内存变量可以随时定义和释放。当退出 Visual FoxPro 后，内存中的所有内存变量都将被清除。

（1）内存变量的命名规则

内存变量名以字母或汉字开头，可由数字、字母（不区分大小写）、汉字和下划线组成，其长度最多可达到 254 个字符。

（2）内存变量的赋值

【命令 1】STORE <表达式> TO <内存变量名表>

【命令 2】<内存变量名> = <表达式>

【功能】将表达式的值赋给内存变量，同时定义内存变量和确定其数据类型。

【说明】STORE 命令可以同时给多个内存变量赋予相同的值。当 <内存变量名表> 中有多个变量时，各内存变量名之间必须使用逗号分开；等号命令一次只能给一个内存变量赋值。<表达式> 可以是一个具体的值，如不是具体值，先计算表达式的值，再将结果赋值给内存变量。可以通过给内存变量重新赋值来改变其内容和类型。

【例 3 - 1】给内存变量赋值。

```
STORE 8 TO b1，b2
STORE "成都" TO 城市
rq = {^2009/12/19}
进口否 =.T.
```

第 1 条命令同时给内存变量 b1、b2 赋予数值型常量 8，使 b1、b2 成为数值型内存变量；第 2 条命令给内存变量“城市”赋予字符型常量“成都”，使其成为字符型内存变量；第 3 条命令给内存变量 rq 赋予日期型常量 {^2009/12/19}，使其成为日期型内存变量；第 4 条命令给内存变量“进口否”赋予逻辑型常量 .T.，使其成为逻辑型内存变量。

（3）内存变量值的输出

内存变量值的输出可使用？或?? 命令来实现。

【命令 1】? <表达式表>

【命令 2】?? <表达式表>

【功能】先计算 <表达式表> 中各表达式的值，然后将结果显示输出在屏幕上。

【说明】使用“?”命令，结果在下一行输出；使用“??”命令，结果在当前行中输出。如果只执行不带任何表达式的“?”命令，则输出一个空行。

【例 3 - 2】计算并显示输出表达式的值。

```
X1 =8
Y1 =9
? X1
? Y1
?? X1 + Y1
```

输出结果为：

```
8
9          17
```

3.3.2 数组变量

数组变量（数组）是按一定顺序排列的一组内存变量的集合。数组中的变量称为数组元素。每一数组元素用数组名以及该元素在数组中排列的序号一起表示，也称为下标变量。例如 x(1)、x(2) 与 y(1, 1)、y(1, 2)、y(2, 1)、y(2, 2) 等。因此，数组也看成是名称相同而下标不同的一组变量。

下标变量的下标个数称为维数，只有一个下标的数组叫一维数组，有两个下标的数组叫二维数组。数组的命名方法和一般内存变量的命名方法相同，如果新定义的数组名称和已经存在的内存变量同名，则数组取代内存变量。

（1）数组的定义

数组使用前须先定义，在 Visual FoxPro 中可以定义一维数组和二维数组。

【格式】DIMENSION/DECLARE <数组名1>(<数值表达式1>[,<数值表达式2>])
[,<数组名2>(<数值表达式3>[,<数值表达式4>])]……

【功能】定义一个或多个一维或二维数组。

【例3-3】DIMENSION abc(4), b(2, 3)

【说明】定义了两个数组：一个是一维数组 abc，它有 4 个元素，分别为 abc(1)、abc(2)、abc(3)、abc(4)；另一个是二维数组 b，它有 6 个元素，分别是 b(1, 1)、b(1, 2)、b(1, 3)、b(2, 1)、b(2, 2)、b(2, 3)。

（2）数组的赋值

数组定义好后，数组中的每个数组元素自动地被赋予逻辑值 .F.。当需要对整个数组或个别数组元素进行新的赋值时，与一般内存变量一样，可以通过 STORE 命令或赋值号“=”来进行。对数组的不同元素，可以赋予不同数据类型的数据。

【例3-4】定义数组并给数组元素赋值。

```
DIMENSION abc(4),b(2,3)
STORE 10 TO b
abc(1)=30
abc(2)="春暖花开"
abc(3)=.F.
abc(4)={^2009-12-19}
? b(1,1), b(2,3),abc(1) ,abc(2),abc(3),abc(4)
```

以上命令执行的结果显示如下：

```
10          10          30 春暖花开 .F. 12/19/09
```

【说明】在定义一维数组 abc 和二维数组 b 后，对两个数组赋值。赋值后，b 中所有元素的值均为10；abc 中各元素分别赋予了不同类型的数据：30（数值型）、“春暖花开”（字符型）、.F.（逻辑型）和 {^2009-12-19}（日期型）。

3.3.3 字段变量

由于表中的各个记录对同一个字段名可能取值不同，因此，表中的字段名就是变量，称为字段变量。字段变量即数据表中的字段名，是建立数据表时定义的一种变量。数据表与通常所说的二维表格的形式基本相同，它的每一列称为一个字段。在一个数据表中，同一个字段名下有若干个数据项，数据项的值取决于该数据项所在记录行的变化，所以称为字段变量。字段变量的数据类型有数值型、浮点型、货币型、整型、双精度型、字符型、逻辑型、日期型、日期时间型、备注型和通用型等。

3.4 运算符与表达式

表达式是由常量、变量、函数和运算符组成的运算式子。表达式通过运算得出表达式的值，不同类型的表达式，要求给出相应类型的常量、变量、函数和运算符。表达式分为数值表达式、字符表达式、关系表达式、日期时间表达式、逻辑表达式五种。

（1）数值表达式

数值表达式是由算术运算符、数值型常量、数值型内存变量、数值类型的字段、数值型数组和函数组成。数值表达式的运算结果是数值型常数。

算术运算时，运算规则是：括号优先，然后乘方，再乘除，最后加减。

算术运算符与数值表达式如表 3－1 所示。

表 3－1　算术运算符与数值表达式

运算符	功　能	表达式举例	运算结果
** 或 ^	幂或乘方	2 ** 4 或 2^4	16
*，/	乘、除	25 * 4/20	5
%	模运算（取余）	16%3	1
+，－	加，减	7 +9 －6	10

（2）字符表达式

字符表达式是由字符运算符、字符型常量、字符型内存变量、字符型字段变量、字符型数组和函数组成。字符表达式的运算结果是字符型常数。字符运算符用于连接字符串。字符运算符与字符表达式如表 3－2 所示。

表 3－2　字符运算符与字符表达式

运算符	功 能	表达式举例	运算结果
+	字符串连接	"程序 " +"设计" +"!"	"程序 设计!"
－	字符串连接，但要把运算符左边的字符串的尾部空格移到结果字符串的尾部	"程序 " －"设计" +"!" "程序 " －"设计" －"!"	"程序设计 !" "程序设计! "

（3）日期时间表达式

日期时间表达式是由算术运算符（＋或－）、算术表达式、日期或日期时间型常量、日期或日期时间型内存变量及函数组成。日期或日期时间型的运算结果是日期或日期时间型或者是数值型常数。

【格式1】日期1－日期2　　　（获得两个日期相隔的天数）

【格式2】日期±整数　　　　（产生一个新的日期）

合法的日期或日期时间表达式的格式如表3－3所示，其中的<天数>和<秒数>都是数值表达式。

表3－3　　　　**日期时间表达式的格式**

格　式	结果及类型
<日期>＋<天数>	指定日期若干天后的日期，其结果是日期型
<天数>＋<日期>	指定日期若干天后的日期，其结果是日期型
<日期>－<天数>	指定日期若干天前的日期，其结果是日期型
<日期>－<日期>	两个指定日期相差的天数，其结果是数值型
<日期时间>＋<秒数>	指定日期时间若干秒后的日期时间，其结果是日期时间型
<秒数>＋<日期时间>	指定日期时间若干秒后的日期时间，其结果是日期时间型
<日期时间>－<秒数>	指定日期时间若干秒前的日期时间，其结果是日期时间型
<日期时间>－<日期时间>	两个指定日期时间相差的秒数，其结果是数值型

日期时间的运算及举例如表3－4所示。

表3－4　　　　**日期时间运算符及表达式**

运算符	功能	表达式举例	显示结果	数据类型
+	加	{^2009/12/19}+9	12/28/09	日期型
		{^2009/12/28 9：15：20}+200	12/28/09 09：18：40 AM	日期时间型
-	减	{^2009/12/28}－{^2009/12/19}	9（相隔天数）	数值型
		{^2009/12/28 9：18：40}－{^2009/12/28 9：15：20}	200（秒）	数值型

（4）关系表达式

关系表达式由关系运算符、算术表达式、字符表达式等组成。关系表达式的一般格式为：<表达式1><关系运算符><表达式2>。关系表达式的运算结果是逻辑值真或假，若关系成立，结果为.T.（真）；若不成立，则结果为.F.（假）。关系运算符及表达式如表3－5所示。

表3－5　　　　**关系运算符及表达式**

运算符	功 能	表达式举例	运算结果
<	小于	25 * 4 <99	.F.
>	大于	－200>－500	.T.
=	等于	4 * 7－2=24	.F.

表3-5（续）

运算符	功能	表达式举例	运算结果
< >，# 或 ! =	不等于	15 < >20 或 15#20	.T.
<=	小于或等于	4 * 3 <=12	.T.
>=	大于或等于	6 +8 >=15	.F.
==	字符串等于（精确比较）	"AB" == "ABC"	.F.
$	包含比较。测试运算符左边的字符串是否整体包含在右边的字符串中	"设计"$"程序设计"	.T.

（5）逻辑表达式

逻辑表达式由逻辑运算符、逻辑型常量、逻辑型内存变量、逻辑型数组、函数和关系表达式组成。逻辑表达式运算的结果是逻辑值真(.T.）或假(.F.)。逻辑运算符及表达式如表3-6所示。

表3-6　**逻辑运算符及表达式**

运算符	功　能	表达式举例	结果
.NOT. 或!	逻辑非，取逻辑值相反的值	.NOT. 7 >3	.F.
.AND.	逻辑与，两边的条件都成立，其结果值为真	5 * 9 >27 . AND. 36 >16	.T.
.OR.	逻辑或，只要一边条件成立，其结果值为真	7 * 3 >20 . OR. 25 <19	.T.

逻辑运算的规则如表3-7所示。

表3-7　**逻辑运算规则表**

A	B	. NOT. B	A .AND. B	A .OR. B
.T.	.T.	.F.	.T.	.T.
.T.	.F.	.T.	.F.	.T.
.F.	.T.	.F.	.F.	.T.
.F.	.F.	.T.	.F.	.F.

（6）运算符及表达式的运算顺序

表达式由运算符号和运算对象组成。运算符两边的运算对象的类型必须一致。表达式的运算按运算符的优先级顺序进行运算。

逻辑运算符的运算顺序：.NOT. → .AND. → .OR.

各种表达式的运算顺序：算术运算→字符运算→关系运算→逻辑运算

【例3-5】计算以下表达式的值。

200 <100 +15 AND "AB" + "EFG" > "ABC" OR NOT "Pro"$"FoxPro"

【说明】该表达式的运算顺序如下：

① 先运算 100 +15 和"AB" + "EFG"，运算后：

200 <115 AND "ABEFG" > "ABC" OR NOT "Pro"$"FoxPro"

② 其次进行小于（<）、大于（>）比较和包含（$）测试，运算后：

.F. AND .T. OR NOT .T.

③ 最后进行逻辑非（NOT）、逻辑与（AND）和逻辑或（OR）运算，即：

.F. AND .T. OR NOT .T. → .F. AND .T. OR .F. → .F. OR .F. → .F.

该表达式的运算结果为逻辑值 .F.(假)。

3.5 常用函数

函数用来实现某些特定的运算。在 Visual FoxPro 中，函数的表示形式一般是在函数名后跟一对圆括号，圆括号内给出函数的自变量。

函数自变量在使用时必须符合规定的类型。函数运算的结果（函数值）又称函数的返回值。函数按其功能或返回值的类型主要分为几类：数值运算函数、字符处理函数、转换函数、日期和时间函数以及测试函数等。

3.5.1 数值运算函数

(1) 绝对值函数

【格式】ABS(<数值表达式>)

【功能】返回指定数值表达式的绝对值。

【例 3-6】求绝对值。

```
? ABS( -13.5)              && 结果为：13.5
? ABS( -27)                && 结果为：27
? ABS(5 * 7 - 4 * 8)       && 结果为：3
```

(2) 指数函数

【格式】EXP(<数值表达式>)

【功能】计算以 e 为底的指数幂，即求出 e^x 的值。

【例 3-7】计算并显示输出 e^5 的值。

```
? EXP (5)                  && 结果为：148.41
```

(3) 取整函数

【格式】INT(<数值表达式>)

CEILING(<数值表达式>)

FLOOR(<数值表达式>)

【功能】INT( )函数的功能为：返回指定数值表达式的整数部分；CEILING( )函数的功能为：返回大于或等于指定数值表达式的最小整数；FLOOR( )函数的功能为：返回小于或等于指定数值表达式的最大整数。

【例 3-8】取整数。

```
? INT( -8.99 +3)           && 结果为：-5
? INT(123.75)              && 结果为：123
? CEILING(8.6)             && 结果为：9
? CEILING( -8.6)           && 结果为：-8
? FLOOR(8.6)               && 结果为：8
```

? FLOOR(-8.6)　　　　　　　　&& 结果为: -9

(4) 求自然对数函数

【格式】LOG(<数值表达式>)

【功能】求数值表达式值的自然对数。

【例3-9】求 lne 的自然对数值。

? LOG(2.718)　　　　　　　　&& 结果为: 1.000

(5) 最大值函数

【格式】MAX(<数值表达式1>, <数值表达式2>, [<数值表达式3>…])

【功能】计算各个数值表达式的值，并返回其中的最大值。

【说明】自变量表达式的类型可以是数值型、字符型、货币型、双精度型、浮点型、日期型和日期时间型，但所有表达式的类型必须相同。

【例3-10】已知 x=18，y=26，z=51，求 x+y 与 x+z 两个表达式的最大值。

X=18

Y=26

Z=51

? MAX(X+Y, X+Z)　　　　　　　&& 结果为: 69

【例3-11】求最大值。

? MAX(100, 500)　　　　　　　&& 结果为: 500

? MAX(5*9, 80/2)　　　　　　　&& 结果为: 45

(6) 最小值函数

【格式】MIN(<数值表达式1>, <数值表达式2>, [<数值表达式3>…])

【功能】计算各个数值表达式的值，并返回其中的最小值。

【例3-12】求最小值。

? MIN(100, 500)　　　　　　　&& 结果为: 100

? MIN(5*9, 80/2)　　　　　　　&& 结果为: 40

(7) 平方根函数

【格式】SQRT(<数值表达式>)

【功能】计算数值表达式的算术平方根。自变量表达式的值不能为负。

【例3-13】已知 x=6，y=12，计算并输出公式 $\sqrt{x^2+y^2}$ 的值。

X=6

Y=12

? SQRT(X^2+Y^2)　　　　　　　&& 结果为: 13.42

(8) 四舍五入函数

【格式】ROUND(<数值表达式>, <小数保留位数>)

【功能】计算数值表达式的值，根据小数保留位数进行四舍五入。当小数保留位数为 n(≥0) 时，对小数点后第 n+1 位四舍五入；当小数保留位数为负数 n 时，则对小数点前第 |n| 位四舍五入。

【例3-14】已知小数保留位数，计算数值表达式的值。

```
? ROUND(53.6279, 2)          && 结果为: 53.63
? ROUND(53.6279, 0)          && 结果为: 54
? ROUND(8375.62, -2)         && 结果为: 8400
? ROUND(3.1515, 3)           && 在小数的第3位后面四舍五入,其结果为:3.152
? ROUND(123.45, 0)           && 在小数点后面四舍五入，其结果为: 123
? ROUND(123.45, -1)          && 在小数点左边第一位四舍五入,其结果为:120
```

（9）求余函数（模函数）

【格式】MOD(<数值表达式1>, <数值表达式2>)

【功能】返回两个数值相除后的余数。<数值表达式1>是被除数，<数值表达式2>是除数。<数值表达式2>的值不能为0。

【说明】余数的正负号与除数相同。如果被除数与除数同号，函数值为两数相除的余数；如果被除数与除数异号，则函数值为两数相除的余数再加上除数的值。

【例3-15】求余数。

```
? MOD(20, 3)        && 显示20除以3所得的余数，其结果为: 2
? MOD(20, -3)       && 显示20除以-3所得的余数,其结果为: -1
? MOD(-20, 3)       && 显示-20除以3的余数值，其结果为: 1
? MOD(-20, -3)      && 结果为: -2
```

3.5.2 字符处理函数

（1）宏替换函数 &

【格式】&<字符内存变量> [.]

【功能】在字符内存变量前使用宏替换函数符号&，将用该内存变量的值去替换&和内存变量名。

【说明】字符表达式只用于赋值的字符变量。可使用符号“.”表示替换变量的结束。

【例3-16】计算 10^2+15-5 的值。

```
ER = "10^2 + 15 - 5"
?&ER                && 结果为: 110.00
```

【例3-17】已知 a=5，b=4，计算并输出 a×b 的值。

```
A = 5
B = 4
C = "*"
? A&C. B            && 结果为: 20
```

（2）求字符串长度函数

【格式】LEN(<字符表达式>)

【功能】测试并返回指定字符串的长度，即所包含的字符个数，返回值为数值型。

【例3-18】求字符串的长度。

```
? LEN("abcdef")     && 结果为: 6
```

? LEN("计算机等级考试")　　　&& 结果为：14（1 个汉字占 2 个字符）

? LEN("Visual FoxPro")　　　&& 结果为：13

（3）求子串位置函数

【格式】AT(<字符表达式1>，<字符表达式2> [，<数值表达式>])

ATC(<字符表达式1>，<字符表达式2> [，<数值表达式>])

【功能】AT()函数测试<字符表达式 1>在<字符表达式 2>中的位置，返回值为数值型。如果<字符表达式 1>是<字符表达式 2>的子串，则返回<字符表达式 1>的首字符在<字符表达式 2>中的位置；如果<字符表达式 1>不在<字符表达式 2>中，则返回值为 0。如有<数值表达式>，其值为 n，则返回<字符表达式 1>在<字符表达式 2>中第 n 次出现的起始位置，其默认值为 1。

【说明】ATC()与 AT()的功能相似，但在子串比较时不区分字母的大小写。

【例 3-19】利用 ATC()与 AT()函数，计算子串的位置。

? AT("n","Internet", 2)　　　&& 结果为：6

? AT("ox","FoxPro")　　　&& 结果为：2

? AT("IS","THIS IS A BOOK")　　　&& 结果为：3

? AT("IS","THIS IS A BOOK", 2)　　&& 结果为：6

（4）空格生成函数

【格式】SPACE(<数值表达式>)

【功能】产生由数值表达式所指定个数的空格，返回值为字符型。

【例 3-20】SPACE()函数的应用。

?"程序" + SPACE(4) +"设计"　&& 结果为:"程序   设计"

（5）取子串函数

【格式】SUBSTR(<字符表达式>,<数值表达式 1> [，<数值表达式 2>])

【功能】在<字符表达式>中，截取一个子字符串，起点由<数值表达式 1>指定；截取字符的个数由<数值表达式 2>指定。如缺省<数值表达式 2>，将从起点截取到字符表达式的结尾。函数的返回值为字符型。

【例 3-21】SUBSTR()函数的应用。

? SUBSTR("FoxPro", 2, 2)　　　&& 从第 2 个字符开始取出 2 个字符，其结果为 ox

? SUBSTR("ABCDEF", 4)　　　&& 从第 4 个字符开始取到最后，其结果为 DEF

? SUBSTR("面向对象程序设计", 9, 4)　　&& 结果为：程序

? SUBSTR("Microsoft PowerPoint", 11, 5)　&& 结果为：Power

（6）取左子串函数

【格式】LEFT(<字符表达式>,<数值表达式>)

【功能】从<字符表达式>的左端开始截取由<数值表达式>指定个数的子字符串，返回值为字符型。

【例 3-22】LEFT()函数的应用。

? LEFT("FoxPro", 3)　　　&& 结果为：Fox

? LEFT("程序设计", 4)　　　&& 结果为：程序

? LEFT("面向对象程序设计", 8)　　&& 结果为：面向对象

(7) 取右子串函数

【格式】RIGHT(<字符表达式>, <数值表达式>)

【功能】从<字符表达式>的右端开始截取由<数值表达式>指定个数的子字符串，返回值为字符型。

【例 3-23】RIGHT()函数的应用。

? RIGHT("FoxPro", 3)　　&& 从字符串右端取出 3 个字符，结果为：Pro

? RIGHT("面向对象程序设计", 8)　　&& 结果为：程序设计

(8) 删除空格函数

【格式】TRIM(<字符表达式>)

LTRIM(<字符表达式>)

ALLTRIM(<字符表达式>)

【功能】TRIM()函数返回删除指定字符串的尾部空格后的字符串。LTRIM()函数返回删除指定字符串的前导空格后的字符串。ALLTRIM()函数删除指定字符串中的前导空格和尾部空格后的字符串。

【例 3-24】TRIM()、LTRIM()和 ALLTRIM()函数的应用。

? LTRIM("   FoxPro")　　&& 去掉字符串左端空格，结果为："FoxPro"

? TRIM("FoxPro   ")　　&& 去掉字符串右端空格，结果为："FoxPro"

? ALLTRIM("   FoxPro   ")　　&& 去掉字符串前导和尾部空格，结果为："FoxPro"

(9) 计算子串出现次数函数

【格式】OCCURS(<字符表达式 1>, <字符表达式 2>)

【功能】返回第一个字符串在第二个字符串中出现的次数。若第一个字符串不是第二个字符串的子串，则返回值为 0。函数的返回值为数值型。

【例 3-25】OCCURS()函数的应用。

STORE "abcdaefgdebraddabcdp" TO s

? OCCURS("a", s)　　&& 结果为：4，表示字母 a 在字符串中出现了 4 次

? OCCURS("b", s)　　&& 结果为：3，表示字母 b 在字符串中出现了 3 次

? OCCURS("d", s)　　&& 结果为：5，表示字母 d 在字符串中出现了 5 次

? OCCURS("p", s)　　&& 结果为：1，表示字母 p 在字符串中出现了 1 次

(10) 字符替换函数

【格式】CHRTRAN(<字符表达式 1>, <字符表达式 2>, <字符表达式 3>)

【功能】函数中有 3 个字符表达式。当第一个字符串中的一个或多个字符与第二个字符串中的某个字符相匹配时，就用第三个字符串中的对应字符（相同位置）替换这些字符。如果第三个字符串包含的字符个数少于第二个字符串包含的字符个数，因而没有对应字符，那么第一个字符串中相匹配的各字符将被删除。如果第三个字符串包含的字符个数多于第二个字符串包含的字符个数，多余字符被忽略。

【例 3-26】CHRTRAN()函数的应用。

? CHRTRAN("ABACAD","ACD","X12")　　&& 结果为：XBX1X2

? CHRTRAN("会计学123","会计学","金融")　　&& 结果为：金融 123

? CHRTRAN("计算机","计算","飞")　　　&& 结果为：飞机

(11) 大写转小写函数

【格式】LOWER(<字符表达式>)

【功能】将字符表达式中的大写字母转换为小写字母，返回值为字符型。

【例 3-27】LOWER( )函数的应用。

? LOWER("FoxPro")　　　&& 结果为：foxpro

(12) 小写转大写函数

【格式】UPPER(<字符表达式>)

【功能】将字符表达式中的小写字母转换为大写字母，返回值为字符型。

【例 3-28】UPPER( )函数的应用。

? UPPER("FoxPro")　　　&& 结果为：FOXPRO

3.5.3 转换函数

(1) 字符串转日期或日期时间函数

【格式】CTOD(<字符表达式>)

CTOT(<字符表达式>)

【功能】CTOD( )函数将 <字符表达式> 值转换成日期型数据，返回值为日期型。CTOT( )函数将 <字符表达式> 值转换成日期时间型数据，返回值为日期时间型。

【例 3-29】CTOD( )和 CTOT( )函数的应用。

? CTOD("08/29/2009")　　　&& 结果为：08/29/09

? CTOT("08/29/2009" + " " + "16:13")　&& 结果为：08/29/09 04:13:00 PM

(2) 日期转字符串函数

【格式】DTOC(<日期表达式>/<日期时间表达式> [, 1])

TTOC(<日期时间表达式> [, 1])

【功能】DTOC( )函数将日期型数据或日期时间型数据的日期部分转换成字符串，返回值为字符型。TTOC( )函数将日期时间数据转换成字符串。如果使用选项 1，对于 DTOC( )函数来说，字符串的格式为 YYYYMMDD，共 8 个字符；而对于 TTOC( )函数来说，字符串的格式为 YYYYMMDDHHMMSS，采用 24 小时制，共 14 个字符。

【例 3-30】DTOC( )和 TTOC( )函数的应用。

x = CTOD("07/01/1997")

y = {^2009/12/19 04:13:00 PM}

? DTOC(x)　　　&& 结果为：07/01/97

? DTOC(x, 1)　　　&& 结果为：19970701

? TTOC(y)　　　&& 结果为：12/19/09 04:13:00 PM

? TTOC(y, 1)　　　&& 结果为：20091219161300

(3) 数值转字符串函数

【格式】STR(<数值表达式 1> [, <长度> [, <小数位数>]])

【功能】将 <数值表达式> 的值转换为字符串，返回值为字符型。<长度> 值确定

返回字符串的长度（小数点和负号均占一位），当长度大于实际数值的位数，则在字符串前补上相应位数的空格。<小数位数>的值确定返回字符串的小数位数，当位数大于实际数值的小数位数，在字符串后补相应位数的0；当位数小于实际数值，小数位数自动按四舍五入处理。当缺省<小数位数>时作整数处理，同时缺省<长度>时在字符串前补相应位数的空格至10位。

【例3-31】将下列数值表达式转换为字符串。

? STR(123.4567)　　　　&& 结果为：123（只显示小数点左边的数据）

? STR(123.4567，6，2)　　　　&& 结果为：123.46

? "X =" + STR(15.27，5，2)　　　　&& 结果为：X = 15.27

（4）字符串转数值型函数

【格式】VAL(<字符表达式>)

【功能】将数字字符串转换为数值型数据，返回值为数值型。转换时，遇到第一个非数字字符时停止转换。若第一个字符不是数字，则返回结果为0.00（默认保留两位小数）。

【例3-32】将下列字符串转换成数值型数据。

? VAL("A18")　　　　&& 结果为：0.00

? VAL("15A19")　　　　&& 结果为：15.00

? VAL("143.1592")　　　　&& 结果为：143.16

（5）字符转换成ASCII码函数

【格式】ASC(<字符表达式>)

【功能】将字符串中最左边的字符转换成ASCII码。

【例3-33】将下面字符串转换成ASCII码。

? ASC("A")　　　　&& 结果为：65（字母A的ASCII码）

? ASC("FoxPro")　　　　&& 结果为：70（字母F的ASCII码）

（6）ASCII码转换成字符函数

【格式】CHR(<数值表达式>)

【功能】将数值作为ASCII码转换为相应的字符。

【例3-34】将下列数值的ASCII码转为相应的字符。

? CHR(65)　　　　&& 结果为：A

? CHR(70)　　　　&& 结果为：F

3.5.4 日期和时间函数

（1）系统日期和时间函数

【格式】DATE()

TIME()

DATETIME()

【功能】DATE()函数返回系统当前日期，函数值为日期型。TIME()函数以24小时制、hh：mm：ss格式返回系统当前时间，函数值为字符型。DATETIME()函数返回系统当前日期时间，函数值为日期时间型。

【例3-35】设系统的当前日期为2009/12/19，当前时间为10点26分45秒。

? DATE()　　　　　　　　　&& 结果为：12/19/09

? TIME()　　　　　　　　　&& 结果为：10∶26∶45

? DATETIME()　　　　　　　&& 结果为：12/19/09　10∶26∶45 AM

（2）求年份、月份和天数函数

【格式】YEAR(<日期表达式>|<日期时间表达式>)

MONTH(<日期表达式>|<日期时间表达式>)

DAY(<日期表达式>|<日期时间表达式>)

【功能】YEAR()函数从指定的日期表达式或日期时间表达式中返回年份。MONTH()函数从指定的日期表达式或日期时间表达式中返回月份。DAY()函数从指定的日期表达式或日期时间表达式中返回月里面的天数。这三个函数的返回值都是数值型。

【例3-36】计算年份、月份和天数。

? YEAR({^2009/12/19})　　　　&& 结果为：2009

? MONTH({^2009/12/19})　　　&& 结果为：12

? DAY({^2009/12/19})　　　　&& 结果为：19

（3）求时、分和秒函数

【格式】HOUR(<日期时间表达式>)

MINUTE(<日期时间表达式>)

SEC(<日期时间表达式>)

【功能】HOUR()函数从指定的日期时间表达式中返回小时部分（24小时制）。MINUTE()函数从指定的日期时间表达式中返回分钟部分。SEC()函数从指定的日期时间表达式中返回秒数部分。这三个函数的返回值都是数值型。

【例3-37】计算时间的小时数、分钟数和秒数。

? HOUR({^2009/12/19 10∶44∶23})　　　&& 结果为：10（小时）

? MINUTE({^2009/12/19 10∶44∶23})　　&& 结果为：44（分钟）

? SEC({^2009/12/19 10∶44∶23})　　　　&& 结果为：23（秒）

3.5.5　测试函数

（1）值域测试函数

【格式】BETWEEN(<表达式1>，<表达式2>，<表达式3>)

【功能】判断一个表达式的值是否介于另外两个表达式的值之间。当<表达式1>大于等于<表达式2>且小于等于<表达式3>时，即：<表达式2>≤<表达式1>≤<表达式3>，函数的值为逻辑真（.T.）；否则，函数的值为逻辑假（.F.）。

【说明】函数中的表达式的类型可以是数值型、字符型、货币型、双精度型、整型、浮点型、日期型和日期时间型，但所有表达式的类型必须一致。

【例3-38】BETWEEN()函数的应用。

? BETWEEN(25，10，100)　　　&& 结果为：.T.

? BETWEEN(99，10，100)　　　&& 结果为：.T.

? BETWEEN(6，10，100)　　　　&& 结果为：.F.

（2）空值（NULL）测试函数

【格式】ISNULL(<表达式>)

【功能】判断一个表达式的运算结果是否为 NULL 值，如果为 NULL 值，函数的值为逻辑真（.T.）；否则，返回逻辑假（.F.）。

【例 3－39】ISNULL( )函数的应用。

STORE . NULL. TO a

? ISNULL(a)　　　　　　　　　&& 结果为：.T.

（3）数据类型测试函数

【格式】VARTYPE(<表达式>)

【功能】测试 <表达式> 值的类型，返回一个表示数据类型的大写字母。函数返回值为字符型，函数返回的大写字母的含义如表 3－8 所示。

表 3－8　　用 VARTYPE( )函数测得的数据类型

返回的字母	数据类型	返回的字母	数据类型
C	字符型或备注型	G	通用型
N	数值型、整型、浮点型或双精度型	D	日期型
Y	货币型	T	日期时间型
L	逻辑型	X	NULL 值
O	对象型	U	未定义

【例 3－40】VARTYPE( )函数的应用。

? VARTYPE("月淡风轻")　　　　&& 结果为:C(字符型)

? VARTYPE(520)　　　　　　　　&& 结果为:N(数值型)

? VARTYPE(.T.)　　　　　　　　&& 结果为:L(逻辑型)

? VARTYPE({^2009/12/19})　　　&& 结果为:D(日期型)

? VARTYPE({^2009/12/19 11：21：23&& 结果为:T(日期时间型)

（4）条件测试 IIF 函数

【格式】IIF(<逻辑表达式>，<表达式 1>，<表达式 2>)

【功能】测试 <逻辑表达式> 的值，如果其值为逻辑真 .T.，函数返回 <表达式 1> 的值；如果为逻辑假 .F.，则返回 <表达式 2> 的值。返回值有多种类型。

【例 3－41】IIF( )函数的应用。

X＝20

Y＝30

? IIF(X > Y，X > 0，100＋Y)　　　&& 结果为：130

? IIF(X < Y，X > 0，100＋Y)　　　&& 结果为：.T.

（5）文件起始标志测试函数

【格式】BOF([<工作区号>|<表别名>])

【功能】测试当前或指定工作区中数据表的记录指针是否指向第 1 个记录之前。返回值为逻辑型，当指针指向第一个记录之前时为逻辑真 .T.，其他情况为逻辑假 .F.。

默认工作区号或别名时指当前工作区。

【例 3－42】BOF( )函数的应用。

```
USE sp                  && 设商品情况表 sp.dbf 中有 9 个记录
GO TOP                  && 指针指向第 1 个记录
SKIP -1                 && 指针向文件头方向移动一个位置
? BOF()                 && 结果为 .T.
```

(6) 文件结束标志测试函数

【格式】EOF([<工作区号> | <表别名>])

【功能】测试当前或指定工作区中数据表的记录指针是否指向最后一个记录之后。返回值为逻辑型，当指针指向最后一个记录之后时为逻辑真 .T.，其他情况为逻辑假 .F.。默认工作区号或别名时指当前工作区。

【例 3－43】EOF( )函数的应用。

```
USE sp                  && 设商品情况表 sp.dbf 中有 9 个记录
GO BOTTOM               && 指针指向最后一个记录
? EOF()                 && 结果为 .F.
SKIP 1                  && 指针向文件尾方向移动一个位置
? EOF()                 && 结果为 .T.
```

(7) 当前记录号测试函数

【格式】RECNO([<工作区号> | <表别名>])

【功能】测试当前或指定工作区中数据表的当前记录号，即记录指针当前指向的记录号。返回值为数值型。默认工作区号或别名时指当前工作区。

【例 3－44】将记录指针指向商品情况表 sp.dbf 的第 5 个记录。

```
USE sp                  && 打开商品情况表 sp.dbf
GO 5                    && 将记录指针指向第 5 个记录
? RECNO ( )             && 结果为 5
```

(8) 查询结果测试函数

【格式】FOUND([<工作区号> | <表别名>])

【功能】在命令 LOCATE/CONTINUE、FIND、SEEK 后用来测试数据表的当前记录号，即记录指针当前指向的记录号，返回值为逻辑型。默认工作区号或别名时指当前工作区，别名须放入定界符中。

【例 3－45】在商品情况表 sp.dbf 中查询商品"笔记本电脑"。

```
USE sp                  && 打开商品情况表 sp.dbf
LOCATE FOR 商品名称 = "笔记本电脑"    && 查询当前表中的"笔记本电脑"记录
? FOUND ( )    && 结果为 .T. (注意：记录指针指向第一个"笔记本电脑"记录)
```

(9) 记录个数测试函数

【格式】RECCOUNT([<工作区号> | <表别名>])

【功能】测试当前或指定工作区中数据表的记录个数，包含已作逻辑删除的记录。返回值为数值型。默认工作区号或别名时指当前工作区。

【例 3 -46】 RECCOUNT( )函数的应用。

```
USE sp                    && 设商品情况表 sp.dbf 中有 9 个记录
? RECCOUNT( )             && 结果为 9
```

思考题

1. Visual FoxPro 系统中提供了几种数据类型？
2. 什么是常量？什么是变量？Visual FoxPro 提供了几种常量和变量？
3. 什么是内存变量和字段变量？
4. 什么是 Visual FoxPro 的表达式？表达式分为几种？
5. 数组变量如何定义和使用？
6. 试述内存变量的命名规则。
7. 试述日期型数据和日期时间型数据的正确表示方法。
8. 什么是函数？函数主要分为几类？

4　表的操作

表是处理数据和建立关系数据库及其应用程序的基本单元。表分为自由表和数据库表。自由表是独立于数据库而存在的一种表，而数据库表是包含在数据库中的表。

本章的内容包括：创建数据表；表的打开与关闭；修改表结构；记录的输入与修改；记录的定位和显示；记录的删除与恢复等。

4.1　建立表

表主要由结构和记录两部分组成。记录即表中的数据。

4.1.1　表的组成

4.1.1.1　*表结构*

Visual FoxPro 采用关系数据模型，每一个表对应一个关系，每一个关系对应一张二维表。表的结构对应于二维表的结构。二维表中的每一行有若干个数据项，这些数据项构成了一个记录。表中的每一列称为一个字段，每个字段都有一个名字，即字段名。

下面以商品情况表（如表 1 - 1 所示）为例，从分析二维表的格式入手来讨论表结构。表 1 - 1 有 7 个栏目，每个栏目有不同的栏目名，如“商品代码”、“商品名称”等。同一栏目的不同行的数据类型完全相同，而不同栏目中存放的数据类型可以不同，例如“商品名称”栏目是“字符型”，而“单价”栏目是“数值型”。

在表文件中，表格的栏目称为字段。字段的个数和每个字段的名称、类型、宽度等要素决定了表文件的结构。定义表结构就是定义各个字段的属性。表的基本结构包括字段名、字段类型、字段宽度和小数位数。

（1）字段名。字段名即关系的属性名或表的列名。自由表字段名最长为 10 个字符。数据库表字段名最长为 128 个字符。字段名必须以字母或汉字开头。字段名可以由字母、汉字（1 个汉字占 2 个字符）、数字和下划线“_”组成。但字段名中不能包含空格。例如，商品代码、单价、客户_1、RQ 等都是合法的字段名。

（2）字段类型和宽度。表中的每一个字段都有特定的数据类型。表 4 - 1 列出了常用的字段类型及其宽度。字段宽度规定了字段的值可以容纳的最大字节数。例如，一个字符型字段最多可容纳 254 个字节。日期型、逻辑型、备注型、通用型等类型的字段的宽度则是固定的，系统分别规定为 8、1、4、4 个字节。

表 4-1　常用的字段类型及其宽度

字段类型	字段宽度	说 明
字符型（C）	最多 254 个字节	用户设定宽度
数值型（N）	最多 20 个字节	用户设定宽度
日期型（D）	8 个字节	系统固定宽度
逻辑型（L）	1 个字节	系统固定宽度
备注型（M）	4 个字节	系统固定宽度
通用型（G）	4 个字节	系统固定宽度

【说明】

① 对于字符型字段和数值型字段，在定义表结构时，应根据实际需要来设置适当宽度。数值型字段有小数位数的字段，小数点和正负号在字段宽度中各占 1 位。

② 备注型字段的宽度为 4 个字节，用于存储一个指针（即地址），该指针指向备注内容存放地的地址。备注内容存放在与表同名、扩展名为.FPT 的文件中。该文件随表的打开而自动打开，如果它被破坏或丢失，则表不能打开。

③ 通用型字段的宽度为 4 个字节，用于存储一个指针，该指针指向.FPT 文件中存储通用型字段内容的地址。

④ 可指定字段是否接受空值（NULL）。NULL 不同于零、空字符串或者空白，而是一个不存在的值（不确定）。当数据表中某个字段内容无法知道确切信息时，可以先赋予 NULL 值，等内容明确之后，再存入有实际意义的值。

4.1.1.2　定义表结构

在 Visual FoxPro 中，一张二维表对应一个数据表，称为表文件。一张二维表由表名、表头、表的内容 3 部分组成。一个数据表由数据表名、数据表的结构、数据表的记录三要素构成。定义数据表的结构，就是定义数据表的字段个数、字段名、字段类型、字段宽度及是否以该字段建立索引等。

下面以商品情况表为例，介绍如何定义表的结构。

将“商品代码”、“商品名称”两个字段定义为字符型，根据实际情况设定相应的长度；“单价”字段用数值型表示，宽度为 8，小数位数为 2；“生产日期”字段用日期型表示；“进口否”字段只有两种状态，即“是”和“不是”，故使用逻辑值来表示。逻辑真（.T.）表示进口，逻辑假（.F.）表示国产；“商品外形”字段存放产品外观形状的照片，用通用型表示；“备注”字段用于描述该产品的其他信息，比如主要性能、重量、体积等，是不定长的文本信息，因此用备注型表示。

商品情况表的结构信息如表 4-2 所示。

表 4-2　商品情况表的结构

字段名	类 型	宽 度	小数位
商品代码	字符型	10	—
商品名称	字符型	20	—
单价	数值型	8	2

表4－2（续）

字段名	类　型	宽　度	小数位
生产日期	日期型	8	—
进口否	逻辑型	1	—
商品外形	通用型	4	—
备注	备注型	4	—

按照同样的方法定义销售表（如表4－3所示）、部门表（如表4－4所示）和销售指标表（如表4－5所示）的结构。

表4－3　　销售表的结构

字段名	类　型	宽　度	小数位
商品代码	字符型	10	—
部门代码	字符型	2	—
销售数量	数值型	8	0

表4－4　　部门表的结构

字段名	类　型	宽　度	小数位
部门代码	字符型	2	—
部门名称	字符型	20	—
部门负责人	字符型	10	—

表4－5　　销售指标表的结构

字段名	类　型	宽　度	小数位
部门代码	字符型	2	—
销售定额	数值型	10	2

4.1.2　建立表结构

【例4－1】建立表1－1所示的商品情况表的结构，表文件名为sp.dbf。

操作步骤如下：

（1）选择“文件”菜单中的“新建”命令，打开“新建”对话框，选中“表”单选按钮，如图4－1所示。

（2）单击“新建文件”按钮，打开“创建”对话框，如图4－2所示。

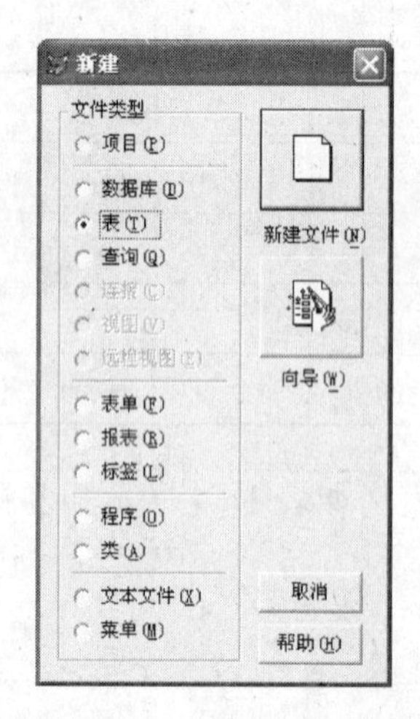

图4-1 “新建”对话框

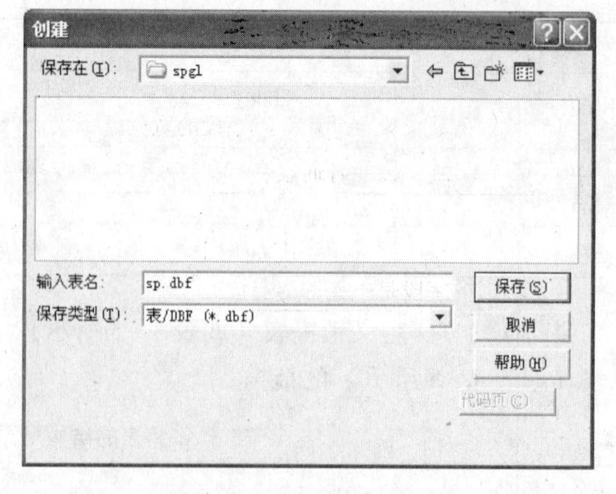

图4-2 “创建”对话框

(3) 在“创建”对话框中，在“保存在”下拉列表框中选定默认文件夹 spgl，输入表名 sp. dbf，然后单击“保存”按钮，打开“表设计器”对话框，如图4-3所示。

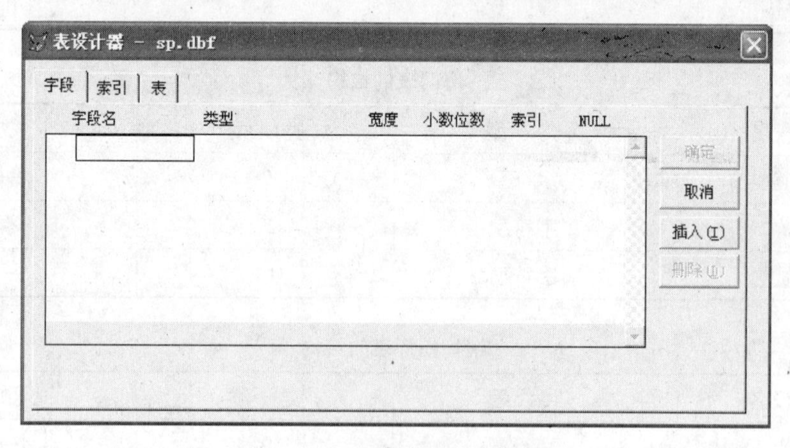

图4-3 “表设计器”对话框

“表设计器”包括“字段”、“索引”、“表”3个选项卡：

①“字段”选项卡——各字段的字段名、类型、宽度以及小数位数等内容。

②“索引”选项卡——用于定义索引。

③“表”选项卡——显示有关表的信息，用于指定有效性规则和默认值等。

“字段”选项卡包含的各选项如表4-6所示。

表4-6 “字段”选项卡包含的选项

选项卡选项	功　能
字段名	定义字段的名字。自由表的一个字段名最多为10个字符，数据库表的字段名最多为128个字符。
类型	定义字段中存放数据的类型。单击下拉箭头，从中选择一种数据类型。
宽度	表示字段允许存放的最大字节数或数值位数。

表 4-6（续）

选项卡选项	功　能
小数位数	指定小数点右边的数字位数。只有数值型、浮点型和双精度型数据才有小数位数，小数位数至少应比该字段的宽度值小 2。
索引	指定字段的普通索引，用以对数据进行排序。
NULL	指定是否允许字段接受空（NULL）值。空值是指无确定的值，它与空字符串、数值 0 等是不同的。一个字段是否允许为空值与字段的性质有关，例如作为关键字的字段是不允许为空值的。

（4）在“表设计器”对话框中，单击“字段”选项卡，然后依次输入每个字段的名字，并决定其类型、宽度及小数位数。单击“NULL”列并出现“√”符号时，表示该字段可接受 NULL（空）值。

定义表结构时，注意以下几点：

① 字段类型必须与存放其中的数据类型相一致。

② 字段的宽度要足够容纳需存放的数据。

③ 为“数值型”、“浮点型”或“双精度型”字段应设置正确的小数位数。

④ 如果想让字段接受空值，则选中 NULL。

根据表 4-2 中的结构信息定义商品情况表 sp.dbf 的结构，如图 4-4 所示。

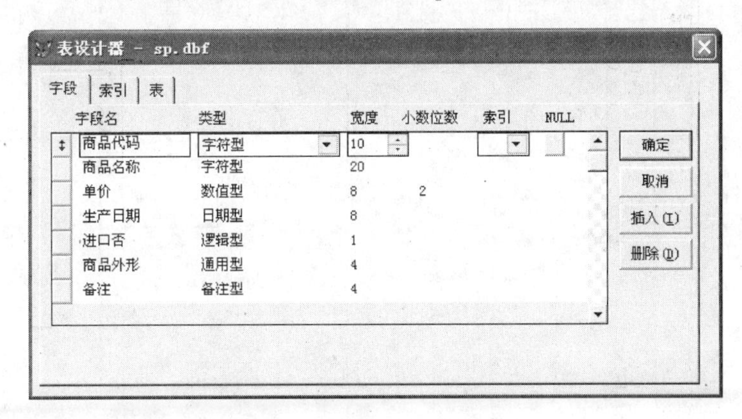

图 4-4　**定义表 sp.dbf 的结构**

（5）当表中所有字段定义完成后，单击“确定”按钮，出现如图 4-5 所示的对话框询问是否输入数据。如果单击“是”按钮，出现表 sp.dbf 的记录编辑窗口，即可开始输入数据；如果单击“否”按钮，关闭“表设计器”对话框，建立表结构的工作结束，此时，表 sp.dbf 中没有任何记录，只有表的结构信息。

图 4-5　**询问对话框**

按照上述方法，根据表4-3、表4-4、表4-5分别定义销售表xs.dbf、部门表bm.dbf和销售指标表bmzb.dbf的结构。

4.2 打开和关闭表

若要对表进行操作，首先应打开表。在完成对表的操作后，则必须关闭表。

4.2.1 打开表

打开表指的是将表从磁盘调入内存的过程。只有打开表后，才能对表进行操作。

4.2.1.1 在菜单方式下打开表

【例4-2】打开商品情况表sp.dbf。

操作步骤如下：

(1) 选择"文件"菜单中的"打开"命令，出现"打开"对话框。

(2) 在"打开"对话框中，选择文件类型为"表(*.dbf)"，选择表文件名sp.dbf，选中"独占"复选框，如图4-6所示。

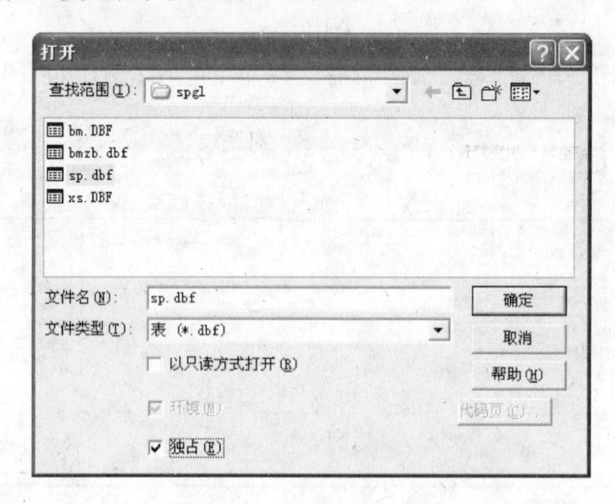

图4-6 "打开"对话框

(3) 单击"确定"按钮，打开商品情况表sp.dbf。

4.2.1.2 在命令方式下打开表

【命令】USE [<表文件名>|<?>] [Noupdate] [Exclusive|Shared]

【功能】在当前工作区中打开或关闭指定的表。

【说明】

① <表文件名>表示被打开表的文件名，文件扩展名默认为.dbf。

② 使用命令"USE ?"时，打开"使用"对话框，选定要打开的表。

③ 打开一个表时，该工作区原来已打开的表自动关闭。

④ 如果执行不带表名的USE命令，则关闭当前工作区已经打开的表。

⑤ Noupdate指定以只读方式打开表，Exclusive指定以独占方式打开表，Shared指定以共享方式打开表。

【例4-3】用USE命令打开商品情况表sp.dbf。

以独占方式打开商品情况表sp.dbf的USE命令如下：

USE sp Exclusive

4.2.2 关闭表

当表操作完成后，应及时关闭，以保证更新后的内容安全地存入表中。

4.2.2.1 在菜单方式下关闭表

（1）选择“窗口”菜单中的“数据工作期”命令，打开“数据工作期”对话框，如图4-7所示。

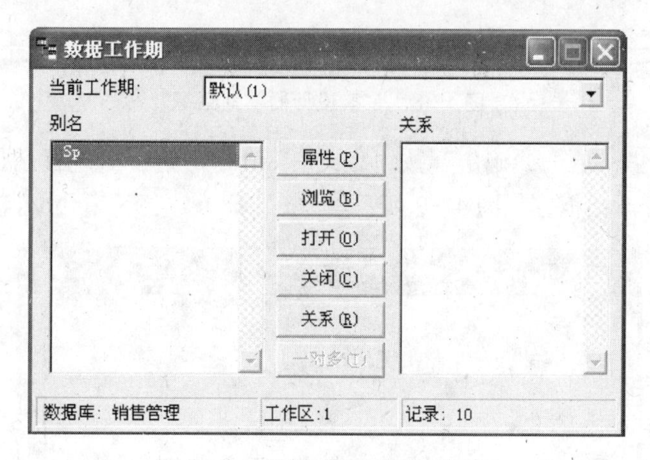

图4-7 “数据工作期”对话框

（2）在“别名”列表框内，选择需要关闭的表名sp。

（3）单击“关闭”按钮，关闭该表。

4.2.2.2 关闭表的命令方式

在命令窗口中输入并执行不带文件名的USE命令，可关闭当前工作区已打开的表；也可执行CLOSE ALL命令来关闭所有打开的表。

4.3 显示和修改表的结构

以商品情况表sp.dbf为例，介绍显示和修改表结构的操作方法。

【例4-4】显示和修改商品情况表sp.dbf的结构。

操作步骤如下：

（1）打开商品情况表sp.dbf。

（2）选择“显示”菜单中的“表设计器”命令，打开“表设计器”对话框，显示商品情况表sp.dbf的结构信息，如图4-8所示。

（3）在“表设计器”中对表结构进行修改。在修改过程中，用鼠标向上或向下拖动“字段名”左侧的双箭头按钮，可改变字段的次序；单击“删除”按钮，删除选定的字段；单击“插入”按钮，则增加新字段。

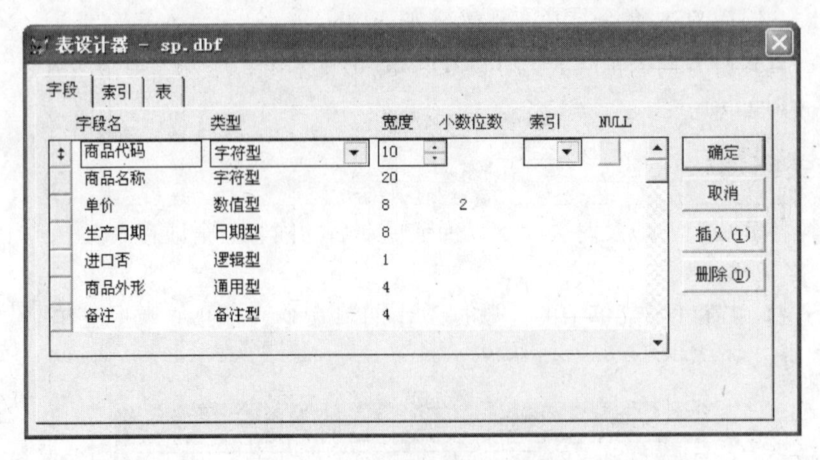

图 4-8　“表设计器”对话框

（4）修改完毕，单击“确定”按钮，或按 Ctrl + W 键，出现提示信息“结构更改为永久性更改?”对话框，如图 4-9 所示。

图 4-9　结构更改提示信息对话框

（5）单击“是”按钮，表示修改有效，关闭“表设计器”；单击“否”按钮，则修改无效，关闭“表设计器”。

4.4　向表中输入记录

当表结构建立完成后，用户可以向表中输入数据（记录）。表中的每一行有若干个数据项，这些数据项构成了一个记录。

下面介绍如何在追加方式下向表中输入数据。输入数据时，尤其要注意备注型数据和通用型数据的输入方法。

【例 4-5】在追加方式下，向商品情况表 sp.dbf 中输入记录。

操作步骤如下：

（1）打开商品情况表 sp.dbf。

（2）选择“显示”菜单中的“浏览”命令，出现商品情况表的“浏览”窗口，如图 4-10 所示。可以看到，商品情况表当前是只有结构但没有任何数据的空表。

图 4 - 10　商品情况表 sp 的“浏览”窗口

（3）选择“显示”菜单中的“追加方式”命令，光标“跳入”表中，表中同时出现一个空白记录，如图 4 - 11 所示。这时，即可向表中输入记录，逐个输入字段的数据。

图 4 - 11　表中出现一个空白记录

（4）常规性数据的输入。在输入数据时，为了提高数据输入的准确性和速度，注意事项如下：

① 如果输入的数据宽度等于字段宽度时，光标自动跳到下一个字段；如果小于字段宽度时，输完数据后按回车键或 Tab 键跳到下一个字段。对于有小数的数值型字段，输入整数部分宽度等于所定义的整数部分宽度时，光标自动跳到小数部分；如果小于定义的宽度，按右箭头键跳到小数部分。输入记录的最后一个字段的值后，按回车键，光标自动定位到下一个记录的第一个字段。

② 日期型字段的两个间隔符“/”由系统给出，不需要用户输入，可按格式 mm/dd/yy 输入日期。如果输入非法日期，系统会提示出错信息。

③ 逻辑型字段只能接受 T、Y、F、N 4 个字母之一（不区分大小写）。T 与 Y 同义，若输入 Y 也显示 T（表示“真”）；同样 F 与 N 同义，若输入 N 也显示 F（表示“假”）。如果在此字段中不输入值，则默认为 F。

（5）通用型数据的输入。通用型字段主要用于存放图形、图像、声音、电子表格等多媒体数据。如果通用型字段没有任何内容，显示为 gen（第 1 个字母小写）；如果输入了内容，则显示为 Gen（第 1 个字母大写）。

例如，将商品“笔记本电脑”的外观图形插入商品情况表 sp.dbf 的第 1 个记录的通用型字段中，操作如下：

① 在表的“浏览”窗口方式下，双击第 1 个记录的通用型字段 gen 标志区（或按 Ctrl + PageDown 键），打开通用型字段编辑窗口，如图 4 - 12 所示。

图 4 - 12　通用型字段编辑窗口

② 选择“编辑”菜单中的“插入对象”命令，打开“插入对象”对话框，选中“由文件创建”单选按钮，如图 4 - 13 所示。

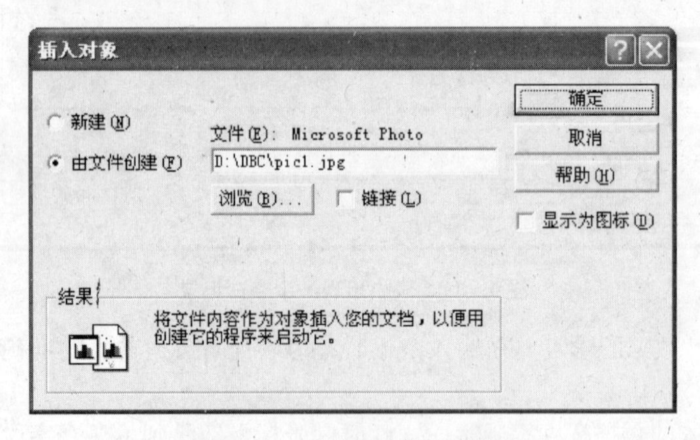

图 4 - 13　“插入对象”对话框

③ 单击“浏览”按钮，选择图形文件，然后单击“确定”按钮，图形出现在通用型字段编辑窗口，如图 4 - 14 所示。

图 4 - 14　插入图片

④ 将图形插入到通用型字段编辑窗口后，按 Ctrl + W 键，或单击“关闭”按钮，关闭通用型字段编辑窗口，保存图形。于是，通用型字段显示为 Gen（第 1 个字母大写）。

（6）备注型数据的输入。备注型字段是一个可变长的字段（最大可以到 64KB），用于存放超长文本。如果备注型字段没有任何内容，显示为 memo（第 1 个字母小写）；如果输入了内容，则显示为 Memo（第 1 个字母大写）。

例如，给商品情况表 sp. dbf 的第 1 个记录的备注字段输入数据“产地：新加坡”。

① 在表的“浏览”窗口方式下，双击第 1 个记录的备注型字段 memo 标志区（或按 Ctrl + PageDown 键），打开备注型字段编辑窗口，接着在窗口中输入“产地：新加坡”，如图 4 - 15 所示。

图 4 - 15　备注型数据的输入

② 输入完毕，按 Ctrl + W 键，或单击“关闭”按钮，关闭备注型字段编辑窗口，保存数据。于是，备注型字段显示为 Memo（第 1 个字母大写）。若要放弃本次输入或修改操作，则按 Esc 或 Ctrl + Q 键。

（7）按照上述方法，依次输入所有记录。当记录输入完毕，商品情况表 sp. dbf 中的数据如图 4 - 16 所示。

Sp

商品代码	商品名称	单价	生产日期	进口否	商品外形	备注
s1	笔记本电脑	7380.00	03/12/09	T	Gen	Memo
s2	激光打印机	1750.00	01/23/09	F	gen	memo
s3	DVD刻录机	185.00	02/03/09	F	gen	memo
s4	平板式扫描仪	380.00	04/15/09	F	gen	memo
s5	4GU盘	75.00	06/19/09	T	gen	memo
s6	台式计算机	4200.00	05/10/09	T	gen	memo
s7	蓝牙无线鼠标器	320.00	02/07/09	F	gen	memo
s8	双WAN口路由器	5100.00	07/20/09	F	gen	memo
s9	15寸触摸液晶显示器	1800.00	03/24/09	T	gen	memo

图 4 - 16　商品情况表 sp. dbf 中的数据

4.5 定位记录

表中每个记录都有一个编号，称为记录号。对于打开的表，系统会分配一个指针，称为记录指针。记录指针指向的记录称为当前记录。定位记录就是移动记录指针，使指针指向符合条件的记录的过程。

表文件有两个特殊的位置：文件头（表起始标记）和文件尾（表结束标记）。文件头是表中第一个记录之前，当记录指针指向文件头时，函数 BOF( )的值为 .T.；文件尾在最后一个记录之后，当记录指针指向文件尾时，函数 EOF( )的值为 .T.，如图 4－17 所示。

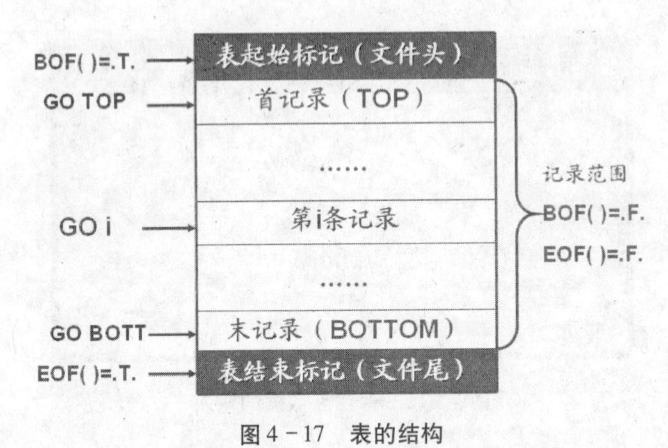

图 4－17　表的结构

4.5.1 在菜单方式下移动记录指针

【例 4－6】在商品情况表 sp. dbf 中移动记录指针。

操作步骤如下：

(1) 打开商品情况表 sp. dbf。

(2) 选择“显示”菜单中的“浏览”命令，出现“浏览”窗口。

(3) 选择“表”菜单中的“转到记录”命令，接着选择移动记录指针的方式，如图 4－18 所示。

在“转到记录”子菜单中，有以下选项：

① 第一个：将记录指针指向第一个记录。

② 最后一个：将记录指针指向最后一个记录。

③ 下一个：将记录指针移向下一个记录。

④ 上一个：将记录指针移向上一个记录。

⑤ 记录号：将记录指针指到确定的记录号上。

⑥ 定位：将记录指针指向满足条件的记录。

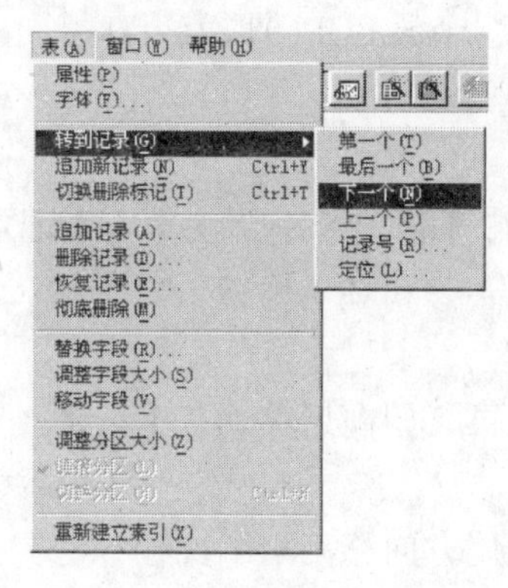

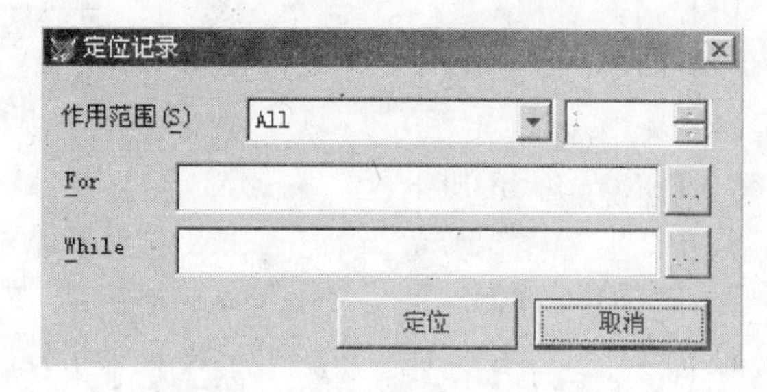

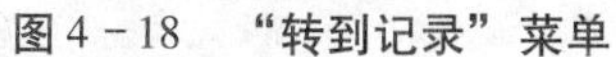
图4-18 “转到记录”菜单

图4-19 “定位记录”对话框

若选择“定位”命令，打开“定位记录”对话框，如图4-19所示。在“作用范围”下拉列表框中选择定位记录的范围，在For文本框中输入定位条件。然后单击“定位”按钮，在给定范围内查找第一个符合条件的记录，并将指针指向该记录。

4.5.2 在命令方式下移动记录指针

（1）绝对定位

【命令1】GO [TO] TOP | BOTTOM

【命令2】[GO [TO]] <n>

【功能】将记录指针指向指定的记录位置。

```
GO TOP                  && 将记录指针指向第一个记录
GO BOTTOM               && 将记录指针指向最后一个记录
GO n                    && 将记录指针指向第 n 个记录
```

【例4-7】用GO命令定位记录的示例。

```
USE sp Exclusive        && 打开表 sp.dbf
? RECNO()               && 显示当前记录号 1
GO BOTTOM               && 指针指向最后一个记录
? RECNO()               && 显示记录号 9，当前的记录为第 9 个记录
? EOF()                 && 因没有到文件尾，显示 .F.
GO 8                    && 记录指针指向第 8 个记录
? RECNO()               && 显示记录号 8
GO TOP                  && 当前记录为第一个记录
? RECNO()               && 显示 1
```

（2）相对定位

【命令】SKIP [<数值表达式>]

【功能】从当前记录开始向前或向后移动记录指针。

```
SKIP                    && 向文件尾方向移动 1 个记录
SKIP +n                 && 向文件尾方向移动 n 个记录
SKIP -n                 && 向文件头方向移动 n 个记录
```

【说明】若向文件尾方向移动，当指针指向表文件结束标记时，函数EOF()取值为

真；若向文件头方向移动，当指针指向表文件起始标记时，函数 BOF( )取值为真。

【例 4 - 8】用 SKIP 命令定位记录的示例。

```
USE sp Exclusive           && 打开表 sp.dbf
? RECNO( ), BOF( )         && 显示 1、.F. 。表打开时,当前记录为第 1 个记录
SKIP -1                    && 记录指针向文件头移动一个位置
? RECNO( ), BOF( )         && 显示 1、.T.
SKIP 7                     && 指针从第一个记录开始向后移动 7 个记录
? RECNO( ), EOF( )         && 显示 8、.F.
SKIP                       && 记录指针向文件尾方向移动一个位置
? RECNO( ), EOF( )         && 显示 9、.F.
SKIP -2                    && 记录指针向文件头移动 2 个记录位置
? RECNO( )                 && 显示记录号 7
```

4.6 浏览和修改记录

当表的结构建立完成并输入数据后，用户可利用“显示”菜单中的“浏览”或“编辑”命令来浏览和修改表中的数据。

4.6.1 浏览记录

【例 4 - 9】以浏览方式显示商品情况表 sp.dbf 中的记录。

操作步骤如下：

（1）打开商品情况表 sp.dbf。

（2）选择“显示”菜单中的“浏览”命令，出现“浏览”窗口，如图 4 - 20 所示。

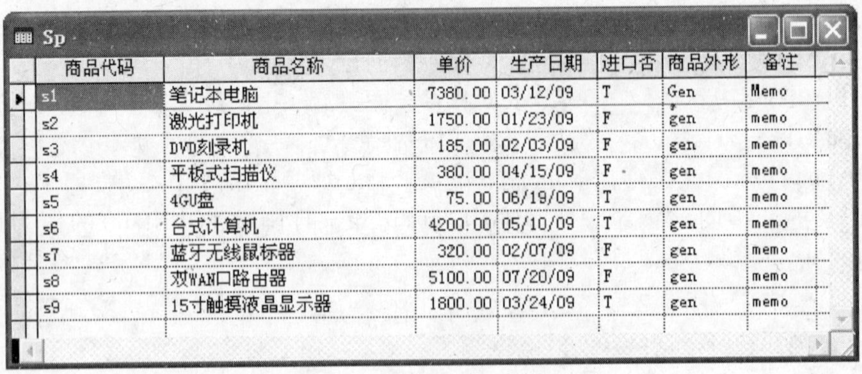

Sp

商品代码	商品名称	单价	生产日期	进口否	商品外形	备注
s1	笔记本电脑	7380.00	03/12/09	T	Gen	Memo
s2	激光打印机	1750.00	01/23/09	F	gen	memo
s3	DVD刻录机	185.00	02/03/09	F	gen	memo
s4	平板式扫描仪	380.00	04/15/09	F	gen	memo
s5	4GU盘	75.00	06/19/09	T	gen	memo
s6	台式计算机	4200.00	05/10/09	T	gen	memo
s7	蓝牙无线鼠标器	320.00	02/07/09	F	gen	memo
s8	双WAN口路由器	5100.00	07/20/09	F	gen	memo
s9	15寸触摸液晶显示器	1800.00	03/24/09	T	gen	memo

图 4 - 20　表的“浏览”窗口

（3）选择“显示”菜单中的“编辑”命令，则进入“编辑”窗口，此时每行显示一个字段，如图 4 - 21 所示。

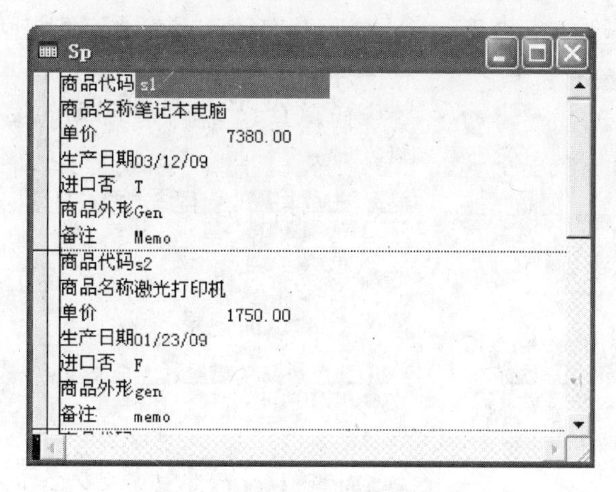

图 4-21 表的“编辑”窗口

4.6.2 修改记录

以独占方式打开表，在“浏览”窗口中，可对表中的记录直接进行修改。用户可使用鼠标调整“浏览”窗口的大小，还可以调整表中字段的显示顺序和显示宽度。修改完毕，直接关闭浏览窗口，或按 Ctrl + W 键，保存所做的修改。

4.7 查找记录

在实际应用时，表的记录非常多，处理起来很不方便。所以，可以使用 LOCATE - CONTINUE 命令查找需要的记录。

LOCATE - CONTINUE 命令的格式如下：

【命令】LOCATE [<范围>] [FOR <条件>]

……

CONTINUE

【功能】LOCATE 命令的功能是：在当前表中，从指定范围内的第 1 个记录开始，按记录号的顺序依次查找符合指定条件的第 1 个记录。当找到符合条件的第 1 个记录时，将记录指针指向该记录，使其成为当前记录，且函数 FOUND( ) 的值为逻辑真 (.T.)。如果需要继续查找符合相同条件的下一个记录，则必须使用 CONTINUE 命令来实现。LOCATE 命令用于查找符合指定条件的第 1 个记录，CONTINUE 命令则可连续查找后面符合条件的各个记录，直到文件结束为止。

如果没找到符合条件的记录，在 Visual FoxPro 主工作界面的状态条中显示“已到定位范围末尾”，此时函数 FOUND( ) 的值为逻辑假 (.F.)，而函数 EOF( ) 的值为逻辑真 (.T.)。

【例 4-10】按顺序查询商品情况表 sp.dbf中的所有进口商品。

```
USE sp Exclusive
LOCATE FOR 进口否 =.T.        && 按顺序查找第 1 个进口商品记录
DISPLAY                      && 显示当前记录
```

```
记录号  商品代码  商品名称          单价  生产日期  进口否  商品外形  备注
     1  s1        笔记本电脑   7380.00  03/12/09  .T.     Gen       Memo
CONTINUE                          && 继续查找下一个进口商品记录
DISPLAY                           && 显示当前记录
记录号  商品代码  商品名称        单价  生产日期  进口否  商品外形  备注
     5  s5        4GU盘          75.00  06/19/09  .T.     gen       memo
CONTINUE                          && 继续查找下一个进口商品记录
DISPLAY                           && 显示当前记录
记录号  商品代码  商品名称        单价  生产日期  进口否  商品外形  备注
     6  s6        台式计算机   4200.00  05/10/09  .T.     gen       memo
```

4.8 删除/恢复记录

在 Visual FoxPro 中，删除记录的方法是：先逻辑删除，即给记录作上删除标记，然后物理删除。被逻辑删除的记录并未从磁盘上删除。当发现删除有误时，可将其恢复成正常记录。物理删除是删除磁盘上表文件中的记录，物理删除以后的记录不能恢复。

4.8.1 逻辑删除记录

逻辑删除记录就是给记录作上一个删除标记，但这些记录并没有真正从表中删除。被加上删除标记的记录，就是已完成逻辑删除操作的记录。

【例 4 - 11】给商品情况表 sp. dbf 中的第 2 个记录作上删除标记。

操作步骤如下：

（1）打开商品情况表 sp. dbf 表。

（2）选择“显示”菜单中的“浏览”命令，出现表的“浏览”窗口。

（3）单击第 2 个记录前的白色小框，使其变为黑色，表示逻辑删除，如图 4 - 22 所示。

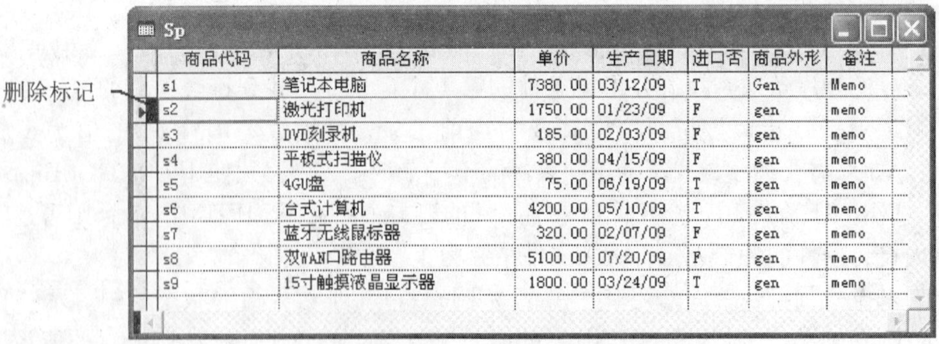

Sp

删除标记

商品代码	商品名称	单价	生产日期	进口否	商品外形	备注
s1	笔记本电脑	7380.00	03/12/09	T	Gen	Memo
s2	激光打印机	1750.00	01/23/09	F	gen	memo
s3	DVD刻录机	185.00	02/03/09	F	gen	memo
s4	平板式扫描仪	380.00	04/15/09	F	gen	memo
s5	4GU盘	75.00	06/19/09	T	gen	memo
s6	台式计算机	4200.00	05/10/09	T	gen	memo
s7	蓝牙无线鼠标器	320.00	02/07/09	F	gen	memo
s8	双WAN口路由器	5100.00	07/20/09	F	gen	memo
s9	15寸触摸液晶显示器	1800.00	03/24/09	T	gen	memo

图 4 - 22 逻辑删除

如果要同时删除多个记录，可利用“表”菜单中的“删除记录…”命令来实现。

4.8.2 恢复逻辑删除的记录

恢复逻辑删除的记录，实际上就是取消记录前面的逻辑删除标记。

如果在图4－22中再次单击第2个记录前的小框，使该框由黑色变为白色，表示去掉删除标记，使该记录恢复成正常记录。

4.8.3 物理删除记录

物理删除记录就是把记录从表中彻底地删除。

操作步骤如下：

（1）打开表的“浏览”窗口。

（2）选择“表”菜单中的“彻底删除”命令，出现提示信息对话框。

（3）单击“是”按钮，将逻辑删除的记录进行物理删除。

4.9 表的过滤

在实际应用时，表的记录或字段数目非常多，处理起来很不方便。Visual FoxPro提供了表的过滤功能，可以只对部分满足条件的记录和部分字段进行操作。

4.9.1 过滤字段

所谓过滤字段，就是只对部分字段进行操作。可以通过设置“字段选择器”来完成限制字段的访问。

【例4－12】只显示商品情况表sp.dbf中的“商品代码”、“商品名称”、“单价”、“生产日期”4个字段的内容，而屏蔽其余的字段。

操作步骤如下：

（1）打开商品情况表sp.dbf。

（2）选择“显示”菜单中的“浏览”命令，显示表的“浏览”窗口。

（3）选择“表”菜单中的“属性”命令，打开“工作区属性”对话框，选中“字段筛选指定的字段”单选按钮，如图4－23所示。

在“工作区属性”对话框的“允许访问”下面包含两个单选按钮：

① 工作区中的所有字段：可对所有的字段进行操作。

② 字段筛选指定的字段：显示“字段筛选”中选定的字段。

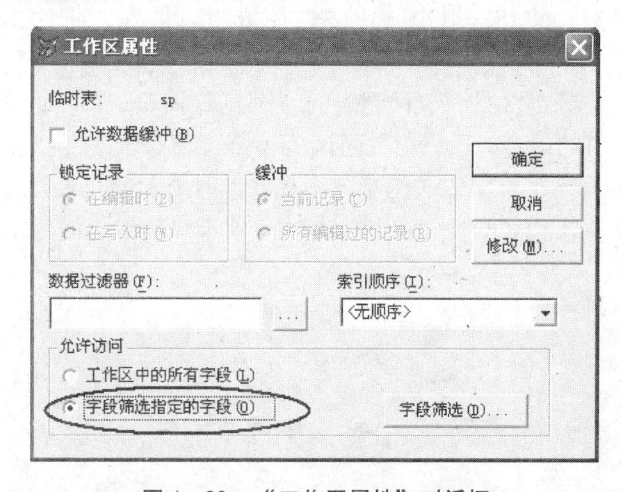

图4－23 “工作区属性”对话框

（4）单击“字段筛选”按钮，打开“字段选择器”对话框，如图4－24所示。对话框的左边列表框列出表中的所有字段，右边列表框里显示选定的字段。利用中间4个功能按钮，可将“所有字段”列表框的字段“添加”或“全部”添加到“选定字段”列表框，也可将“选定字段”列表框的字段“移去”或“全部移去”到“所有字段”列表框。

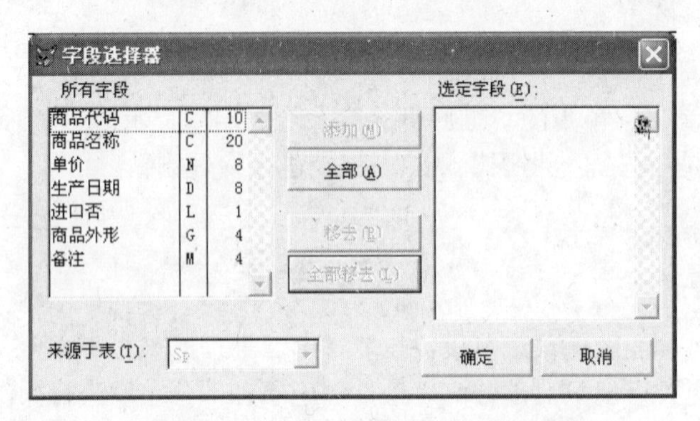

图4－24　“字段选择器”对话框

（5）将左侧列表框中的“商品代码”、“商品名称”、“单价”和“生产日期”4个字段依次添加到右侧的列表框中，如图4－25所示。

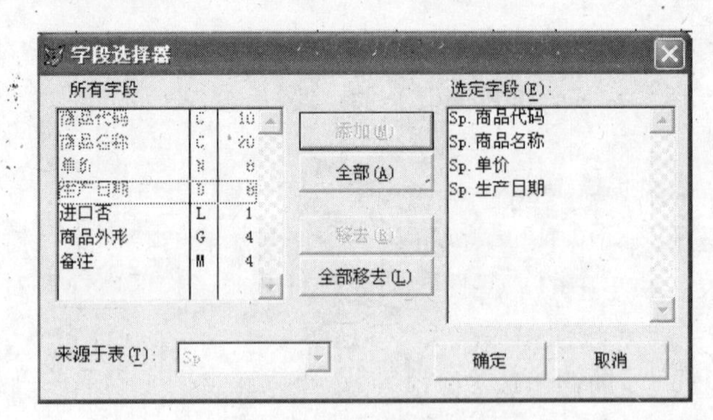

图4－25　选择字段

（6）单击“确定”按钮，退出“字段选择器”对话框，回到“工作区属性”对话框。

（7）再次单击“确定”按钮，回到表的“浏览”窗口，然而此时屏幕上显示的仍然是原“浏览”窗口的内容，所以应关闭该“浏览”窗口。

（8）选择“显示”菜单中的“浏览”命令，此时显示的是经过字段筛选后的“商品代码”、“商品名称”、“单价”、“生产日期”4个字段的值，如图4－26所示。

商品代码	商品名称	单价	生产日期
s1	笔记本电脑	7380.00	03/12/09
s2	激光打印机	1750.00	01/23/09
s3	DVD刻录机	185.00	02/03/09
s4	平板式扫描仪	380.00	04/15/09
s5	4GU盘	75.00	06/19/09
s6	台式计算机	4200.00	05/10/09
s7	蓝牙无线鼠标器	320.00	02/07/09
s8	双WAN口路由器	5100.00	07/20/09
s9	15寸触摸液晶显示器	1800.00	03/24/09

图 4-26　过滤字段后的显示结果

4.9.2　过滤记录

所谓过滤记录，就是对某些满足条件的记录进行操作。

【例 4-13】只显示商品情况表 sp.dbf 中所有国产商品的记录。

操作步骤如下：

（1）打开商品情况表 sp.dbf。

（2）选择“显示”菜单中的“浏览”命令，显示表的“浏览”窗口。

（3）选择“表”菜单中的“属性”命令，打开“工作区属性”对话框。

（4）在“数据过滤器”文本框中，输入记录过滤条件“进口否 = .F.”，如图 4-27 所示。

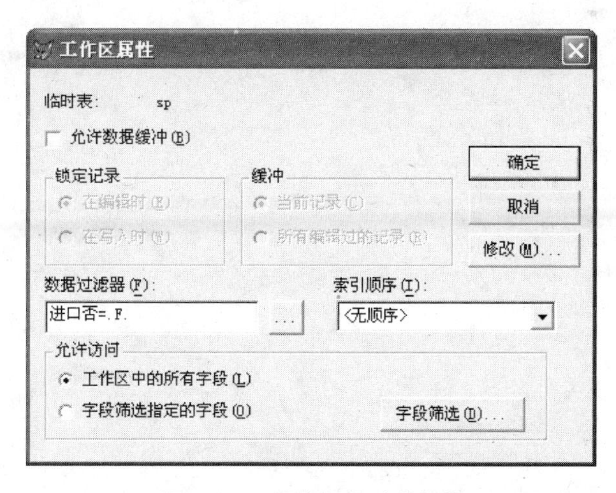

图 4-27　设定记录过滤条件

（5）单击“确定”按钮，返回“浏览”窗口，浏览结果如图 4-28 所示。

Sp

商品代码	商品名称	单价	生产日期	进口否	商品外形	备注
s2	激光打印机	1750.00	01/23/09	F	gen	memo
s3	DVD刻录机	185.00	02/03/09	F	gen	memo
s4	平板式扫描仪	380.00	04/15/09	F	gen	memo
s7	蓝牙无线鼠标器	320.00	02/07/09	F	gen	memo
s8	双WAN口路由器	5100.00	07/20/09	F	gen	memo

图 4－28　过滤记录的显示结果

思考题

1. Visual FoxPro 中的自由表和数据库表有何区别？
2. 表的基本结构由几部分组成？
3. 表的打开和关闭有何区别？
4. 如何向表中输入新的记录？
5. 逻辑删除记录和物理删除记录有何不同？如何恢复逻辑删除的记录？

5 索引和数据库操作

索引是一种排序技术，是对数据表的大量数据实现快速显示、快速查询的重要手段，也是创建表间关联关系的基础。

数据库是指存储在外存上的有结构的数据集合。数据库中的表称为数据库表。数据库通过一组系统文件将相互联系的数据库表及其相关的数据库对象进行统一组织和管理。Visual FoxPro 中的数据库是一种容器，用于存储数据库表的属性与组织，以及所包含的表之间的联系和依赖于表的视图等信息。

本章主要介绍索引的概念、类型、建立、使用以及删除；数据库的操作，其内容包括：数据库的建立与打开，数据库中表的基本操作，设置数据库表的属性，在数据库中建立表间的永久关系和设置参照完整性。

5.1 索引的基本操作

在 Visual FoxPro 中表记录的顺序有物理顺序和逻辑顺序两种。在输入记录时，记录的先后顺序通过记录号表示出来，这个顺序反映了存放记录的先后顺序，称为物理顺序。按索引关键字的值升序或降序排列，每个值对应原表中的一个记录号，这样确定的记录的顺序称为逻辑顺序。

在实际操作中所处理的记录顺序，称为使用顺序，使用顺序可以是物理顺序，也可以是逻辑顺序。记录指针在表记录中的移动是按使用顺序进行的。

5.1.1 索引概述

5.1.1.1 索引的概念

索引是按索引关键字的值对表中的记录进行排序的一种方法。索引的目的是加快查询的速度。通过索引产生表的逻辑顺序。索引关键字是指在表中建立索引时用的字段或字段表达式，必须是数值型、字符型、日期型或逻辑型表达式。它可以是表中的单个字段，也可以是表中几个字段组成的表达式。索引关键字的值是确定记录逻辑顺序的依据。

索引实际上是一种逻辑排序，但它不改变表中数据的物理顺序。索引排序不需复制出一个和原表内容相同的有序文件，而只按索引关键字（如“商品代码”）排序后，建立关键字和记录号之间的对应关系，并把其存储到一个“索引文件”中。表中使用索引就如使用一本书的目录，通过搜索索引找到特定关键字的值，由指针指向包含此数据的行。

创建索引是创建一个由指向表 .dbf 中记录的指针构成的文件。索引文件和表 .dbf 文件分别存储。在 Visual FoxPro 中，可以为一个表建立一个或多个索引，每一个索引确定了一种表记录的逻辑顺序。若要根据特定顺序处理表记录，可以选择一个相应的索引。

索引并不生成新的表，而是仅仅使表中记录的逻辑顺序发生了变化，而物理顺序并没有变化。对数据表建立索引之后将生成一个索引文件（扩展名为.idx 或.cdx）。

索引文件不能单独使用，它必须同表一起使用。

5.1.1.2　索引的类型

Visual FoxPro 提供了主索引、候选索引、唯一索引和普通索引四种索引类型。索引类型是依靠表中索引字段的数据是否有重复值而定的。

（1）主索引——索引关键字的值不允许出现重复值的索引，其索引关键字的值能够唯一确定表中每个记录的处理顺序。只有数据库表才能建立主索引，且一个表中只能建立一个主索引。自由表不能建立主索引。主索引主要用于建立永久关系的主表。

（2）候选索引——像主索引一样，它的索引关键字的值不允许有重复值，并且能够唯一确定表中每个记录的处理顺序。数据库表和自由表均可建立多个候选索引。

（3）唯一索引——指索引文件对每一个特定的索引关键字的值和对应的记录号只存储一次。如果表中记录的索引关键字的值相同，则只在索引文件中保存第一次出现的索引关键字的值和对应的记录号。该类索引是为了保持同早期版本的兼容性。数据库表和自由表均可以建立多个唯一索引。

（4）普通索引——此类索引同样可以决定记录的处理顺序，它将索引关键字的值和对应的记录号存入索引文件中，允许索引关键字的值出现重复。建立普通索引时，不同的索引关键字的值按顺序排列，而对有相同索引关键字的值的记录按原来的先后顺序集中排列在一起。可用普通索引进行表中记录的排序或搜索。数据库表和自由表均可以建立多个普通索引。

5.1.2　建立索引

【例 5-1】利用“表设计器”为商品情况表 sp.dbf 中的“商品代码”字段建立候选索引。

操作步骤如下：

（1）打开商品情况表 sp.dbf。

（2）选择“显示”菜单中的“表设计器”命令，打开“表设计器”对话框。

（3）在“表设计器”对话框中，选择“索引”选项卡。“索引”选项卡包括有“排序”、“索引名”、“类型”、“表达式”和“筛选”五个参数，如图 5-1 所示。

设置下列参数来完成索引的建立或撤销操作：

① 排序——选择排序方式。选择排序方式是升序（↑）还是降序（↓）。

② 索引名——给本索引取名字。

③ 类型——选择索引类型。自由表的索引类型有候选索引、唯一索引和普通索引三种。只有数据库表才可以建立主索引。

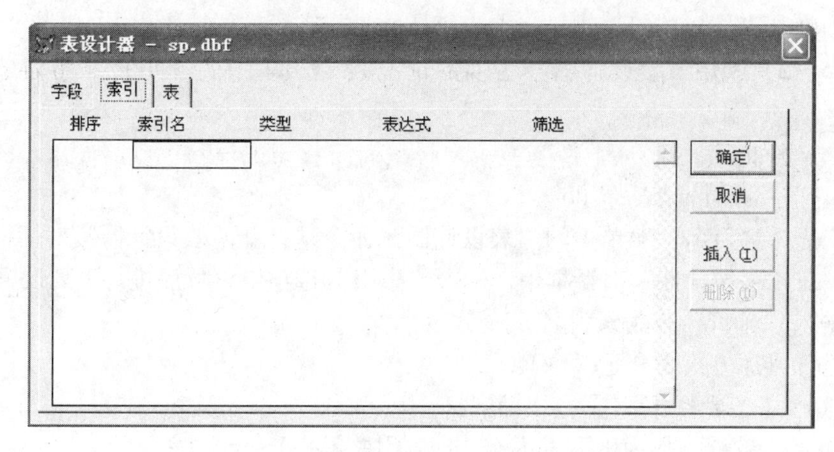

图 5-1　“表设计器”的“索引”选项卡

④表达式——确定索引关键字。

⑤筛选——限制记录的输出范围。

（4）在“索引”选项卡中进行下列设置：

① 输入“商品代码”作为索引名。

② 选择排序方式为升序（↑）。

③ 选择“候选索引”作为索引类型。

④ 输入“商品代码”作为索引表达式（即索引关键字），如图 5-2 所示。

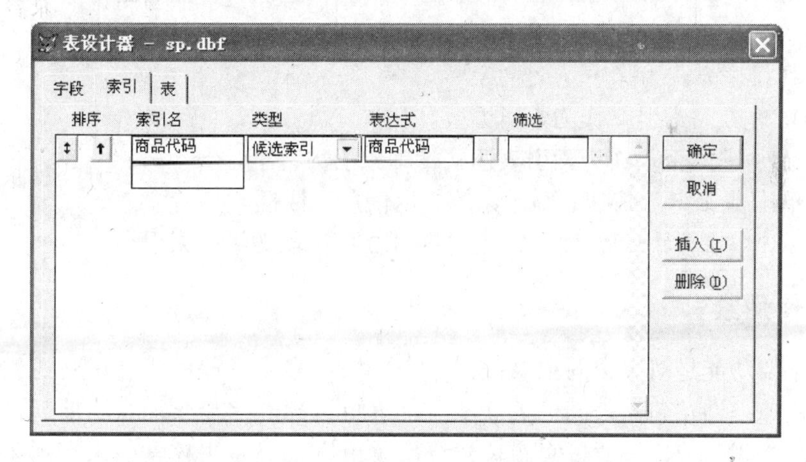

图 5-2　建立“商品代码”字段的候选索引

（5）单击“确定”按钮，显示系统提示信息对话框，如图 5-3 所示。

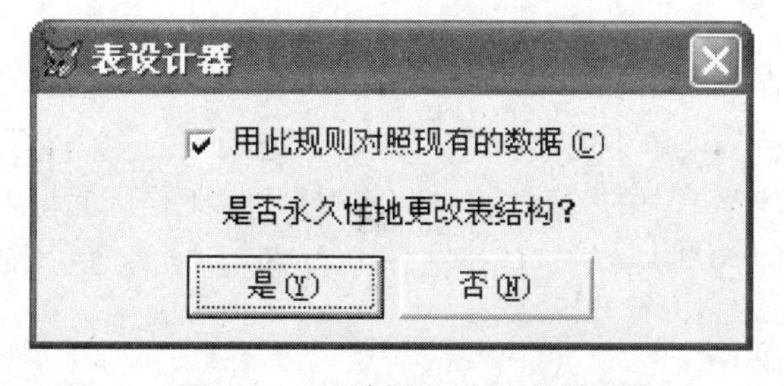

图 5-3　系统提示信息对话框

(6) 单击“是”按钮，建立完成“商品代码”字段的候选索引。

【例5-2】利用“表设计器”为商品情况表 sp.dbf 中的“单价”字段建立普通索引。

操作步骤如下：

(1) 打开商品情况表 sp.dbf。

(2) 选择“显示”菜单中的“表设计器”命令，打开“表设计器”对话框。

(3) 在“表设计器”对话框中，单击“索引”选项卡，然后进行下列设置：

① 输入“单价”作为索引名。

② 选择排序方式为升序（↑）。

③ 选择“普通索引”作为索引类型。

④ 输入“单价”作为索引表达式（即索引关键字）。

(4) 单击“确定”按钮，显示提示信息对话框。

(5) 单击“是”按钮，建立完成“单价”字段的普通索引。

【例5-3】利用“表设计器”为商品情况表 sp.dbf 中的“进口否”字段建立降序、唯一索引。

操作步骤如下：

(1) 打开商品情况表 sp.dbf。

(2) 选择“显示”菜单中的“表设计器”命令，打开“表设计器”对话框。

(3) 在“表设计器”对话框中，单击“索引”选项卡，然后进行下列设置：

① 输入“进口否”作为索引名。

② 选择排序方式为降序（↓）。

③ 选择“唯一索引”作为索引类型。

④ 输入“进口否”作为索引表达式（即索引关键字）。

(4) 单击“确定”按钮，显示系统提示信息对话框。

(5) 单击“是”按钮，建立完成“进口否”字段的唯一索引。

5.1.3 使用索引

索引主要功能是对表中的记录按照一个字段或多个字段的组合进行逻辑排序。索引可用于快速查询及建立表间的关联。一个表可以建立多个索引，当前起控制作用的索引称为主控索引。以下通过实例来介绍用菜单方式确定主控索引来实现逻辑排序的方法。

【例5-4】将“单价”设置为商品情况表 sp.dbf 的主控索引，并显示索引结果。

操作步骤如下：

(1) 打开商品情况表 sp.dbf。

(2) 选择“显示”菜单中的“浏览”命令，进入表的“浏览”窗口。

(3) 选择“表”菜单中的“属性”命令，打开“工作区属性”对话框。接着单击“索引顺序”下拉列表框，选择索引字段“sp：单价”，如图5-4所示。

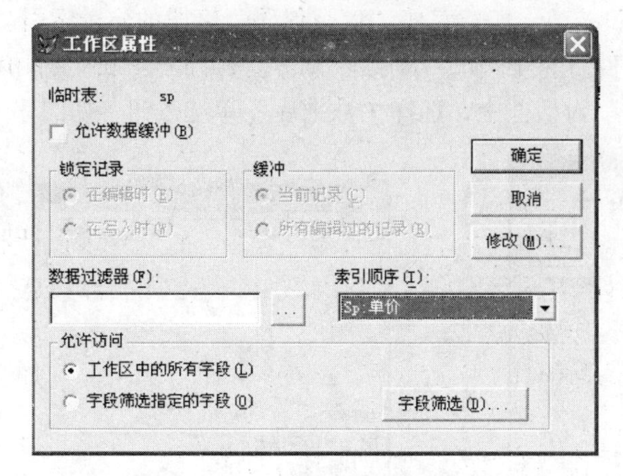

图 5－4 “工作区属性”对话框

（4）单击“确定”按钮，表中的数据按索引字段“单价”的值升序，如图 5－5 所示。

Sp

商品代码	商品名称	单价	生产日期	进口否	商品外形	备注
s5	4GU盘	75.00	06/19/09	T	gen	memo
s3	DVD刻录机	185.00	02/03/09	F	gen	memo
s7	蓝牙无线鼠标器	320.00	02/07/09	F	gen	memo
s4	平板式扫描仪	380.00	04/15/09	F	gen	memo
s2	激光打印机	1750.00	01/23/09	F	gen	memo
s9	15寸触摸液晶显示器	1800.00	03/24/09	T	gen	memo
s6	台式计算机	4200.00	05/10/09	T	gen	memo
s8	双WAN口路由器	5100.00	07/20/09	F	gen	memo
s1	笔记本电脑	7380.00	03/12/09	T	Gen	Memo

图 5－5 按“单价”字段升序索引的显示结果

5.1.4 删除索引

不再使用的索引可将其删除。操作步骤如下：

（1）打开表以后，选择“显示”菜单中的“表设计器”命令，打开“表设计器”对话框。

（2）在“表设计器”对话框中，单击“索引”选项卡。

（3）选择要删除的索引，单击“删除”按钮，即可删除索引。

5.2 数据库的基本操作

建立 Visual FoxPro 数据库时，数据库文件的扩展名为 .dbc，同时还会自动建立一个扩展名为 .dct 的数据库备注文件和一个扩展名为 .dcx 的数据库索引文件。

5.2.1 建立数据库

【例 5－5】利用“数据库设计器”建立数据库“销售管理.dbc”。

操作步骤如下：

（1）选择“文件”菜单中的“新建”命令，打开“新建”对话框。

（2）在“新建”对话框中，选择“数据库”单选按钮，如图5-6所示。

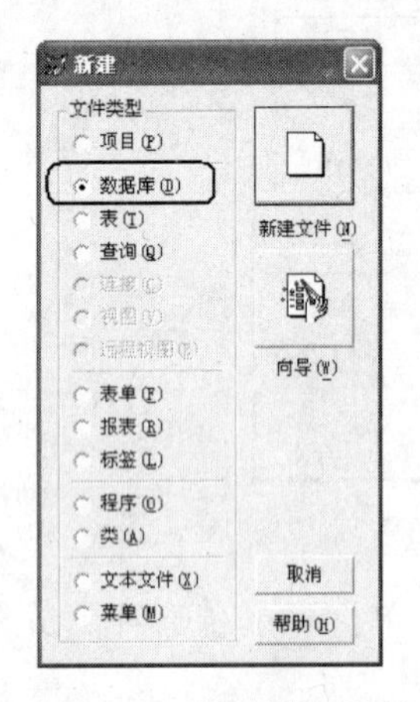

图5-6 “新建”对话框

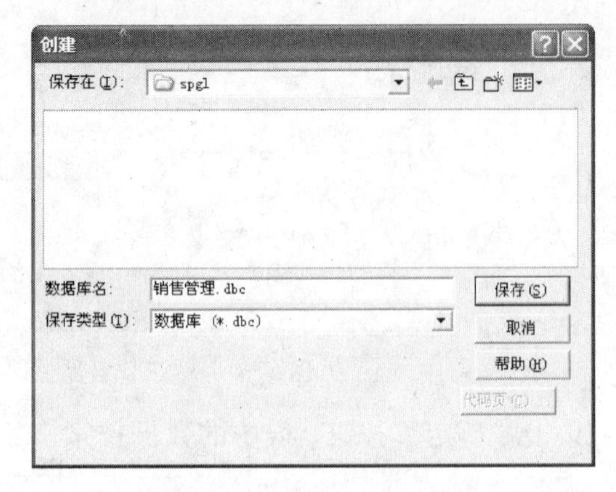

图5-7 “创建”对话框

（3）单击“新建文件”按钮，打开“创建”对话框，输入数据库名“销售管理.dbc”，如图5-7所示。

（4）单击“保存”按钮，进入“数据库设计器”窗口，如图5-8所示。数据库文件“销售管理.dbc”创建完成，同时自动建立该文件的数据库备注文件“销售管理.dct”和数据库索引文件“销售管理.dcx”。

图5-8 “数据库设计器”窗口

5.2.2 打开数据库

使用数据库之前，需要打开数据库。

【例5-6】打开数据库“销售管理.dbc”。

操作步骤如下：

（1）选择“文件”菜单中的“打开”命令，出现“打开”对话框，如图5-9所示。

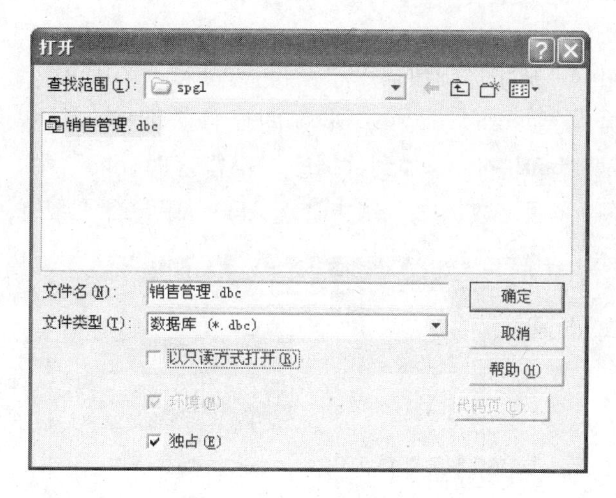

图5-9 “打开”对话框

（2）在“打开”对话框中，选择数据库文件名“销售管理.dbc”，选定“独占”复选框，然后单击“确定”按钮，打开选定的数据库文件，进入“数据库设计器”窗口。

5.2.3 向数据库中添加表

可以将自由表添加到数据库中，使之成为数据库表。一个表只能添加到一个数据库中。

【例5-7】向数据库“销售管理.dbc”中添加4张表，即：商品情况表sp.dbf、销售表xs.dbf、部门表bm.dbf和销售指标表bmzb.dbf。

操作步骤如下：

（1）打开数据库“销售管理.dbc”，进入“数据库设计器”窗口。

（2）在“数据库设计器”窗口内，单击鼠标右键，弹出“数据库”快捷菜单。

（3）单击快捷菜单中的“添加表”命令，出现“打开”对话框，如图5-10所示。

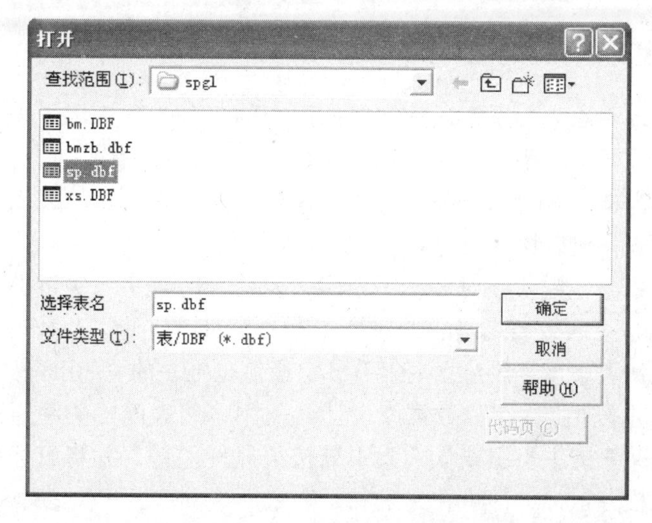

图5-10 “打开”对话框

(4) 在“打开”对话框中，选择表 sp.dbf，单击“确定”按钮，返回“数据库设计器”窗口，表 sp.dbf 被添加到数据库“销售管理.dbc”中。

(5) 只要多次重复 (2) ~ (4) 步骤的操作，即可将销售表 xs.dbf、部门表 bm.dbf 和销售指标表 bmzb.dbf 添加到数据库“销售管理.dbc”中。

经过上述步骤操作后，数据库“销售管理.dbc”中包含 4 张表，如图 5-11 所示。

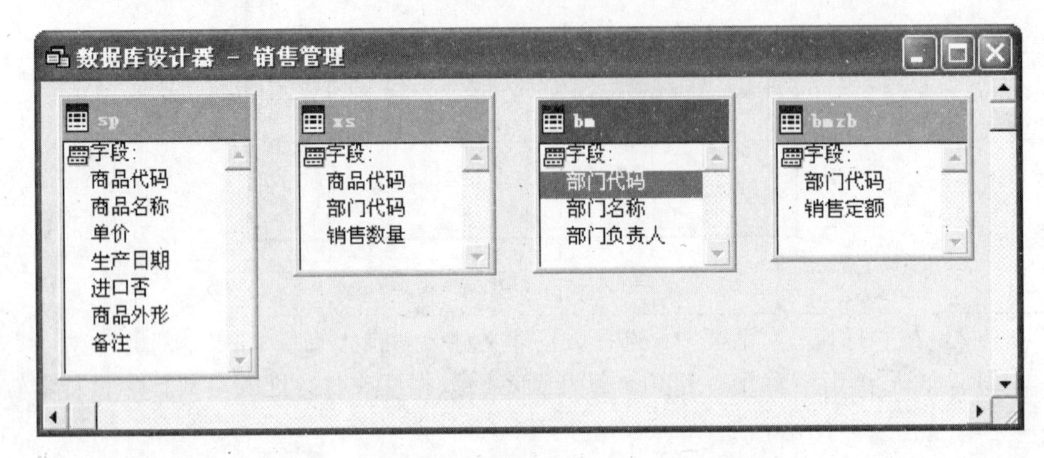

图 5-11　数据库“销售管理.dbc”中有 4 张表

5.3　建立永久关系

前面建立的数据库中存放了多张相互之间有关系的表。为了更有效地查询数据库中各张表的数据，应建立起这些表之间的关系，使表与表之间都联系起来。

表之间的永久关系是基于索引建立的一种关系，永久关系被作为数据库的一部分而保存在数据库中，只要不作删除或变更就一直保留，每次使用不需要重新建立。永久关系在查询和视图中能自动成为联接条件，可作为表单和报表默认数据环境的关系，并允许建立参照完整性。

5.3.1　建立表间的永久关系

为了创建和说明永久关系，通常把数据库中的表分为父表和子表。父表必须按关键字建立主索引或候选索引，子表则可建立主索引、候选索引、唯一索引和普通索引中的一种。建立数据库表间永久关系时，一是要保证建立关联的表都具有相同属性的字段，二是每个表都要以该字段建立索引。

在永久关系中，常用“一对多”关系。父表是“一对多”关系中的“一”方，子表是“多”方。建立两个表之间的“一对多”关系时，应使用两个表都具有相同属性的字段，并且用父表中该字段建立主索引（字段值是唯一的），用子表中的同名字段建立普通索引（有重复值）。在“数据库设计器”中，两表间的关系通过连线表示。连线的方法是：在父表的主索引或候选索引处按下鼠标左键，并将鼠标拖曳到子表的普通索引上，然后松开鼠标，即可在父表和子表之间建立起“一对多”的永久关系。在连线的两端，子表方显示三叉。若删除连线，即删除表间的永久关系。

【例5-8】在“数据库设计器”中，建立数据库“销售管理.dbc”中各表之间的永久关系。依据“商品代码”字段，建立表sp.dbf和xs.dbf的“一对多”关系；依据“部门代码”字段，建立表bm.dbf和xs.dbf的“一对多”关系；依据“部门代码”字段，建立表bm.dbf和bmzb.dbf的“一对一”关系。为了建立它们的关系，应先按表5-1建立各表的索引。

表5-1　　数据库“销售管理.dbc”中各表的索引

数据库表	索引关键字	索引类型
sp.dbf	商品代码	主索引
xs.dbf	商品代码	普通索引
xs.dbf	部门代码	普通索引
bm.dbf	部门代码	主索引
bmzb.dbf	部门代码	主索引

操作步骤如下：

（1）打开数据库“销售管理.dbc”，进入“数据库设计器”窗口。

（2）按表5-1建立各表的索引，如图5-12所示。

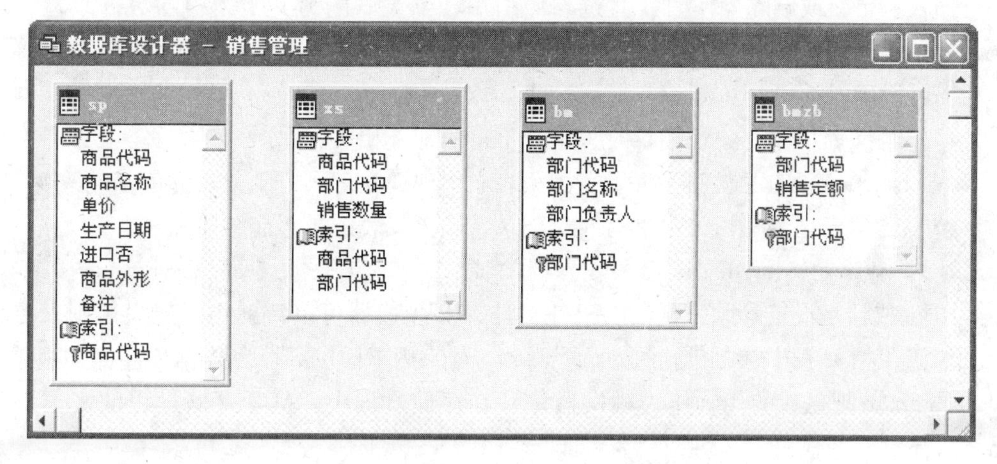

图5-12　建立各表的索引

（3）画出连线，建立表间的永久关系。

① 鼠标指向表sp.dbf索引部分中的索引字段“商品代码”，按住左键拖向表xs.dbf的索引部分中的索引字段“商品代码”处，然后松开鼠标左键，在两表之间产生一条连线，建立起表sp.dbf与xs.dbf之间的“一对多”关系。

② 鼠标指向表bm.dbf索引部分中的索引字段“部门代码”，按住左键拖向表xs.dbf的索引部分中的索引字段“部门代码”处，然后松开鼠标左键，在两表之间产生一条连线，建立起表bm.dbf与xs.dbf之间的“一对多”关系。

③ 鼠标指向表bm.dbf索引部分中的索引字段“部门代码”，按住左键拖向表bmzb.dbf的索引部分中的索引字段“部门代码”处，然后松开鼠标左键，在两表之间产生一条连线，建立起表bm.dbf与bmzb.dbf之间的“一对一”关系。

数据库“销售管理.dbc”中各表之间的永久关系如图5-13所示。

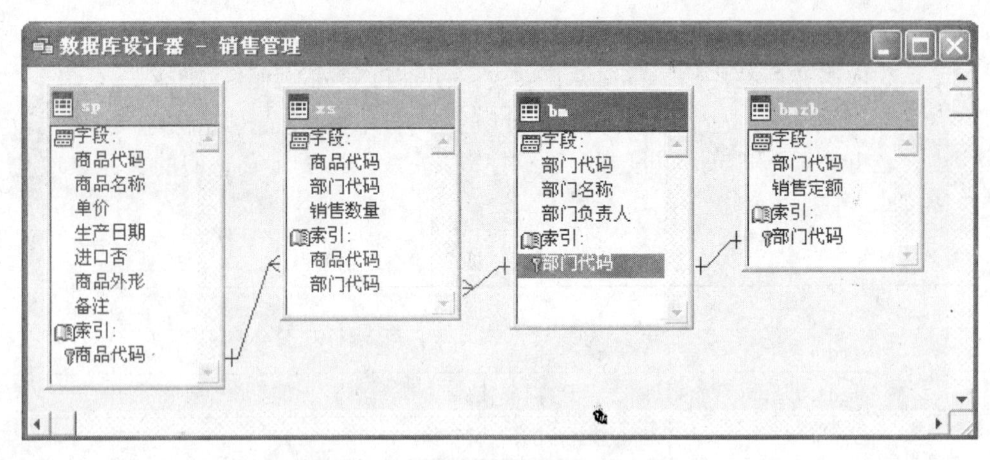

图 5-13　建立数据库表间的永久关系

5.3.2　设置参照完整性

5.3.2.1　参照完整性概述

参照完整性 RI（Referential Integrity）是控制数据一致性的规则，当对表中的数据进行插入、更新或删除操作时，通过参照引用相互关联的另一个表中的数据来检查对表的数据操作是否正确，以保持已定义的表间关系。如果实施参照完整性规则，Visual FoxPro 可以确保：

（1）当父表中没有关联记录时，记录不得添加到相关表中。

（2）如果父表的值改变，将导致相关表中出现孤立记录，则父表的值不能改变。

（3）若父表记录在相关表中有匹配记录，则该父表记录不能被删除。

5.3.2.2　参照完整性 RI 生成器

RI 生成器是设置参照完整性的一种工具。RI 生成器可以帮助用户建立规则，控制记录如何在相关表中被插入、更新或删除。当使用 RI 生成器为数据库生成规则时，Visual FoxPro 把生成的代码作为触发器保存在存储过程中。打开存储过程的文本编辑器，可显示这些代码。

参照完整性是建立在表间关系的基础上的。设置参照完整性，必须先建立表间关系。

打开参照完整性 RI 生成器的方法如下：

【方法 1】打开“数据库”菜单，单击“编辑参照完整性”命令，打开“参照完整性生成器”对话框。

【方法 2】在“数据库设计器”中，双击两表间的连线，打开“编辑关系”对话框。例如，双击表 sp.dbf 和表 xs.dbf 之间的连线，打开如图 5-14 所示的“编辑关系”对话框。然后单击“参照完整性”按钮，打开“参照完整性生成器”对话框。

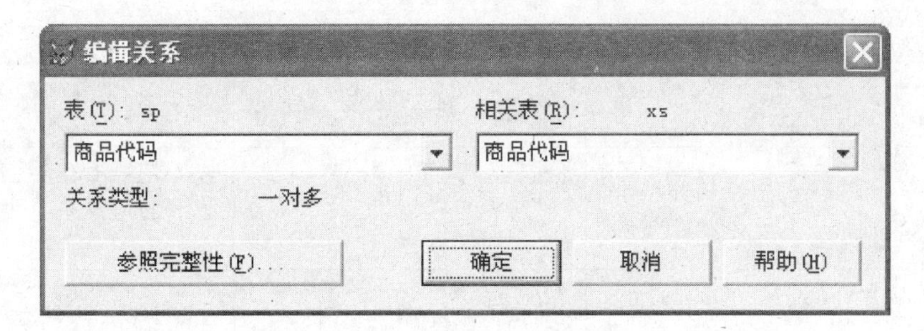

图 5－14　“编辑关系”对话框

【方法 3】在“数据库设计器”中，单击鼠标右键，在弹出的快捷菜单中，单击“编辑参照完整性”命令，打开“参照完整性生成器”对话框。

按以上方法操作，都会打开“参照完整性生成器”对话框，如图 5－15 示。

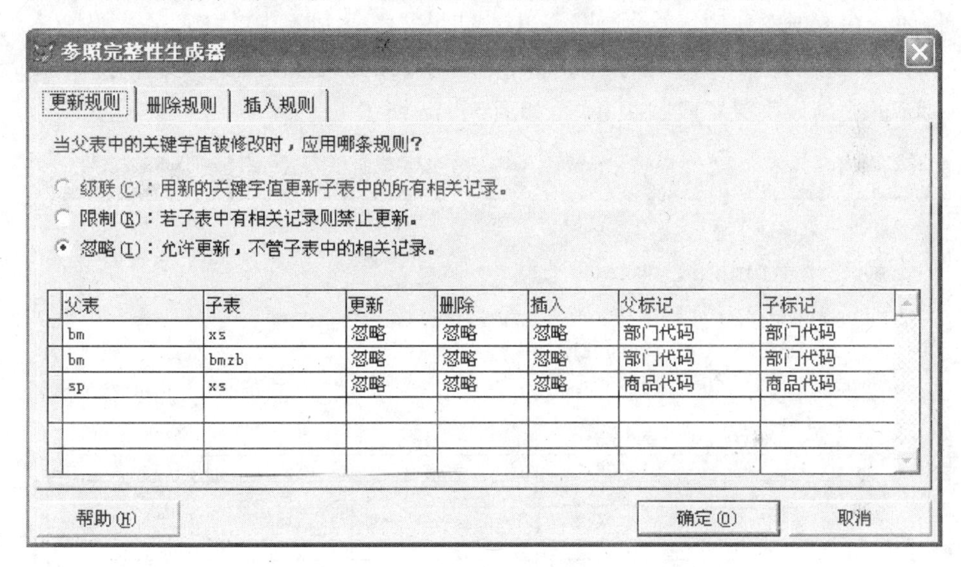

图 5－15　“参照完整性生成器”对话框

注意：在打开“参照完整性生成器”对话框之前，应先执行一下“数据库”菜单中的“清理数据库”命令。所谓清理数据库是物理删除数据库各个表中所有带有删除标记的记录。

参照完整性 RI 生成器分为“更新规则”、“删除规则”和“插入规则”3 个选项卡，分别设置表的更新、删除和插入规则。在“更新规则”和“删除规则”选项卡上有“级联”、“限制”和“忽略”3 个单选按钮；在“插入规则”选项卡上，有“限制”和“忽略”2 个单选按钮。它们的功能如表 5－2 所示。

表 5－2　RI 生成器的各选项卡的单选按钮功能

选项卡的单选按钮	更　新	删　除	插　入
级联	用父表中新的关键字的值更新子表中的所有相关记录	删除父表中的记录时，会自动删除子表中的所有相关记录	—

表 5-2（续）

选项卡的单选按钮	更　新	删　除	插　入
限制	如果子表中有相关记录，则禁止更新	如果子表中有相关记录，则禁止删除	若父表中不存在匹配的关键字的值，在子表中禁止插入
忽略	允许父表更新，与子表无关	允许父表删除，与子表无关	允许子表插入，与父表无关

（1）更新规则

“更新规则”选项卡用来指定修改父表中关键字值时所用的规则。更新规则的处理方式有“级联”、“限制”和“忽略”。

例如，在数据库“销售管理.dbc”中，如果父表 sp.dbf 中的“商品代码”字段的值被修改，要求子表 xs.dbf 中的“商品代码”字段的值也随之被修改，则将表 sp.dbf 和 xs.dbf 的更新规则设置成“级联”，如图 5-16 所示。

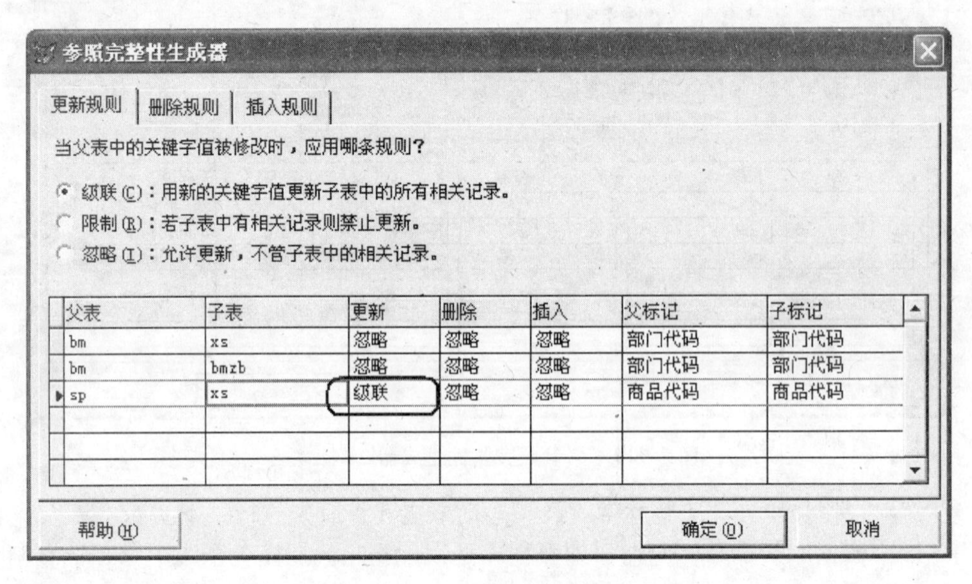

图 5-16　设置更新规则

（2）删除规则

“删除规则”选项卡用来指定删除父表记录时所用的规则。删除规则的处理方式有“级联”、“限制”和“忽略”。

例如，在数据库“销售管理.dbc”中，如果在子表 xs.dbf 中有相应的“商品代码”字段值的记录，则父表 sp.dbf 中对应的“商品代码”字段值的记录不能被删除，那么应将表 sp.dbf 和 xs.dbf 的删除规则设置成“限制”。

（3）插入规则

“插入规则”选项卡用于指定在子表中插入记录时所用的规则。若父表中不存在匹配的关键字值，则在子表中禁止插入。

例如，在数据库“销售管理.dbc”中，如果在子表 xs.dbf 中插入一个记录，在父表 sp. dbf 中必须有与之匹配的关键字“商品代码”字段值，这样才能控制输入关键字的正确性。因此，应将表 sp. dbf 和 xs. dbf 的插入规则设置成“限制”。

当所有的规则设置完毕，单击“确定”按钮，出现系统信息提示框，如图 5 - 17 所示。

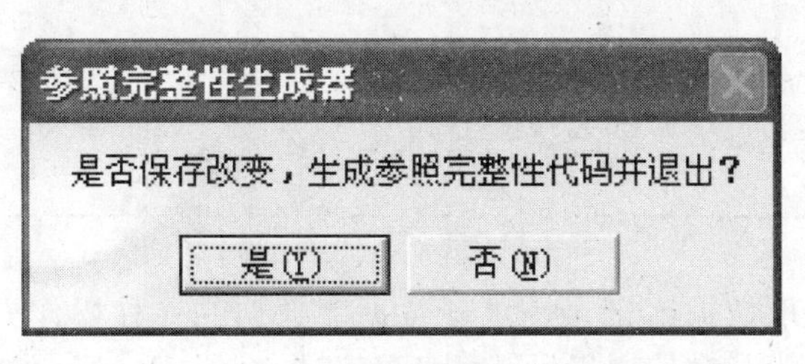

图 5 - 17 “参照完整性生成器”信息提示框

单击“是”按钮，系统提示将旧的存储过程代码进行存储，同时生成参照完整性代码。如果在实际操作中违反了上述规则，就会出现触发器失败的提示信息。

思考题

1. 什么是索引？索引类型有几种？如何建立索引？
2. 什么是数据库？数据库具有哪些特点？由哪些对象组成？
3. 如何创建、打开和修改数据库？
4. 如何向数据库添加表或移去表？
5. 如何建立数据库中表之间的永久关系？
6. 参照完整性有何作用？

6 视图与查询

视图与查询是提取数据库记录、更新数据库数据的一种操作方式，尤其是为多表数据库信息的显示、更新和编辑提供了简便的方法。

本章主要介绍视图与查询的概念及建立。

6.1 建立视图

视图是从数据库表或视图中导出的“虚表”，数据库中只存放视图的定义而不存放视图对应的数据。视图中的数据仍存放在导出视图的数据表中，因此视图是一个虚表。视图是不能单独存在的，它依赖于数据库以及数据表而存在，只有打开与视图相关的数据库才能使用视图。通过视图可以从一个或多个相关联的表中提取有用信息。利用视图可以更新数据表中的数据。如果视图中有取自远程数据源的数据，则该视图称为远程视图，否则为本地视图。

6.1.1 使用“视图设计器”

(1) 启动“视图设计器”

在启动视图设计器之前，先打开数据库。

【方法1】选择“文件”菜单中的“新建”命令，打开“新建”对话框。在“新建”对话框中，选中“视图”单选按钮，然后单击“新建文件”按钮。

【方法2】打开“数据库设计器”，选择“数据库”菜单中的“新建本地视图”命令，然后在“新建本地视图”对话框中，单击“新建视图”按钮。

(2)“视图设计器”的组成

“视图设计器”分上部窗格和下部窗格两部分，上部窗格用于显示表或视图，下部窗格包含“字段”、“联接”、“筛选”、“排序依据”、“分组依据”、“更新条件”、“杂项”七个选项卡及对应功能实现的界面。

“字段”选项卡：“可用字段列表框”列出已打开表的所有字段，供用户选用。当查询输出的不是单个字段信息，而是由字段构成的表达式，用“函数和表达式”文本框来指定表达式；“添加按钮”用于将“字段列表框”或“函数和表达式”中选定项添入“选定字段”列表框；“移去”按钮则用于反向操作；“选定字段列表框”用于列出输出的表达式。

“联接”选项卡：视图的数据源如果来自多表，需将多个表建立联接。该选项用于指定联接条件。

“筛选”选项卡：指定选择记录的筛选条件。

"排序依据"选项卡：指定排序字段或排序表达式，选定排序种类为升序或降序。

"分组依据"选项卡：指定分组字段或分组表达式。

"更新"选项卡：用于设置更新条件。

"杂项"选项卡：指定在视图中是否出现重复记录等限制。

6.1.2 建立单表本地视图

【例6-1】在数据库"销售管理.dbc"中，利用商品情况表sp.dbf建立单表本地视图"sp视图1"，要求该视图中包含"商品代码"、"商品名称"、"单价"、"生产日期"、"进口否"5个字段的内容。

操作步骤如下：

(1) 打开数据库"销售管理.dbc"，进入"数据库设计器"窗口，如图6-1所示。

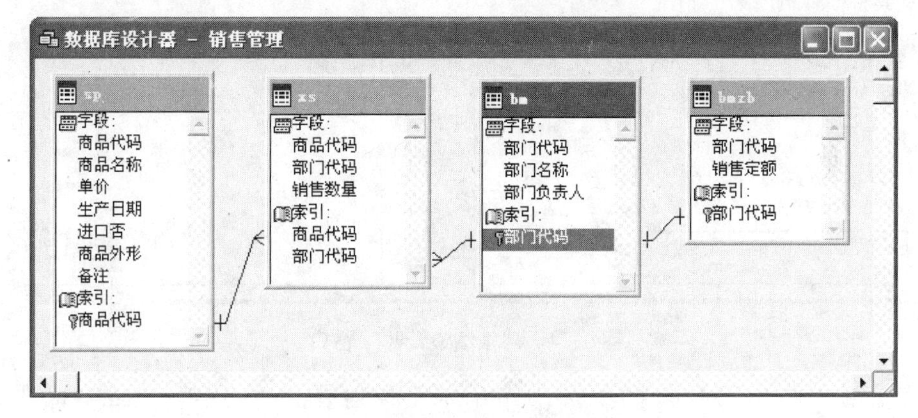

图6-1 "数据库设计器"窗口

(2) 选择"文件"菜单中的"新建"命令，打开"新建"对话框，选中"视图"单选按钮，如图6-2所示。

(3) 单击"新建文件"按钮，进入"视图设计器"窗口，同时打开"添加表或视图"对话框，如图6-3所示。

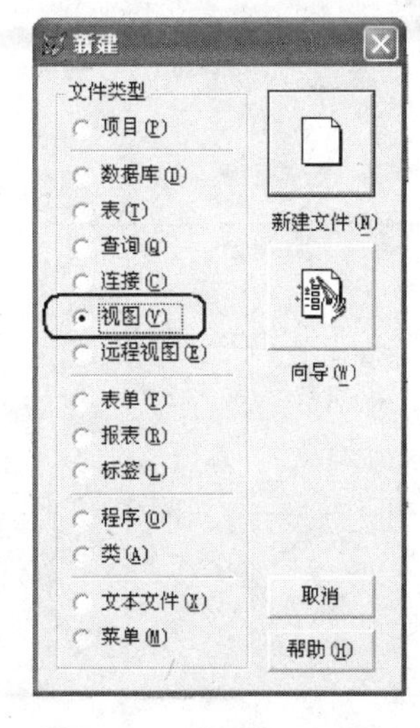

图6-2 "新建"对话框

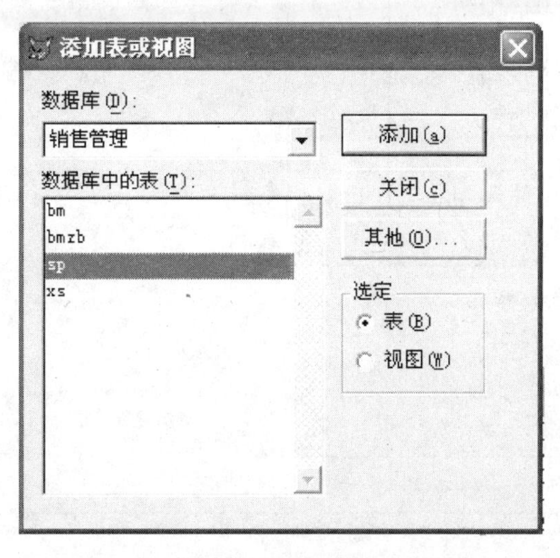

图6-3 "添加表或视图"对话框

（4）在“添加表或视图”对话框中，选择表 sp. dbf，单击“添加”按钮，将表 sp. dbf 添加到“视图设计器”窗口中。单击“关闭”按钮，回到“视图设计器”窗口，如图 6-4 所示。

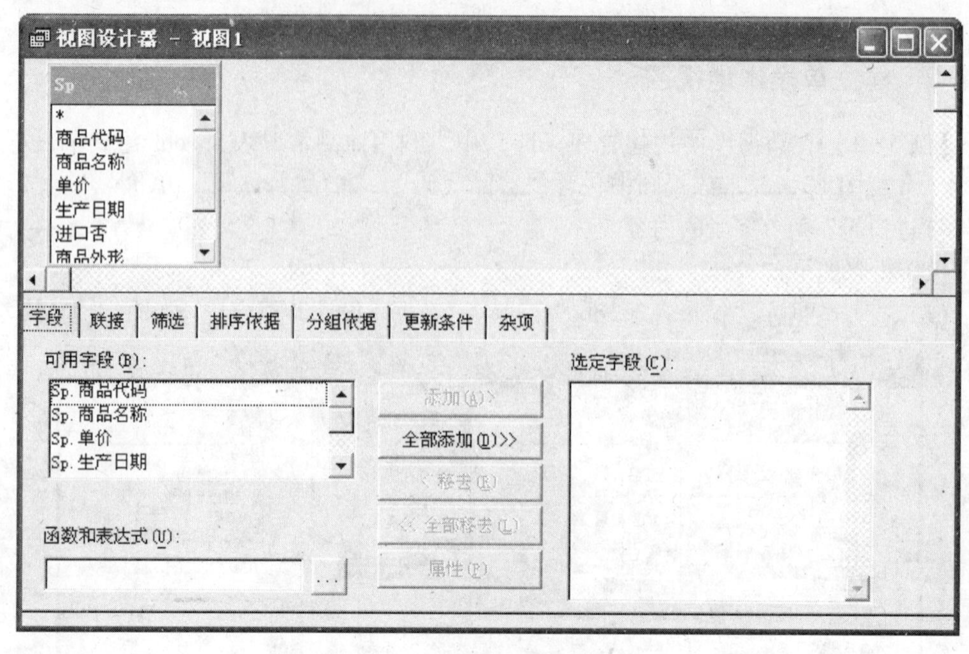

图 6-4　“视图设计器”窗口

（5）单击“字段”选项卡，将“可用字段”列表框内的字段“sp.商品代码”、“sp.商品名称”、“sp.单价”、“sp.生产日期”、“sp.进口否”5 个字段添加到“选定字段”列表框中，如图 6-5 所示。

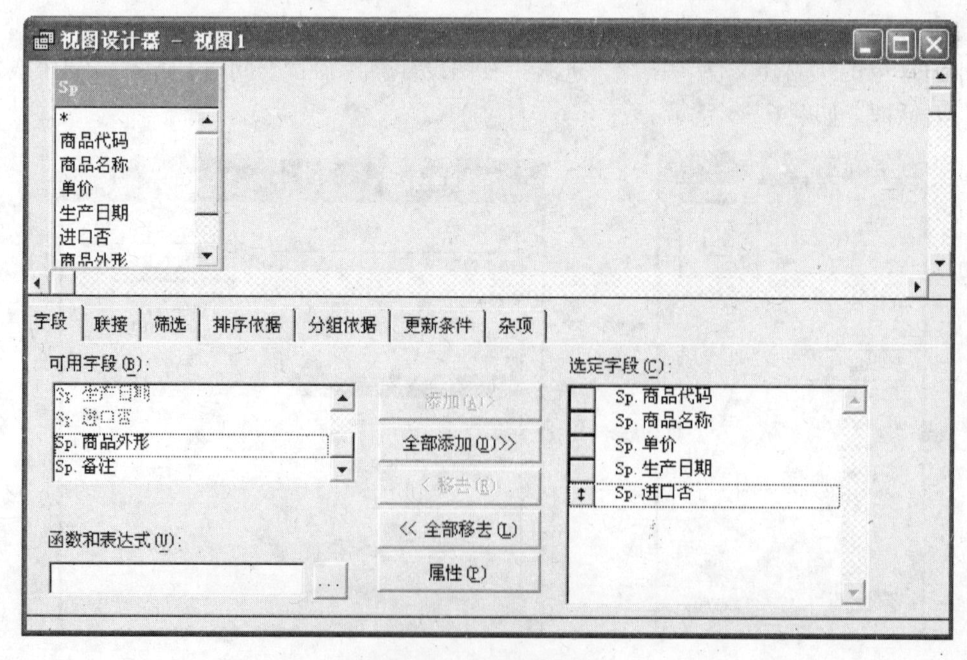

图 6-5　选定字段

（6）单击“关闭”按钮，出现系统信息提示对话框，如图6－6所示。

图6－6　系统信息提示对话框

（7）单击“是”按钮，出现视图“保存”对话框，在“视图名称”栏内输入“sp视图1”，如图6－7所示。

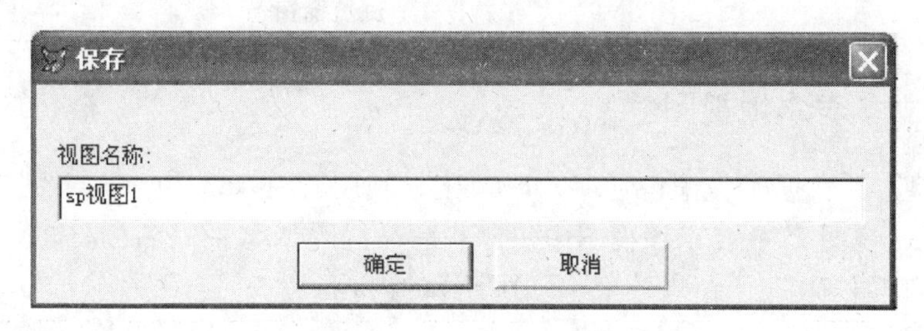

图6－7　“保存”对话框

（8）单击“确定”按钮，将视图“sp视图1”保存在当前数据库中，并返回到“数据库设计器”窗口，如图6－8所示。

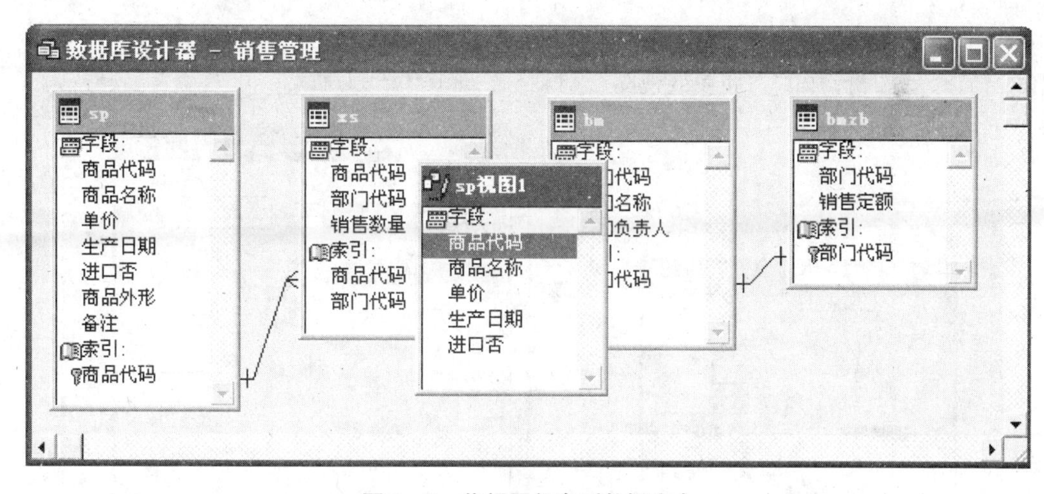

图6－8　将视图保存到数据库中

（9）双击数据库中的视图“sp视图1”，打开视图的“浏览”窗口，如图6－9所示。

Sp视图1

商品代码	商品名称	单价	生产日期	进口否
s1	笔记本电脑	7380.00	03/12/09	T
s2	激光打印机	1750.00	01/23/09	F
s3	DVD刻录机	185.00	02/03/09	F
s4	平板式扫描仪	380.00	04/15/09	F
s5	4GU盘	75.00	06/19/09	T
s6	台式计算机	4200.00	05/10/09	T
s7	蓝牙无线鼠标器	320.00	02/07/09	F
s8	双WAN口路由器	5100.00	07/20/09	F
s9	15寸触摸液晶显示器	1800.00	03/24/09	T

图 6－9　“sp 视图 1”浏览窗口

6.1.3　建立多表本地视图

【例 6－2】在数据库“销售管理.dbc”中，利用表 sp.dbf 和 xs.dbf 创建多表本地视图“sp 和 xs 视图 2”，要求该视图中包含“商品代码”、“商品名称”、“单价”、“生产日期”、“部门代码”、“销售数量”6 个字段的内容。

操作步骤如下：

（1）打开数据库“销售管理.dbc”，进入“数据库设计器”窗口。

（2）打开“数据库”菜单，单击“新建本地视图”命令，出现“新建本地视图”对话框，如图 6－10 所示。

（3）在“新建本地视图”对话框中，单击“新建视图”按钮，进入“视图设计器”窗口，同时打开“添加表或视图”对话框，如图 6－11 所示。

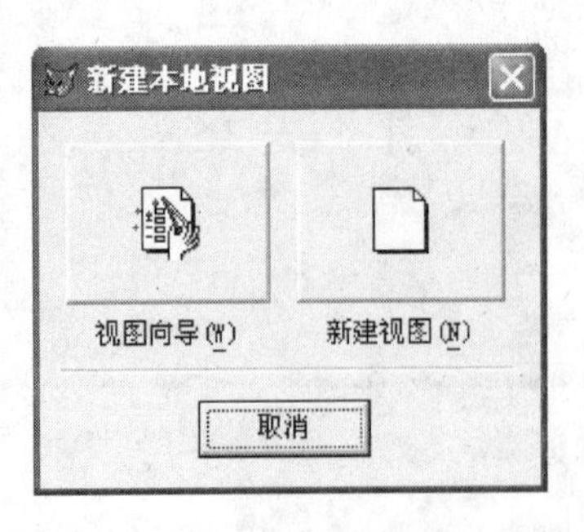

图 6－10　“新建本地视图”对话框

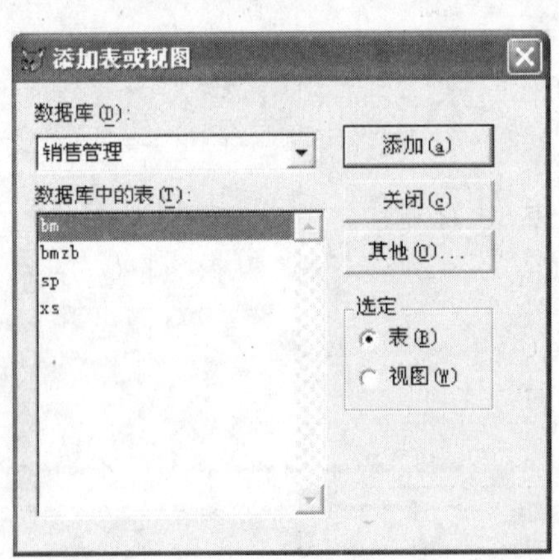

图 6－11　“添加表或视图”对话框

（4）在“添加表或视图”对话框中，将表 sp.dbf 和 xs.dbf 添加到“视图设计器”窗口中，然后单击“关闭”按钮，回到“视图设计器”窗口，如图 6－12 所示。

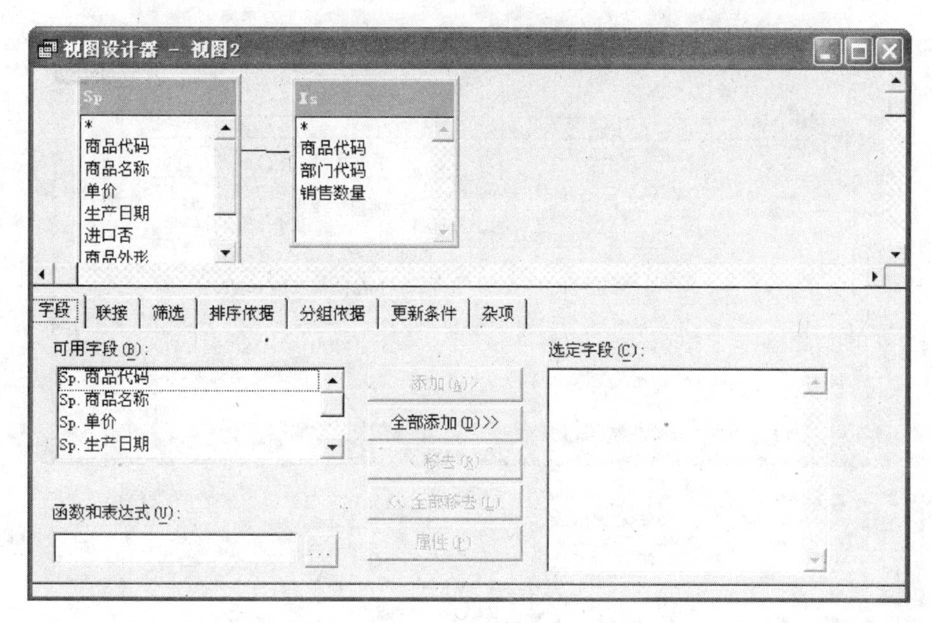

图 6-12 “视图设计器”窗口

（5）单击“字段”选项卡，将“可用字段”列表框内的字段“sp.商品代码”、“sp.商品名称”、“sp.单价”、“sp.生产日期”、“xs.部门代码”、“xs.销售数量”6 个字段添加到“选定字段”列表框中，如图 6-13 所示。

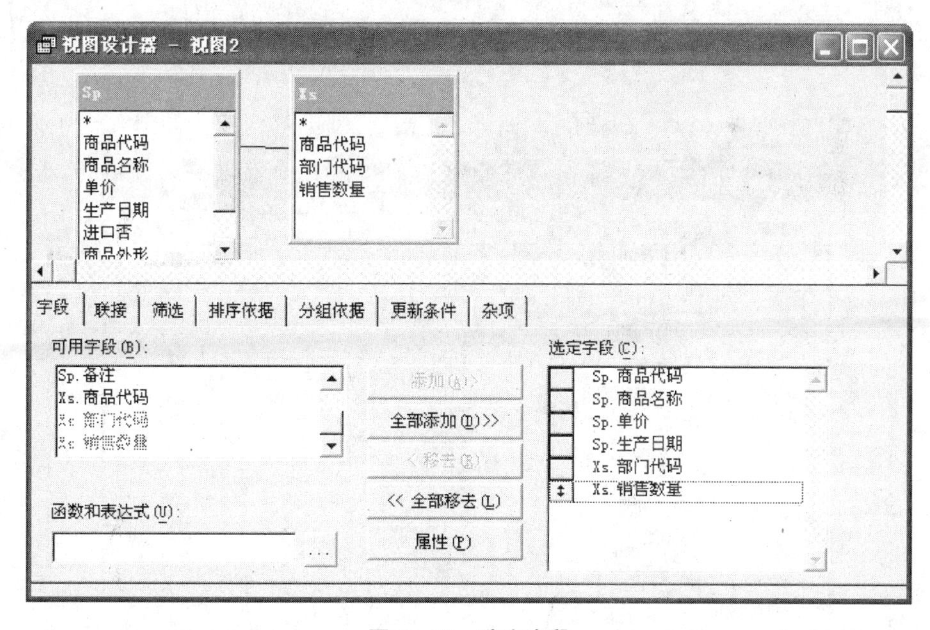

图 6-13 选定字段

（6）单击“视图设计器”窗口的“关闭”按钮，出现系统信息提示对话框。

（7）在系统信息提示对话框中，单击“是”按钮，出现视图“保存”对话框，在“视图名称”栏内输入“sp 和 xs 视图 2”，如图 6-14 所示。

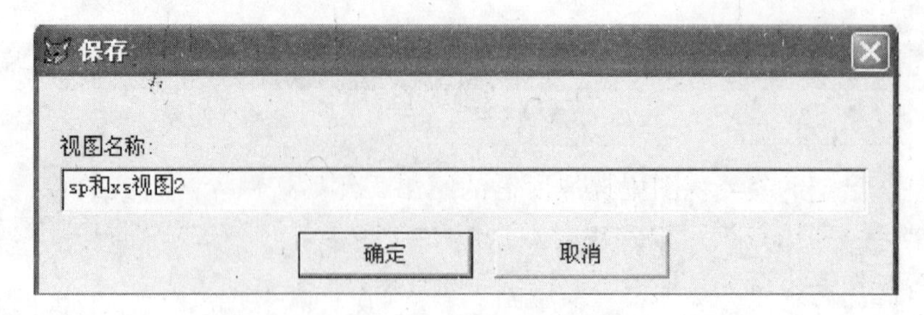

图 6-14 “保存”对话框

（8）单击“确定”按钮，将视图“sp 和 xs 视图 2”保存在当前数据库中，并返回“数据库设计器”，如图 6-15 所示。

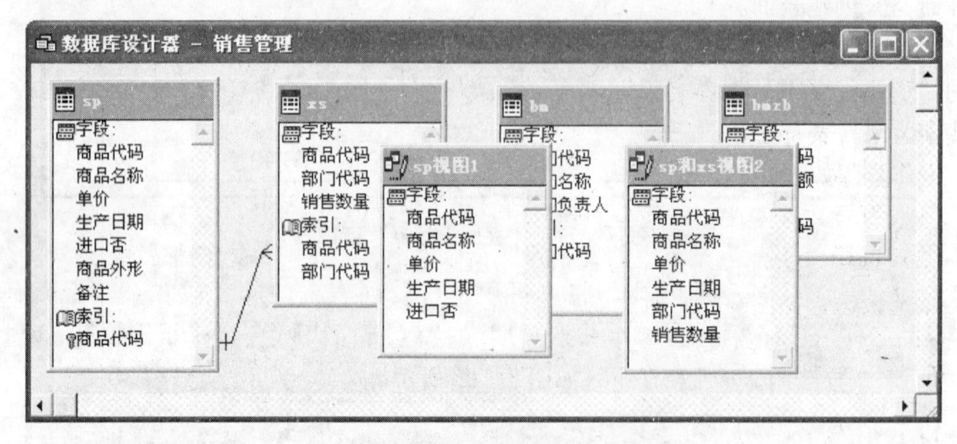

图 6-15 “数据库设计器”窗口

（9）双击视图“sp 和 xs 视图 2”，打开该视图“浏览”窗口，如图 6-16 所示。

Sp和xs视图2

商品代码	商品名称	单价	生产日期	部门代码	销售数量
s9	15寸触摸液晶显示器	1800.00	03/24/09	p4	9
s3	DVD刻录机	185.00	02/03/09	p2	19
s6	台式计算机	4200.00	05/10/09	p1	5
s2	激光打印机	1750.00	01/23/09	p4	14
s6	台式计算机	4200.00	05/10/09	p2	2
s4	平板式扫描仪	380.00	04/15/09	p1	8
s3	DVD刻录机	185.00	02/03/09	p4	1
s9	15寸触摸液晶显示器	1800.00	03/24/09	p2	18
s9	15寸触摸液晶显示器	1800.00	03/24/09	p1	8
s4	平板式扫描仪	380.00	04/15/09	p4	8
s7	蓝牙无线鼠标器	320.00	02/07/09	p4	6
s1	笔记本电脑	7380.00	03/12/09	p2	16
s3	DVD刻录机	185.00	02/03/09	p1	13
s3	DVD刻录机	185.00	02/03/09	p5	11
s7	蓝牙无线鼠标器	320.00	02/07/09	p2	14
s7	蓝牙无线鼠标器	320.00	02/07/09	p1	8
s4	平板式扫描仪	380.00	04/15/09	p2	10
s2	激光打印机	1750.00	01/23/09	p5	13
s4	平板式扫描仪	380.00	04/15/09	p5	16
s2	激光打印机	1750.00	01/23/09	p2	8
s1	笔记本电脑	7380.00	03/12/09	p1	20
s6	台式计算机	4200.00	05/10/09	p5	8
s6	台式计算机	4200.00	05/10/09	p4	20
s2	激光打印机	1750.00	01/23/09	p1	2

图 6-16 视图“sp 和 xs 视图 2”浏览窗口

6.2　建立查询

查询是从指定的表或视图中提取所需的结果，然后按照希望得到的输出类型定向输出查询结果。利用查询可以实现对数据库中数据的浏览、筛选、排序、检索、统计以及加工等操作，也可为其他数据库提供新的数据表。

6.2.1　建立单表查询

查询可用SQL语言创建，也可用“查询设计器”创建。下面主要介绍通过“查询设计器”来创建查询。

【例6-3】利用“查询设计器”创建单表查询“sp查询1”，该查询中包含进口商品的“商品代码”、“商品名称”、“单价”、“生产日期”、“进口否”5个字段的内容。这些字段来自表sp.dbf。

操作步骤如下：

(1) 打开数据库“销售管理.dbc”，进入“数据库设计器”窗口。

(2) 选择“文件”菜单中的“新建”命令，打开“新建”对话框，然后选中“查询”单选按钮，如图6-17所示。

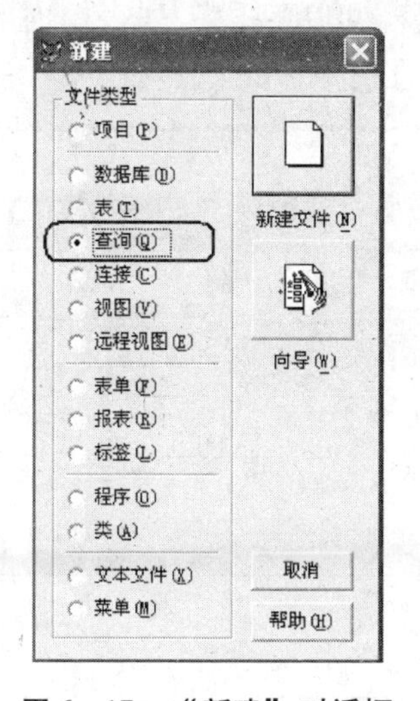

图6-17　“新建”对话框

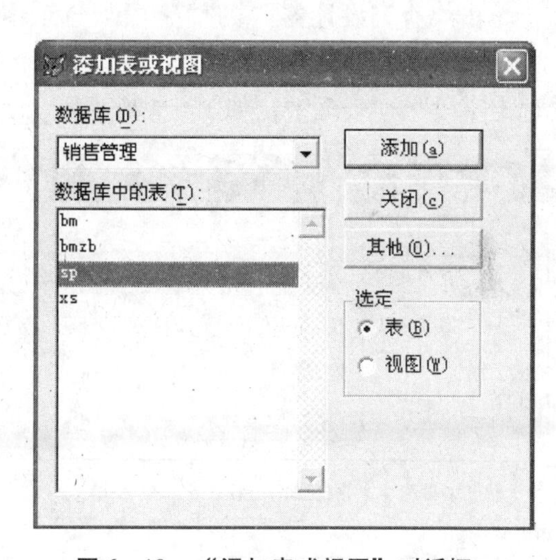

图6-18　“添加表或视图”对话框

(3) 单击“新建文件”按钮，进入“查询设计器”窗口，同时打开“添加表或视图”对话框，如图6-18所示。

(4) 在“添加表或视图”对话框中，选择表sp.dbf，单击“添加”按钮，将表sp.dbf添加到“查询设计器”窗口，单击“关闭”按钮，回到“查询设计器”窗口，如图6-19所示。

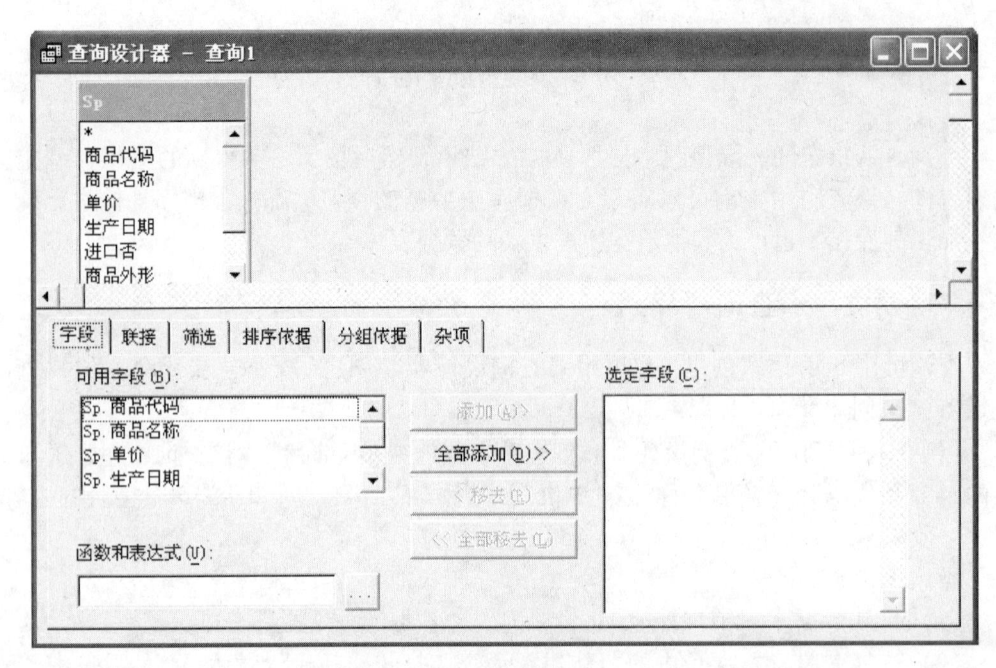

图 6－19 “查询设计器”窗口

（5）单击“查询设计器”的“字段”选项卡，将“可用字段”列表框内的字段“sp.商品代码”、“sp.商品名称”、“sp.单价”、“sp.生产日期”、“sp.进口否”5 个字段添加到“选定字段”列表框中，如图 6－20 所示。

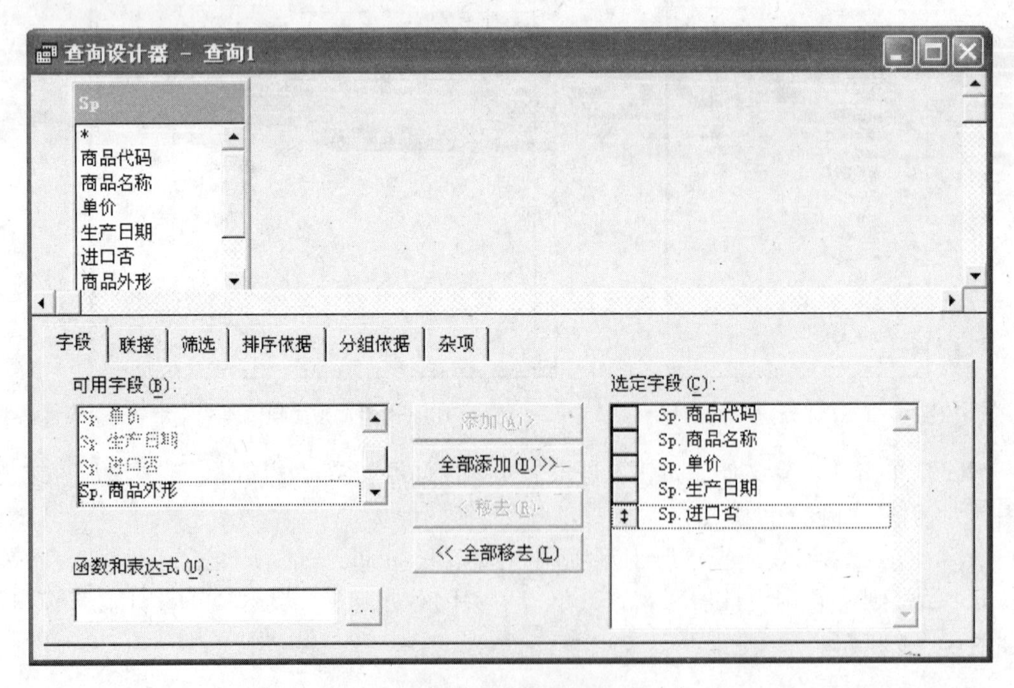

图 6－20 选定字段

（6）单击“查询设计器”的“筛选”选项卡，在“字段名”列表框内选择“sp.进口否”，“条件”列表框选择“＝”，在“实例”文本框中输入“.T.”，如图 6－21 所示。

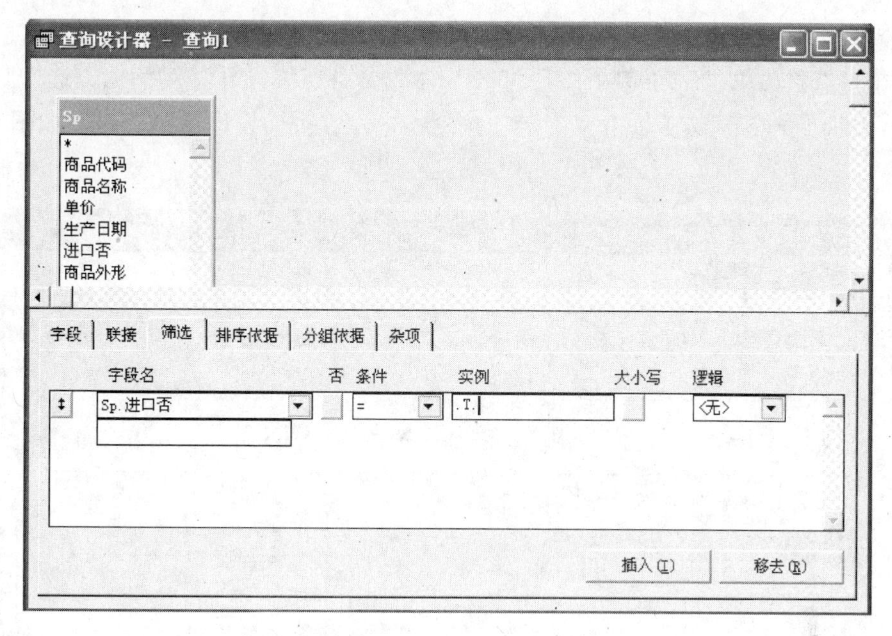

图6-21　设置条件

（7）单击“查询设计器”窗口的“关闭”按钮，出现系统信息提示对话框，如图6-22所示。

图6-22　系统信息提示对话框

（8）单击“是”按钮，打开“另存为”对话框，输入查询文件名“sp查询1”，如图6-23所示。

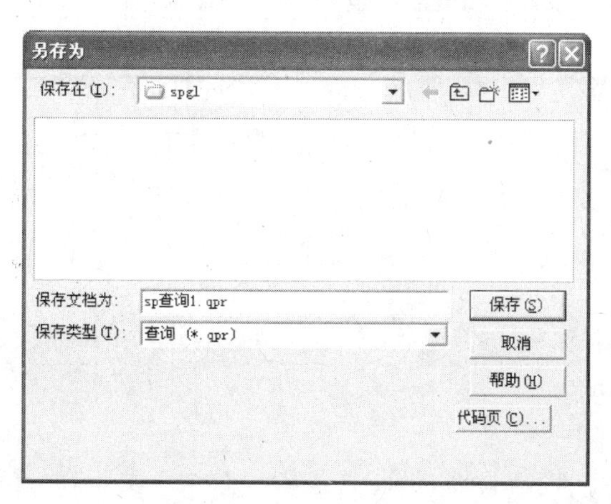

图6-23　“另存为”对话框

(9) 单击“保存”按钮，完成查询文件“sp 查询 1. qpr”的建立。

(10) 选择“文件”菜单中的“打开”命令，出现“打开”对话框，选中查询文件“sp 查询 1. qpr”，然后单击“确定”按钮，进入“查询设计器”窗口，如图 6-24 所示。

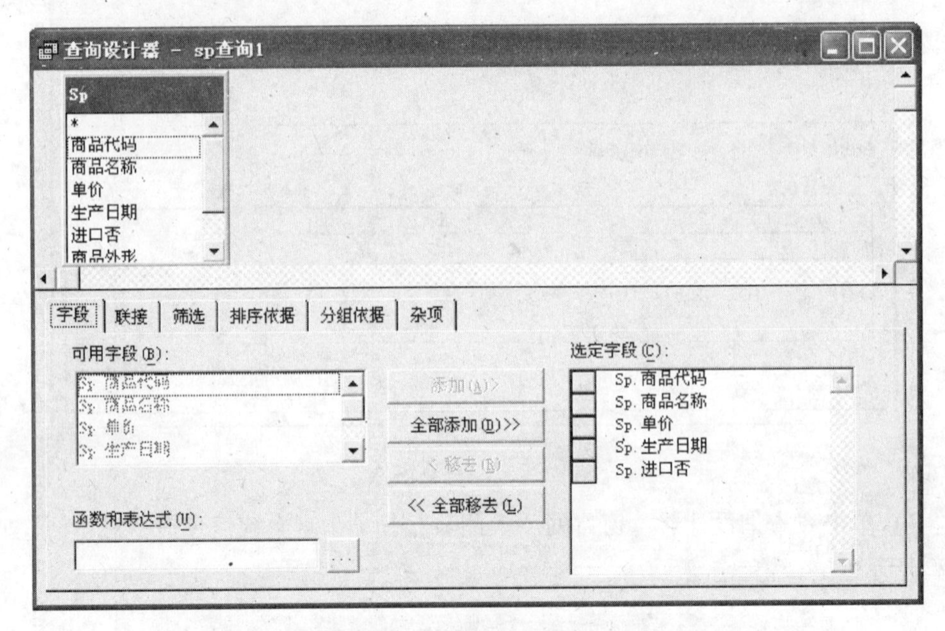

图 6-24 “查询设计器”窗口

(11) 选择“查询”菜单中的“运行查询”命令，出现“查询”窗口，如图 6-25 所示。

查询

商品代码	商品名称	单价	生产日期	进口否
s1	笔记本电脑	7380.00	03/12/09	T
s5	4GU盘	75.00	06/19/09	T
s6	台式计算机	4200.00	05/10/09	T
s9	15寸触摸液晶显示器	1800.00	03/24/09	T

图 6-25 “查询”窗口

6.2.2 建立多表查询

【例 6-4】利用“查询设计器”创建多表查询“sp 和 xs 查询 2”，该查询中包含“商品代码”、“商品名称”、“部门代码”、“销售数量”4 个字段的内容。这些字段来自于表 sp. dbf 和 xs. dbf。

操作步骤如下：

(1) 打开数据库“销售管理. dbc”，进入“数据库设计器”窗口。

(2) 选择“文件”菜单中的“新建”命令，打开“新建”对话框。

（3）在“新建”对话框中，选中“查询”单选按钮，然后单击“新建文件”按钮，进入“查询设计器”窗口，同时打开“添加表或视图”对话框。

（4）在“添加表或视图”对话框中，将表 sp. dbf 和 xs. dbf 添加到“查询设计器”窗口中，然后单击“关闭”按钮，回到“查询设计器”窗口，如图 6－26 所示。

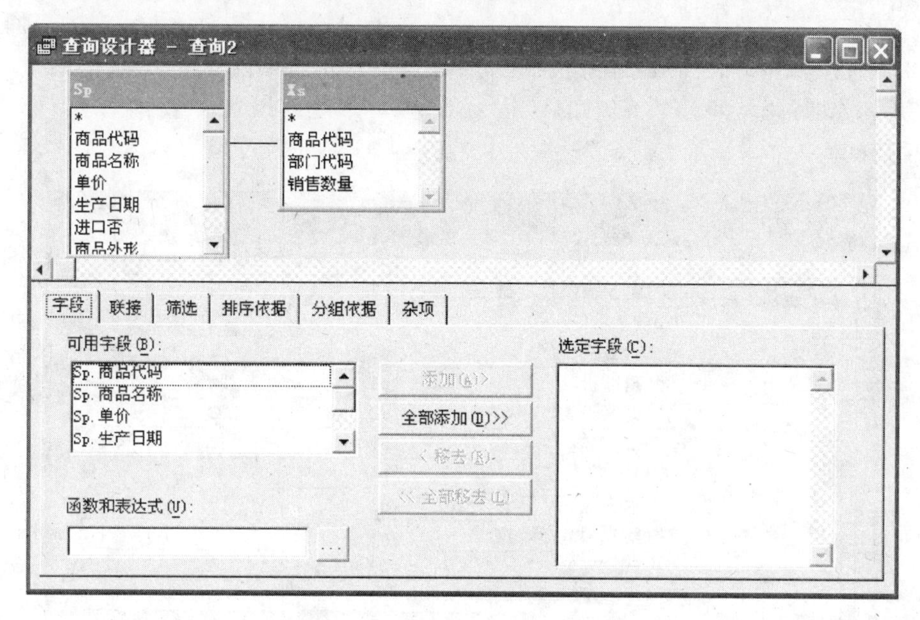

图 6－26　“查询设计器”窗口

（5）单击“字段”选项卡，将“可用字段”列表框内的字段“sp.商品代码”、“sp.商品名称”、“xs.部门代码”、“xs.销售数量”4 个字段添加到“选定字段”列表框中，如图 6－27 所示。

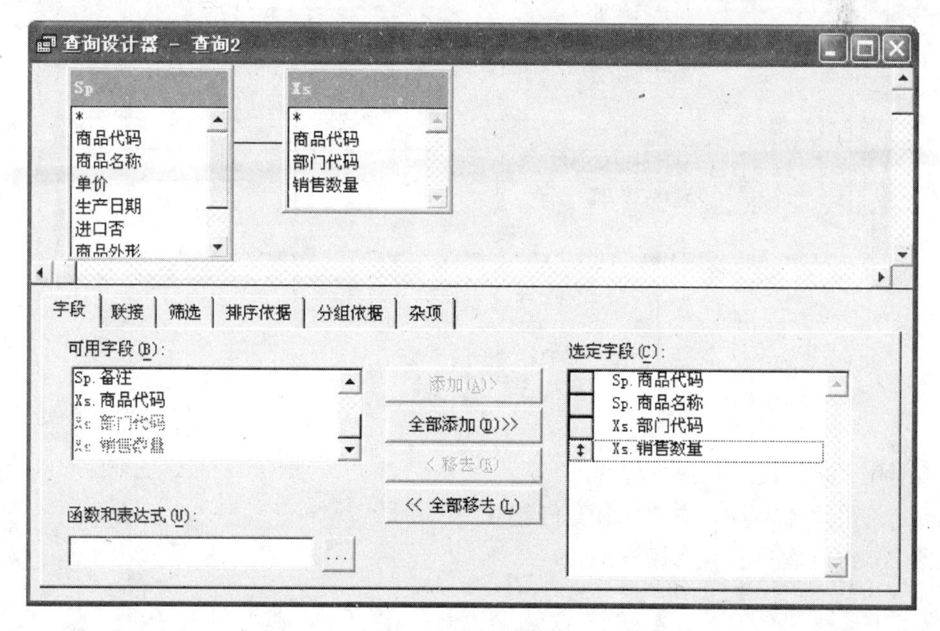

图 6－27　选定字段

（6）单击“查询设计器”窗口的“关闭”按钮，出现系统信息提示对话框。

（7）在系统信息提示对话框中，单击“是”按钮，出现“另存为”对话框。

（8）输入查询文件名“sp 和 xs 查询 2”，单击“保存”按钮，完成查询文件“sp 和 xs 查询 2. qpr”的建立。

（9）选择“文件”菜单中的“打开”命令，出现“打开”对话框，选中查询文件“sp 和 xs 查询 2. qpr”，然后单击“确定”按钮，进入“查询设计器”窗口。

（10）选择“查询”菜单中的“运行查询”命令，出现“查询”窗口，如图 6－28 所示。

查询

商品代码	商品名称	部门代码	销售数量
s9	15寸触摸液晶显示器	p4	9
s3	DVD刻录机	p2	19
s6	台式计算机	p1	5
s2	激光打印机	p4	14
s6	台式计算机	p2	2
s4	平板式扫描仪	p1	8
s3	DVD刻录机	p4	1
s9	15寸触摸液晶显示器	p2	18
s9	15寸触摸液晶显示器	p1	8
s4	平板式扫描仪	p4	8
s7	蓝牙无线鼠标器	p4	6
s1	笔记本电脑	p2	16
s3	DVD刻录机	p1	13
s3	DVD刻录机	p5	11
s7	蓝牙无线鼠标器	p2	14
s7	蓝牙无线鼠标器	p1	8
s4	平板式扫描仪	p2	10
s2	激光打印机	p5	13
s4	平板式扫描仪	p5	16
s2	激光打印机	p2	8
s1	笔记本电脑	p1	20
s6	台式计算机	p5	8
s6	台式计算机	p4	20
s2	激光打印机	p1	2

图 6－28 “查询”结果

思考题

1. 什么是视图？视图有何特点？
2. 视图设计器与查询设计器有何异同？
3. 如何建立多表本地视图？
4. 如何建立多表查询？
5. 查询和视图有何异同？
6. 在“查询去向”对话框中，提供了多少种输出格式？写出其名字和含义。

7 SQL基本操作

SQL（Structured Query Language）是结构化查询语言，它是一个通用的、功能强大的关系数据库语言。

本章主要介绍SQL的基本知识、SQL的数据查询功能、SQL的数据定义功能以及SQL的数据操纵功能。

7.1 SQL概述

SQL语言的主要特点包括：

（1）综合统一。SQL语言集数据定义语言DDL、数据操纵语言DML、数据控制语言DCL的功能于一体，语言风格统一。

（2）高度非过程化。SQL是非过程化的语言，用SQL语言进行数据操作，用户无需了解存取路径的选择。SQL语句的操作过程由系统自动完成。

（3）面向集合的操作方式。SQL语言采用集合操作方式，不仅查找结果可以是元组的集合，而且一次插入、删除、更新操作的对象也可以是元组的集合。

（4）以同一种语法结构提供两种使用方式。SQL语言既是自含式语言，又是嵌入式语言。在两种不同的使用方式下，SQL语言的语法结构基本上是一致的。

（5）语言简洁，易学易用。SQL语言功能极强，但十分简洁。完成数据定义、数据操纵、数据控制的核心功能只用了9个动词，如表7-1所示。

表7-1　SQL的语言动词

SQL功能	动　词
数据查询	SELECT
数据定义	CREATE，DROP，ALTER
数据操纵	INSERT，UPDATE，DELETE
数据控制	GRANT，REVOKE

7.2 SQL的数据查询功能

数据查询是对数据库中的数据按指定条件和顺序进行检索输出。使用数据查询可以让用户以需要的方式显示数据表中的数据，并控制显示数据表中的某些字段、某些记录及显示记录的顺序等；使用数据查询可以对数据源进行各种组合，有效地筛选记录、统计数据，并对结果进行排序。

数据查询是数据库的核心操作。虽然 SQL 语言的数据查询只有一条 SELECT 语句，但是该语句却是用途最广泛的一条语句，具有灵活的使用方法和丰富的功能。

7.2.1 SELECT 语句格式

SELECT 语句的一般格式为：

【命令】
```
SELECT [ALL|DISTINCT] ;
    [TOP <表达式> [PERCENT]][ <别名>.] <列表达式> ;
    [AS <栏名>][,[ <别名. >] <列表达式> [AS <栏名>]…] ;
    FROM [ <数据库名!>] <表名> [,[ <数据库名!>] <表名>…] ;
    [INNER|LEFT|RIGHT|FULL JOIN [ <数据库名!>] <表名> ;
    [ON <连接条件>…]] ;
    [[INTO TABLE <新表名>] | [TO FILE <文件名> | TO PRINTER | TO
    SCREEN]] ;
    [WHERE <连接条件> [AND <连接条件>…] ;
    [AND|OR <筛选条件> [AND|OR <筛选条件>…]]] ;
    [GROUP BY <列名> [, <列名>…]][HAVING <筛选条件>] ;
    [ORDER BY <列名> [ASC|DESC][, <列名> [ASC|DESC]…]]
```

【功能】实现数据查询。

【说明】

① SELECT 语句的执行过程为：根据 WHERE 子句的连接和检索条件，从 FROM 子句指定的基本表或视图中选取满足条件的记录，再按照 SELECT 子句中指定的列表达式，选出记录中的字段值形成结果表。

② ALL | DISTINCT：此两项分别代表显示全部满足条件的记录或消除重复的记录。TOP <表达式> [PERCENT]：指定查询结果包括特定数目的行数，或者包括全部行数的百分比；使用 TOP 子句时必须同时使用 ORDER BY 子句。

③ [<别名>.] <列表达式> [AS <栏名>]：<列表达式>可以是 FROM 子句中指定数据表（可用<别名>引用）中的字段名，也可以是表达式。AS <栏名>表示可以给查询结果的列名重新命名。

④ FROM [<数据库名!>] <表名>：列出查询要用到的所有数据表。<数据库名!>指定包含该表的非当前数据库。

⑤ INNER | LEFT | RIGHT | FULL JOIN [<数据库名!>] <表名> [ON <连接条件>…]：INNER JOIN 是内连接查询；LEFT JOIN 是左外连接查询；RIGHT JOIN 是右外连接查询；FULL JOIN 是全外连接查询；ON <连接条件>指定表的连接条件。

⑥ [INTO TABLE <新表名>] | [TO FILE <文件名> | TO PRINTER | TO SCREEN]：指定查询结果存放的地方。INTO TABLE <新表名>用来输出到数据表；TO FILE <文件名>用来输出到文本文件；TO PRINTER 用来输出到打印机；TO SCREEN

用来在屏幕上显示。

⑦ WHERE <连接条件>[AND <连接条件>…][AND | OR <筛选条件>[AND | OR <筛选条件>…]]：在多表查询时，WHERE <连接条件>用于指定数据表之间联结的条件；WHERE <筛选条件>指定查询结果中的记录必须满足的条件。

⑧ GROUP BY <列名>[，<列名>…][HAVING <筛选条件>]：GROUP 子句将查询结果按照指定一个列或多个列上相同的值进行分组；HAIVING 指定查询结果中各组应满足的条件。

⑨ ORDER BY <列名> [ASC | DESC][，<列名>[ASC | DESC]…]：指定一个或多个字段数据作为排序的基准，ASC 为升序；DESC 为降序，默认为升序。没有此项，查询结果不排序。

SELECT 语句中各子句的使用可分为投影查询、条件查询、统计查询、分组查询、查询排序、连接查询、嵌套查询和集合查询。

7.2.2 投影查询

投影查询是指从表中查询全部列或部分列。

(1) 查询部分字段

如果用户只需要查询表的部分字段，可以在 SELECT 之后列出需要查询的字段名，字段名之间以英文逗号“,”分隔。

【例 7-1】从商品情况表 sp.dbf 中查询“商品代码”、“商品名称”、“单价”和“生产日期”4 个字段的值，如图 7-1 所示。

SELECT 商品代码，商品名称，单价，生产日期 FROM sp

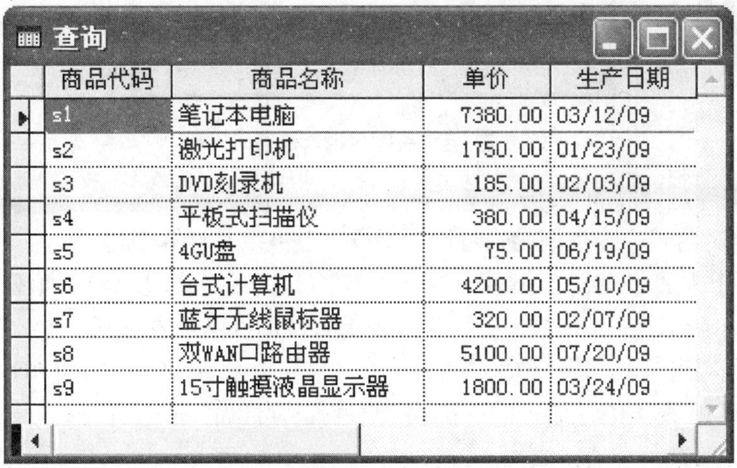

查询

商品代码	商品名称	单价	生产日期
s1	笔记本电脑	7380.00	03/12/09
s2	激光打印机	1750.00	01/23/09
s3	DVD刻录机	185.00	02/03/09
s4	平板式扫描仪	380.00	04/15/09
s5	4GU盘	75.00	06/19/09
s6	台式计算机	4200.00	05/10/09
s7	蓝牙无线鼠标器	320.00	02/07/09
s8	双WAN口路由器	5100.00	07/20/09
s9	15寸触摸液晶显示器	1800.00	03/24/09

图 7-1 查询结果

(2) 查询全部字段

如果用户需要查询表的全部字段，可在 SELECT 之后列出表中所有字段，也可在 SELECT 之后直接用星号“*”来表示表中所有字段，而不必逐一列出。

【例 7-2】查询部门表 bm.dbf 的全部数据，查询结果如图 7-2 所示。

SELECT * FROM bm

等价于下面的查询语句：

SELECT 部门代码，部门名称，部门负责人 FROM bm

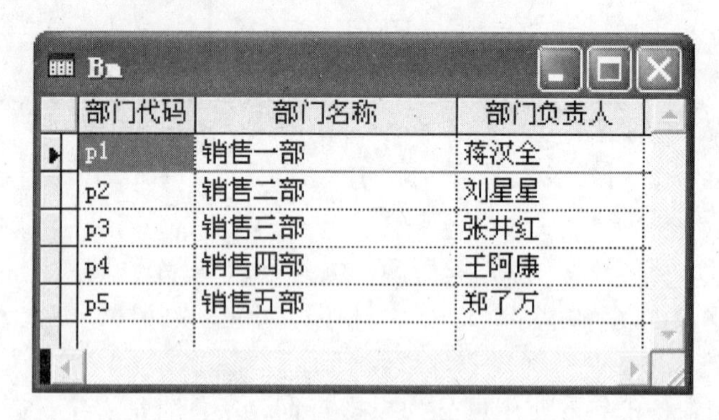

部门代码	部门名称	部门负责人
p1	销售一部	蒋汉全
p2	销售二部	刘星星
p3	销售三部	张井红
p4	销售四部	王阿康
p5	销售五部	郑了万

图 7－2　查询表 bm 的全部数据

（3）取消重复记录

在 SELECT 语句中，可以使用 DISTINCT 来取消查询结果中重复的记录。

【例 7－3】查询销售表 xs.dbf 中有销售记录的部门代码，查询结果如图 7－3 所示。

SELECT DISTINCT 部门代码 FROM xs

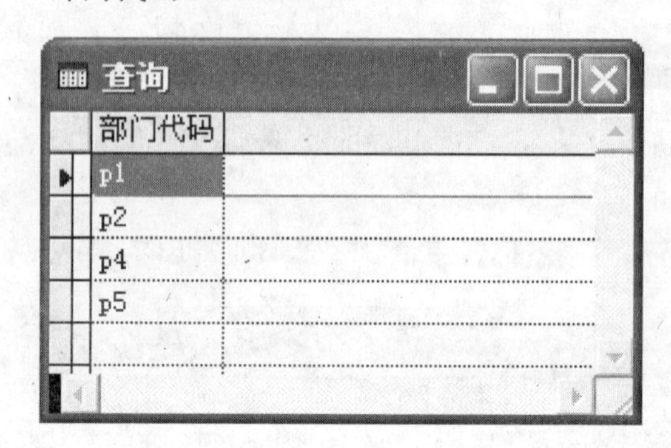

部门代码
p1
p2
p4
p5

图 7－3　查询有销售记录的部门代码

（4）查询经过计算的表达式

在 SELECT 语句中，查询的列可以是字段，也可以是计算表达式。

【例 7－4】从商品情况表 sp.dbf 中，查询商品代码、商品名称、单价和打九折单价，如图 7－4 所示。

SELECT 商品代码，商品名称，单价，单价 * 0.9 AS 打九折单价 FROM sp

说明：AS 用来修改查询结果中指定列的列名，可以省略。

	商品代码	商品名称	单价	打九折单价
▶	s1	笔记本电脑	7380.00	6642.000
	s2	激光打印机	1750.00	1575.000
	s3	DVD刻录机	185.00	166.500
	s4	平板式扫描仪	380.00	342.000
	s5	4GU盘	75.00	67.500
	s6	台式计算机	4200.00	3780.000
	s7	蓝牙无线鼠标器	320.00	288.000
	s8	双WAN口路由器	5100.00	4590.000
	s9	15寸触摸液晶显示器	1800.00	1620.000

图 7-4　打九折单价

7.2.3　条件查询

若要在数据表中找出满足某些条件的行时，则需使用 WHERE 子句来指定查询条件。常用的比较运算符如表 7-2 所示。

表 7-2　　查询条件中常用运算符

运算符	含　义	举　例
=、>、<、>=、<=、!=、<>	比较大小	单价 <80
NOT、AND、OR	多重条件	单价 >0 AND 单价 <80
BETWEEN AND、NOT BETWEEN AND	确定范围	单价 BETWEEN 0 AND 80
IN、NOT IN	确定集合	部门代码 IN ("01","02")
LIKE、NOT LIKE	字符匹配	商品名称 LIKE "%电脑%"
IS NULL、IS NOT NULL	空值查询	商品名称 IS NOT NULL

(1) 比较大小

【例 7-5】从商品情况表 sp.dbf 中，查询进口商品信息，查询结果如图 7-5 所示。

SELECT * FROM sp WHERE 进口否

说明：条件“WHERE 进口否”等价于“WHERE 进口否 =.T.”。

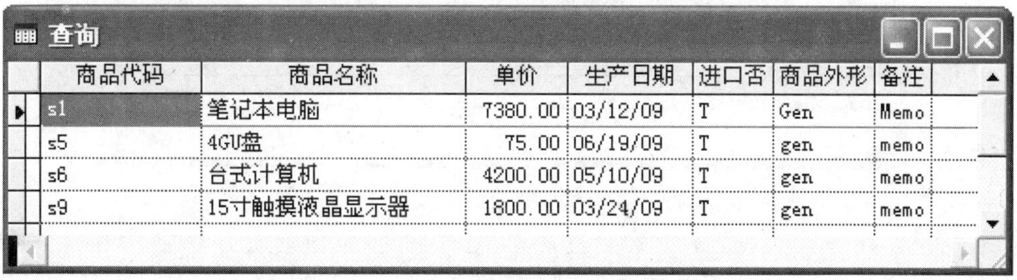

	商品代码	商品名称	单价	生产日期	进口否	商品外形	备注
▶	s1	笔记本电脑	7380.00	03/12/09	T	Gen	Memo
	s5	4GU盘	75.00	06/19/09	T	gen	memo
	s6	台式计算机	4200.00	05/10/09	T	gen	memo
	s9	15寸触摸液晶显示器	1800.00	03/24/09	T	gen	memo

图 7-5　从表 sp.dbf 中查询进口产品信息

【例 7-6】从商品情况表 sp.dbf 中，查询 3 月份生产商品的商品代码、商品名称、单价和生产日期，查询结果如图 7－6 所示。

SELECT 商品代码，商品名称，单价，生产日期 FROM sp;

WHERE MONTH（生产日期）=3

查询

商品代码	商品名称	单价	生产日期
s1	笔记本电脑	7380.00	03/12/09
s9	15寸触摸液晶显示器	1800.00	03/24/09

图 7－6　从表 sp. dbf 中查询 3 月份生产商品的信息

【例 7－7】从商品情况表 sp. dbf 中查询单价大于等于 3000 元的商品的商品代码、商品名称、单价、进口否，查询结果如图 7－7 所示。

SELECT 商品代码，商品名称，单价，进口否 FROM sp WHERE 单价 >= 3000

查询

商品代码	商品名称	单价	进口否
s1	笔记本电脑	7380.00	T
s6	台式计算机	4200.00	T
s8	双WAN口路由器	5100.00	F

图 7－7　查询大于等于 3000 元的商品信息

（2）多重条件查询

当 WHERE 子句需要指定一个以上的查询条件时，则需要使用逻辑运算符 AND 和 OR 将其连接成复合逻辑表达式，AND 的运算优先级高于 OR。用户可使用括号改变优先级。

【例 7－8】从商品情况表 sp. dbf 中，查询商品名称中含有“电脑”且单价大于等于 3000 元的商品的商品代码、商品名称、生产日期和单价，查询结果如图 7－8 所示。

SELECT 商品代码，商品名称，生产日期，单价 FROM sp ;

WHERE "电脑"$商品名称 AND 单价 >= 3000

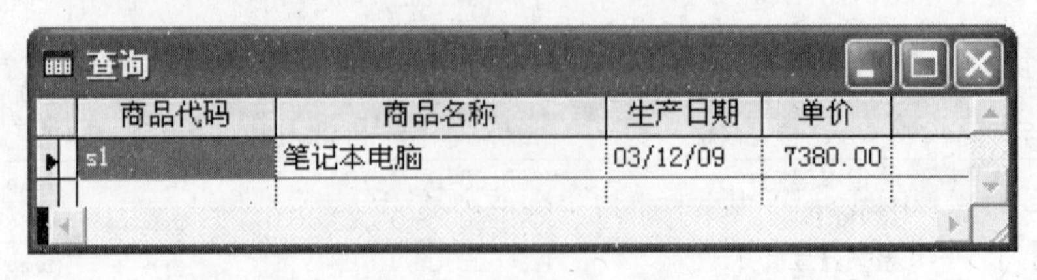

查询

商品代码	商品名称	生产日期	单价
s1	笔记本电脑	03/12/09	7380.00

图 7－8　AND 条件查询

【例 7－9】从商品情况表 sp. dbf 中，查询单价大于 5000 或小于 100 的商品信息，如图 7－9 所示。

SELECT ＊ FROM sp WHERE 单价 >5000 OR 单价 <100

查询

商品代码	商品名称	单价	生产日期	进口否	商品外形	备注
s1	笔记本电脑	7380.00	03/12/09	T	Gen	Memo
s5	4GU盘	75.00	06/19/09	T	gen	memo
s8	双WAN口路由器	5100.00	07/20/09	F	gen	memo

图 7-9　OR 条件查询

【例 7-10】从商品情况表 sp. dbf 中，查询 2009 年 3 月 20 日以后生产的且单价大于 5000 或单价小于 100 的商品的信息，查询结果如图 7-10 所示。

```
SELECT * FROM sp WHERE 生产日期 > {^2009-03-20} ;
AND (单价 >5000 OR 单价 <100)
```

思考：条件“生产日期 > {^2009-03-20} AND (单价 >5000 OR 单价 <100)”和条件“生产日期 > {^2009-03-20} AND 单价 >5000 OR 单价 <100”是不同的，为什么？

查询

商品代码	商品名称	单价	生产日期	进口否	商品外形	备注
s5	4GU盘	75.00	06/19/09	T	gen	memo
s8	双WAN口路由器	5100.00	07/20/09	F	gen	memo

图 7-10　组合条件查询

（3）确定范围

确定范围的子句格式如下：

BETWEEN 下界表达式 AND 上界表达式

其含义是“在下界表达式和上界表达式之间，且包含上界表达式的值和下界表达式的值”。

确定不在某个范围的子句的格式如下：

NOT BETWEEN 下界表达式 AND 上界表达式

其含义是不在下界表达式和上界表达式之间的值。

【例 7-11】从商品情况表 sp. dbf 中，查询单价在 100 ~ 500 元（含 100 元和 500 元）的商品记录。

```
SELECT * FROM sp WHERE 单价 BETWEEN 100 AND 500
```

等价于下列 SELECT 语句：

```
SELECT * FROM sp WHERE 单价 >=100 AND 单价 <=500
```

查询结果如图 7-11 所示。

查询						
商品代码	商品名称	单价	生产日期	进口否	商品外形	备注
s3	DVD刻录机	185.00	02/03/09	F	gen	memo
s4	平板式扫描仪	380.00	04/15/09	F	gen	memo
s7	蓝牙无线鼠标器	320.00	02/07/09	F	gen	memo

图 7－11　查询单价在 100～500 元的商品记录

【例 7－12】从商品情况表 sp.dbf 中，查询单价不在 100～5000 元之间的商品记录。

SELECT ＊ FROM sp WHERE 单价 NOT BETWEEN 100 AND 5000

等价于下列 SELECT 语句：

SELECT ＊ FROM sp WHERE 单价＜100 OR 单价＞5000

查询结果如图 7－12 所示。

查询						
商品代码	商品名称	单价	生产日期	进口否	商品外形	备注
s1	笔记本电脑	7380.00	03/12/09	T	Gen	Memo
s5	4GU盘	75.00	06/19/09	T	gen	memo
s8	双WAN口路由器	5100.00	07/20/09	F	gen	memo

图 7－12　查询单价不在 100～5000 元之间的商品记录

（4）确定集合

利用 IN 操作可以查询字段值属于指定集合的记录，利用 NOT IN 操作可以查询字段值不属于指定集合的记录。

【例 7－13】从商品情况表 sp.dbf 中，查询商品代码为"s1"、"s2"或"s5"的商品信息。

SELECT ＊ FROM sp WHERE 商品代码 IN("s1","s3","s5")

等价于下列 SELECT 语句：

SELECT ＊ FROM sp WHERE 商品代码＝"s1" OR 商品代码＝"s3"；

OR 商品代码＝"s5"

查询结果如图 7－13 所示。

查询						
商品代码	商品名称	单价	生产日期	进口否	商品外形	备注
s1	笔记本电脑	7380.00	03/12/09	T	Gen	Memo
s3	DVD刻录机	185.00	02/03/09	F	gen	memo
s5	4GU盘	75.00	06/19/09	T	gen	memo

图 7－13　集合 IN 查询

【例 7-14】从商品情况表 sp.dbf 中，查询商品代码不属于"s1"、"s3"或"s5"的商品信息。

SELECT * FROM sp WHERE 商品代码 NOT IN("s1","s3","s5")

查询结果如图 7-14 所示。

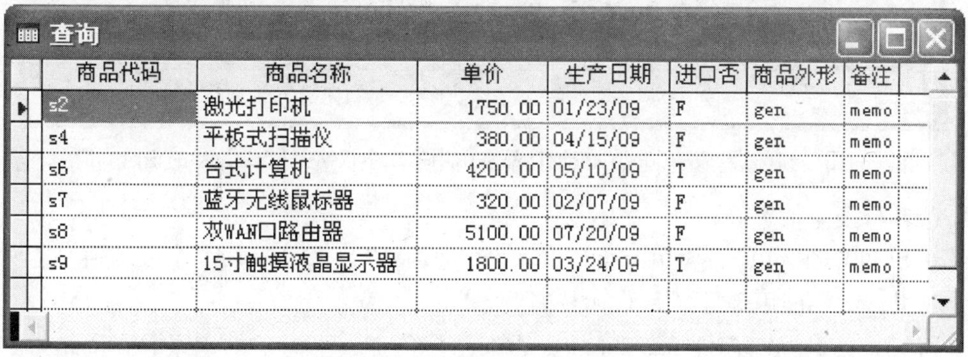

商品代码	商品名称	单价	生产日期	进口否	商品外形	备注
s2	激光打印机	1750.00	01/23/09	F	gen	memo
s4	平板式扫描仪	380.00	04/15/09	F	gen	memo
s6	台式计算机	4200.00	05/10/09	T	gen	memo
s7	蓝牙无线鼠标器	320.00	02/07/09	F	gen	memo
s8	双WAN口路由器	5100.00	07/20/09	F	gen	memo
s9	15寸触摸液晶显示器	1800.00	03/24/09	T	gen	memo

图 7-14　集合 NOT IN 查询

（5）部分匹配查询

当用户不知道完全精确的查询条件的时候，可以使用 LIKE 或 NOT LIKE 进行字符串匹配查询（也称模糊查询）。

LIKE 定义的一般格式为：<字段名> LIKE <字符串常量>

说明：字段类型必须为字符型。字符串常量的字符可以包含如下 2 个特殊符号：

%：表示任意长度的字符串。

：表示任意一个字符。注意：在 Visual FoxPro 中，一个汉字用一个字符“”表示。

【例 7-15】从商品情况表 sp.dbf 中，查询所有商品名称中包含有“机”字的商品记录，查询结果如图 7-15 所示。

SELECT * FROM sp WHERE 商品名称 LIKE "%机%"

等价于下面的查询语句：

SELECT * FROM sp WHERE "机"$商品名称

或等价于下面的查询语句：

SELECT * FROM sp WHERE AT("机"，商品名称)>0

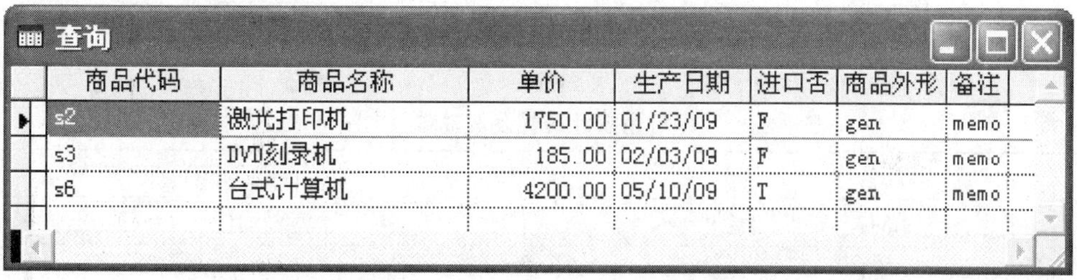

商品代码	商品名称	单价	生产日期	进口否	商品外形	备注
s2	激光打印机	1750.00	01/23/09	F	gen	memo
s3	DVD刻录机	185.00	02/03/09	F	gen	memo
s6	台式计算机	4200.00	05/10/09	T	gen	memo

图 7-15　查询所有商品名称中包含有“机”字的商品记录

【例 7-16】从商品情况表 sp.dbf 中，查询商品名称中第二个汉字是“式”字的记录，如图 7-16 所示。

SELECT * FROM sp WHERE 商品名称 LIKE "_式%"

等价于下面的查询语句:

SELECT * FROM sp WHERE SUBSTR(商品名称, 3, 2) = "式"

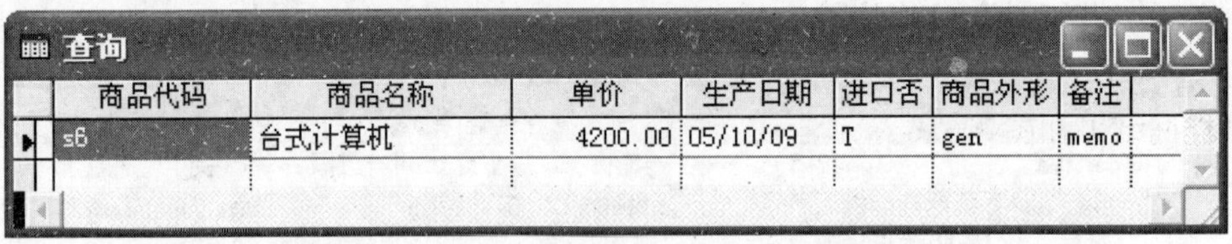

查询

商品代码	商品名称	单价	生产日期	进口否	商品外形	备注
s6	台式计算机	4200.00	05/10/09	T	gen	memo

图 7-16　从表 sp. dbf 中查询商品名称中第二个汉字是“式”字的记录

(6) 涉及空值查询

在 SELECT 语句中，使用 IS NULL 和 IS NOT NULL 来查询某个字段的值是否为空值。这里，IS 不能用等号（=）代替。

【例 7-17】从部门表 bm. dbf 中，查询部门负责人不为空的记录，查询结果如图 7-17 所示。

SELECT * FROM bm WHERE 部门负责人 IS NOT NULL

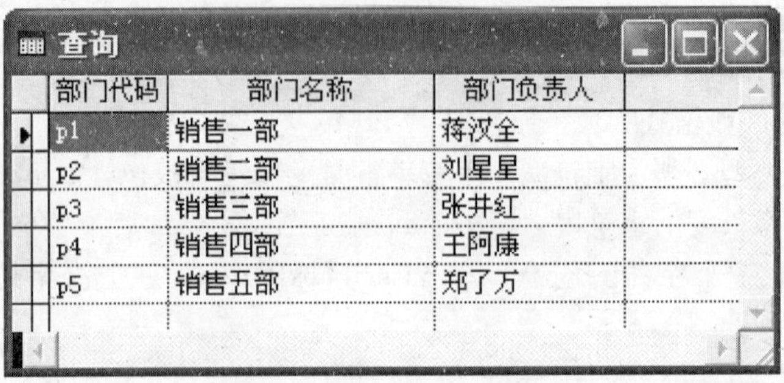

查询

部门代码	部门名称	部门负责人
p1	销售一部	蒋汉全
p2	销售二部	刘星星
p3	销售三部	张井红
p4	销售四部	王阿康
p5	销售五部	郑了万

图 7-17　从表 bm. dbf 中查询部门负责人不为空的记录

7.2.4　统计查询

在实际应用中，往往不仅要求将表中的记录查询出来，还需要在原有数据的基础上，通过计算来输出统计结果。SQL 提供了许多统计函数，增强了检索功能，一些常用函数如表 7-3 所示。在这些函数中，可以使用 DISTINCT 或 ALL。如果指定了 DISTINCT，则在计算时取消指定列中的重复值；如果不指定 DISTINCT 或 ALL，则取默认值 ALL，不取消重复值。

表 7-3　常用统计函数及其功能

函数名称	功　能
AVG	按列计算平均值
SUM	按列计算值的总和
COUNT	按列统计个数
MAX	求一列中的最大值
MIN	求一列中的最小值

注意：函数 SUM 和 AVG 只能对数值型字段进行计算。

【例 7－18】计算商品情况表 sp. dbf 中所有商品的最高单价、最低单价和平均单价。

SELECT MAX（单价）AS 最高单价，MIN（单价）AS 最低单价，AVG（单价）；

AS 平均单价 FROM sp

查询结果如图 7－18 所示。

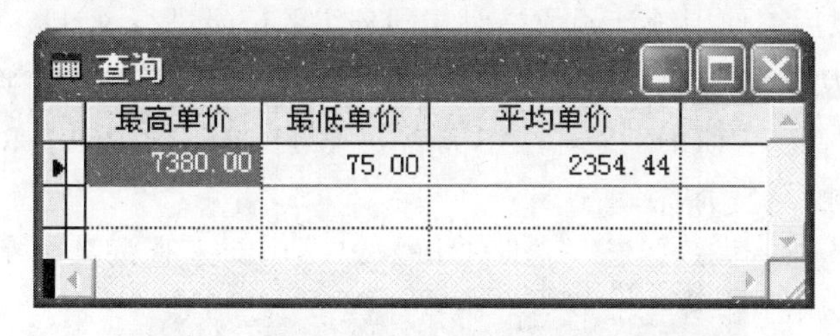

查询

最高单价	最低单价	平均单价
7380.00	75.00	2354.44

图 7－18　函数 MAX、MIN、AVG 的使用

【例 7－19】从商品情况表 sp. dbf 中，统计国产商品的种类，查询结果如图 7－19 所示。

SELECT COUNT(＊) AS 国产商品数 FROM sp WHERE NOT 进口否

注意：COUNT（＊）用来统计记录的个数，不消除重复行，不允许使用 DISTINCT。

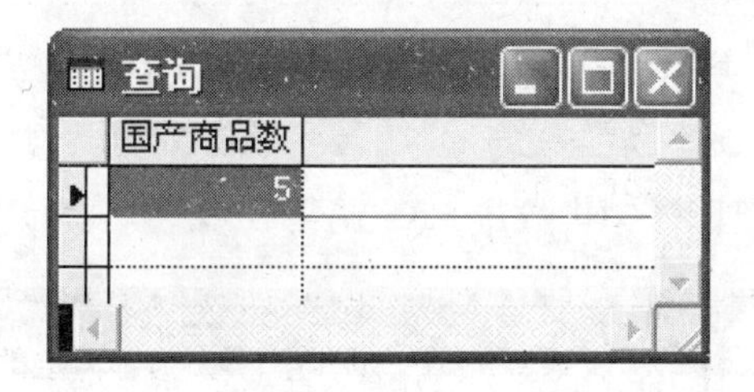

查询

国产商品数
5

图 7－19　统计表 sp. dbf 中国产商品的种类

【例 7－20】统计销售表 xs. dbf 中有销售记录的部门的个数，查询结果如图 7－20 所示。

SELECT COUNT(DISTINCT 部门代码) AS 销售部门 FROM xs

思考：这里的 DISTINCT 为什么不能省略？

查询

销售部门
4

图 7－20　统计有销售记录的部门的个数

7.2.5 分组查询

（1）分组查询

GROUP BY 子句可以将查询结果按照某个字段值或多个字段值的组合进行分组，每组在某个字段值或多个字段值的组合上具有相同的值。

如果没有对查询结果分组，使用统计函数是对查询结果中的所有记录进行统计。对查询结果分组以后，使用统计函数是对相同分组的记录进行统计。

【例 7－21】从销售表 xs. dbf 中，查询各个部门的销售商品的品种数。

```
SELECT 部门代码，COUNT( * ) AS 商品种类 FROM xs GROUP BY 部门代码
```

查询结果如图 7－21 所示。

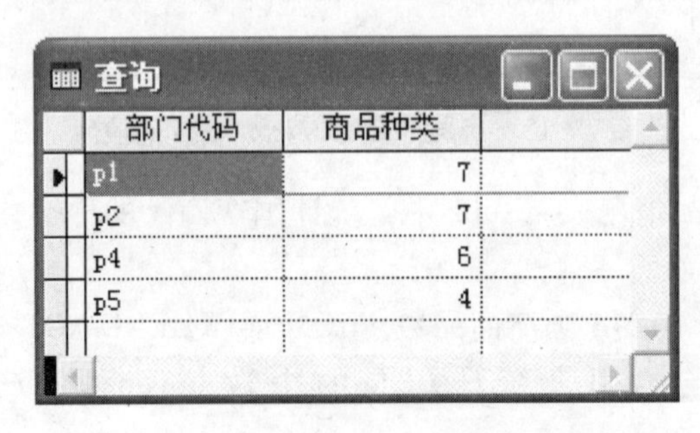

部门代码	商品种类
p1	7
p2	7
p4	6
p5	4

图 7－21　查询各个部门的销售商品的品种数

【例 7－22】从销售表 xs. dbf 中，查询每种商品的销售数量总计，查询结果如图 7－22 所示。

```
SELECT 商品代码，SUM(销售数量) AS 销售数量总计 FROM xs GROUP BY 商品代码
```

商品代码	销售数量总计
s1	36
s2	37
s3	44
s4	42
s6	35
s7	28
s9	35

图 7－22　查询每种商品的销售数量总计

（2）限定分组查询

如果查询要求分组满足某些条件，则需要使用 HAVING 子句来限定分组。HAVING 子句总是在 GROUP BY 子句之后，不可以单独使用。

【例 7－23】从销售表 xs. dbf 中，查询销售数量总计大于 40 的商品代码和销售数量总计。

```
SELECT 商品代码，SUM(销售数量) AS 销售数量总计 FROM xs GROUP BY 商品代码;
```

HAVING 销售数量总计 >=40

说明："HAVING 销售数量总计 >=40" 可用 "HAVING SUM(销售数量)>=40" 代替。

查询结果如图 7-23 所示。

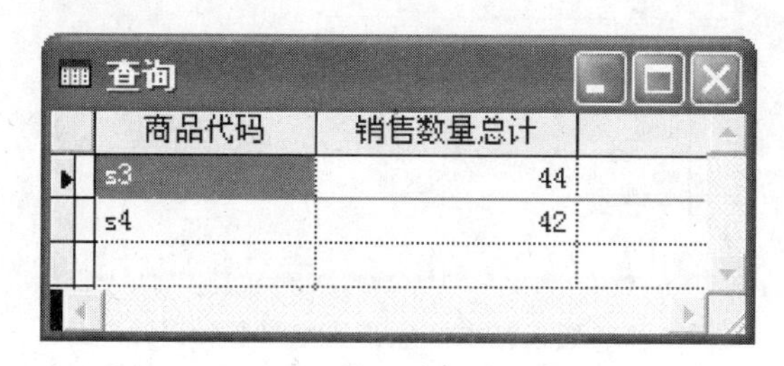

商品代码	销售数量总计
s3	44
s4	42

图 7-23　限定分组查询

7.2.6　查询排序

当用户需要对查询结果排序时，可用 ORDER BY 子句对查询结果按一个或多个查询列的升序（ASC）或降序（DESC）排列，默认值为升序。ORDER BY 之后可以是查询列，也可以是查询列的序号。

（1）单列排序

使用 ORDER BY 子句可对查询结果按一个查询列进行排序。

【例 7-24】从商品情况表 sp.dbf 中，查询单价大于等于 3000 的商品的商品名称、单价和生产日期，将查询结果按单价降序排列，查询结果如图 7-24 所示。

```
SELECT 商品名称，单价，生产日期 FROM sp WHERE 单价 >=3000;
ORDER BY 单价 DESC
```

商品名称	单价	生产日期
笔记本电脑	7380.00	03/12/09
双WAN口路由器	5100.00	07/20/09
台式计算机	4200.00	05/10/09

图 7-24　按单价降序排列的查询

【例 7-25】从销售表 xs.dbf 中，查询每种商品的商品代码和销售数量总计，并按照销售数量总计升序排序，查询结果如图 7-25 所示。

```
SELECT 商品代码，SUM(销售数量) AS 销售数量总计 FROM xs ;
GROUP BY 商品代码 ORDER BY 销售数量总计
```

说明：这里 "ORDER BY 销售数量总计" 可以用 "ORDER BY 2" 代替（2 表示查询列的列序号），但不能 "用 ORDER BY SUM(销售数量)" 代替。

商品代码	销售数量总计
s7	28
s6	35
s9	35
s1	36
s2	37
s4	42
s3	44

图 7-25　查询结果按照销售数量总计升序排序

（2）多列排序

使用 ORDER BY 子句可以对查询结果按照多个查询列进行排序。多列排序的格式如下：

ORDER BY 列名 1［ASC | DESC］［，列名 2［ASC | DESC］…］

多列排序的含义是：将查询结果首先按 <列名 1> 排序，在 <列名 1> 的值相同的情况下，按 <列名 2> 排序。

【例 7-26】从销售表 xs.dbf 中，查询销售数量大于 15 的商品代码，部门代码和销售数量，查询结果按部门代码升序排序，部门代码相同的按照销售数量降序排序。

SELECT * FROM xs WHERE 销售数量 > 15 ORDER BY 部门代码，销售数量 DESC

查询结果如图 7-26 所示。

商品代码	部门代码	销售数量
s1	p1	20
s3	p2	19
s9	p2	18
s1	p2	16
s6	p4	20
s4	p5	16

图 7-26　查询结果按多列排序

（3）查询前面部分记录

在排序的基础上，可以使用 TOP N［PERCENT］子句查询满足条件的前面部分记录，其中 N 是数值型表达式。如果没有 PERCENT，数值型表达式是 1～32 767 之间的整数，则显示前面 N 个记录；如果有 PERCENT，数值型表达式是 0.01～99.99 之间的实数，则显示前面百分之 N 的记录。

【例 7-27】从商品情况表 sp.dbf 中，查询单价最高的两种商品的信息，查询结果如图 7-27 所示。

SELECT * TOP 2 FROM sp ORDER BY 单价 DESC

商品代码	商品名称	单价	生产日期	进口否	商品外形	备注
s1	笔记本电脑	7380.00	03/12/09	T	Gen	Memo
s8	双WAN口路由器	5100.00	07/20/09	F	gen	memo

图 7 - 27　查询单价最高的两种商品的信息

【例 7 - 28】从商品情况表 sp. dbf 中，查询单价最低的后 30% 的商品信息，查询结果如图 7 - 28 所示。

SELECT * TOP 30 PERCENT FROM sp ORDER BY 单价

商品代码	商品名称	单价	生产日期	进口否	商品外形	备注
s5	4GU盘	75.00	06/19/09	T	gen	memo
s3	DVD刻录机	185.00	02/03/09	F	gen	memo
s7	蓝牙无线鼠标器	320.00	02/07/09	F	gen	memo

图 7 - 28　查询单价最低的后 30% 的商品的信息

7.2.7　内连接查询

前面的查询都是针对一个表进行的。当一个查询同时涉及多个（两个以上）表时，称为连接查询。连接查询主要包括内连接查询和超连接查询。

内连接查询是多个表中满足连接条件的记录才出现在结果表中的查询。在 Visual FoxPro 中，实现两个表的内连接查询的格式有两种：

① SELECT 查询列 FROM 表 1，表 2 WHERE 连接条件 AND 查询条件

② SELECT 查询列 FROM 表 1 [INNER] JOIN 表 2 ON 连接条件 WHERE 查询条件

说明：INNER 可以省略。常用的连接条件是：表 1. 公共字段 = 表 2. 公共字段。

DBMS 在执行连接查询的过程是：在表 1 中找到第 1 个记录，然后从表头开始扫描表 2，逐一查找满足条件的记录。找到后，就将该记录和表 1 中的第 1 个记录进行拼接，形成查询结果中的一个记录；表 2 中的记录全部查找以后，再找表 1 中的第 2 个记录，然后再从头开始扫描表 2，逐一查找满足连接条件的记录。找到后，将该记录和表 1 中的第 2 个记录进行拼接，形成查询结果中的一个记录。重复上述操作，直到表 1 中的记录全部处理完毕。

【例 7 - 29】从部门表 bm. dbf 和销售指标表 bmzb. dbf 中，查询各个部门的销售定额，要求显示部门名称和销售定额，查询结果如图 7 - 29 所示。

分析：查询中涉及表 bm. dbf 和 bmzb. dbf，两个表之间通过公共字段“部门代码”建立连接。

SELECT 部门名称，销售定额 FROM bm，bmzb;

WHERE bm.部门代码 = bmzb.部门代码

说明：查询表中不同表同名字段，需要用别名或表名加以限定。

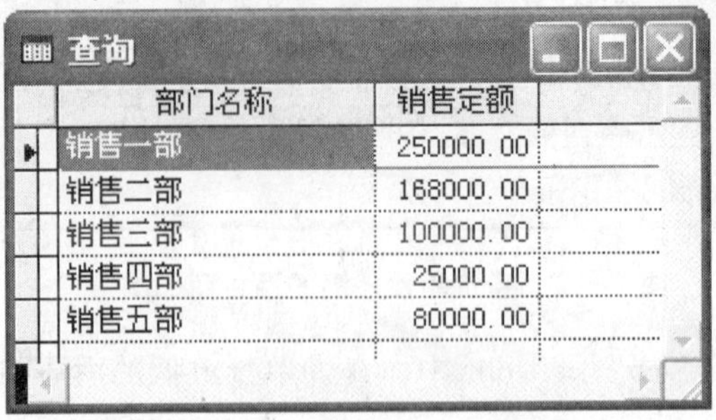

查询

部门名称	销售定额
销售一部	250000.00
销售二部	168000.00
销售三部	100000.00
销售四部	25000.00
销售五部	80000.00

图 7－29　查询各个部门的销售定额

【例 7－30】从部门表 bm. dbf 和销售指标表 bmzb. dbf 中，查询部门代码为 p1 或 p2 的销售定额，显示部门名称和销售定额，查询结果如图 7－30 所示。

```
SELECT 部门名称，销售定额 FROM bm，bmzb;
WHERE bm.部门代码 = bmzb.部门代码;
AND (bm.部门代码 = "p1" OR bm.部门代码 = "p2")
```

注意：查询中的（bm. 部门代码 = "p1" OR bm. 部门代码 = "p2"）中的括号不能少。

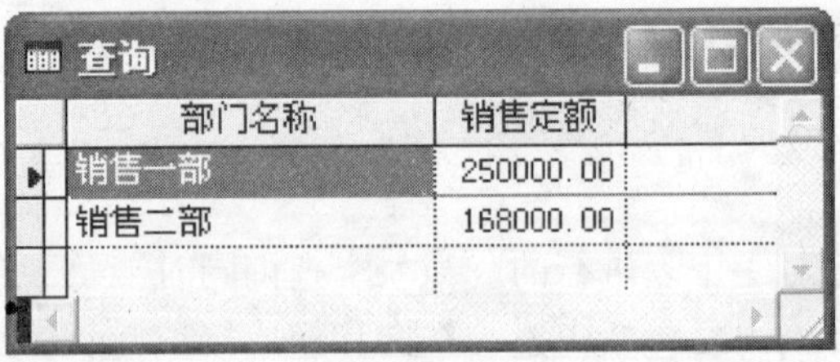

查询

部门名称	销售定额
销售一部	250000.00
销售二部	168000.00

图 7－30　部门代码为“p1”或“p2”的销售定额

【例 7－31】查询商品代码为 s1 的商品销售情况，要求显示商品名称、部门名称和销售数量，查询结果按销售数量降序排序，查询结果如图 7－31 所示。

分析：该查询需要使用 sp. dbf、bm. dbf、xs. dbf 三个表，表 sp. dbf 和 xs. dbf 之间通过公共字段“商品代码”建立连接；表 bm. dbf 和 xs. dbf 之间通过公共字段“部门代码”建立连接。

```
SELECT 商品名称，部门名称，销售数量 FROM bm,xs,sp;
WHERE bm.部门代码 = xs.部门代码 AND xs.商品代码 = sp.商品代码;
AND xs.商品代码 = "s1" ORDER BY 销售数量 DESC
```

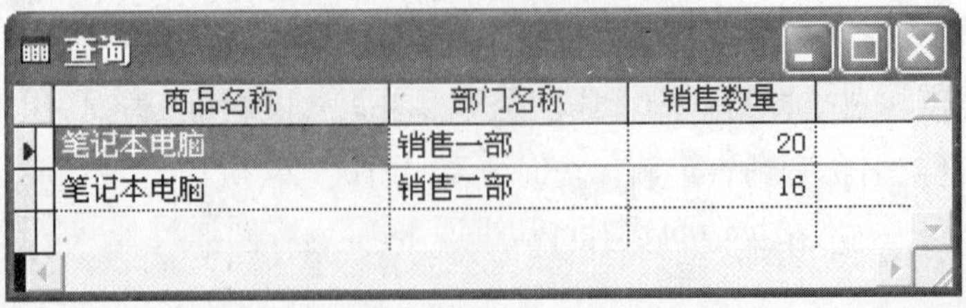

查询

商品名称	部门名称	销售数量
笔记本电脑	销售一部	20
笔记本电脑	销售二部	16

图 7－31　3 张表的连接查询

【例 7-32】查询每个部门的实际销售额，查询结果按实际销售额升序排序，查询结果如图 7-32 所示。

分析：该查询主要涉及 sp. dbf 和 xs. dbf 两个表连接的查询，并且要按照部门代码进行分组，对相同组的记录，统计其实际销售额。

```
SELECT 部门代码，SUM（单价 * 销售数量）AS 实际销售额 FROM xs，sp ;
WHERE xs. 商品代码 = sp.商品代码 GROUP BY 部门代码 ORDER BY 实际销售额
```

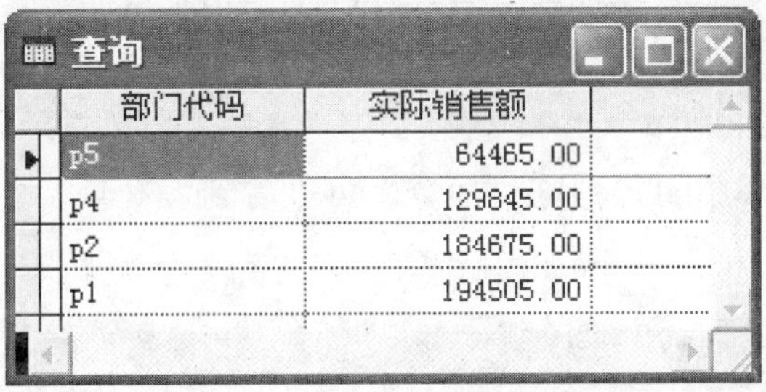

查询

部门代码	实际销售额
p5	64465.00
p4	129845.00
p2	184675.00
p1	194505.00

图 7-32　连接查询和分组查询

7.2.8　自连接查询

前面介绍的连接查询涉及多个不同的表，SQL 还支持将同一个表与其自身进行连接，这种连接查询称为自连接查询。在自连接查询中，必须将查询涉及的表名定义为别名。在查询涉及的字段前面，用别名加以限定。

定义表的别名的语法是：<表名>. <别名>

【例 7-33】查询单价大于"台式计算机"单价的商品的商品代码、商品名称和单价。

```
SELECT a. 商品代码，a. 商品名称，a. 单价 FROM sp a，sp b;
WHERE a. 单价 > b. 单价 and b. 商品名称 = "台式计算机"
```

查询结果如图 7-33 所示。

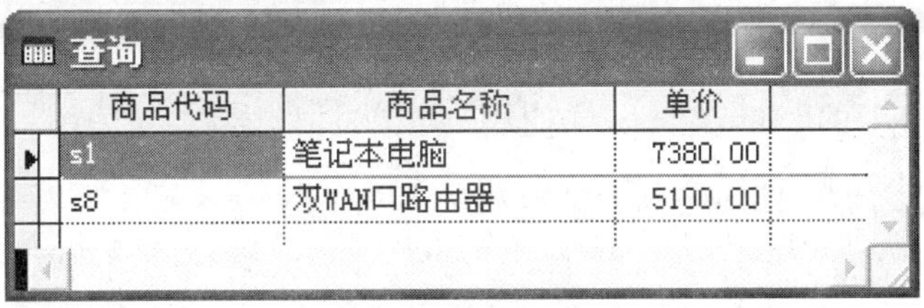

查询

商品代码	商品名称	单价
s1	笔记本电脑	7380.00
s8	双WAN口路由器	5100.00

图 7-33　自连接查询

7.2.9　修改查询去向

SELECT 语句默认的输出去向是在浏览窗口中显示查询结果。我们可以使用特殊的子句来修改 SELECT 语句的查询结果的输出去向。

（1）将查询结果存放到永久表中

使用子句 INTO DBF | TABLE < 表名 >，可以将查询结果存放到永久表中(.DBF 文件)。查询语句执行结束后，永久表自动打开，成为当前文件。

【例 7－34】查询各部门的部门名称、部门负责人和销售定额，将结果保存在销售指标表 bmfz. dbf 中。

```
SELECT 部门名称，部门负责人，销售定额 FROM bm，bmzb ;
WHERE bm.部门代码 = bmzb.部门代码 INTO TABLE bmfz
```

执行该 SELECT 语句后，将在当前目录中生成一个永久表 bmfz. dbf，该表中存放的是 SELECT 语句的查询结果。

选择“显示”菜单中的“浏览”命令，可以看到表 bmfz. dbf 的记录，如图 7－34 所示。

Bmfz

部门名称	部门负责人	销售定额
销售一部	蒋汉全	250000.00
销售二部	刘星星	168000.00
销售三部	张井红	100000.00
销售四部	王阿康	25000.00
销售五部	郑了万	80000.00

图 7－34　SELECT 语句生成的永久表 bmfz. dbf

【例 7－35】使用 SELECT 语句将表 bmzb. dbf 复制到表 bmzb1. dbf 中。

```
SELECT * FROM bmzb INTO TABLE bmzb1
```

执行该 SELECT 语句后，生成表 bmzb1. dbf，该表的结构和记录与 bmzb. dbf 完全相同。

（2）将查询结果存放在临时文件中

使用子句 INTO CURSOR < 临时表文件名 >，将查询结果存放到临时数据表文件中。该子句生成的临时文件是一个只读的 . dbf 文件，当查询结束后，该临时文件是当前文件，可以像一般的 . dbf 文件一样使用（当然是只读）。当关闭查询相关的表文件时，该临时文件自动删除。

【例 7－36】查询完成了销售定额的部门的部门代码、实际销售额和销售定额。

① 查询各部门的部门代码和实际销售额，将查询结果保存在临时表 sjxs. dbf 中。

```
SELECT 部门代码，SUM（单价 * 销售数量）AS 实际销售额 FROM xs，sp ;
WHERE xs.商品代码 = sp.商品代码 GROUP BY 部门代码 ;
INTO CURSOR sjxs
```

临时表 sjxs. dbf 的记录如图 7－35 所示。

Sjxs

部门代码	实际销售额
p1	194505.00
p2	184675.00
p4	129845.00
p5	64465.00

图 7－35　SELECT 语句生成的临时表

② 利用临时表 sjxs. dbf 和表 bmzb. dbf 查询实际销售额大于销售定额的部门信息。

```
SELECT sjxs. 部门代码，实际销售额，销售定额 FROM sjxs,bmzb;
WHERE sjxs. 部门代码 = bmzb. 部门代码 AND 实际销售额 > 销售定额
```

查询结果如图 7－36 所示。

查询

部门代码	实际销售额	销售定额
p2	184675.00	168000.00
p4	129845.00	25000.00

图 7－36　对临时表的查询

（3）将查询结果存放到文本文件中

使用子句 TO FILE <文本文件名> ［ADDITIVE］，可将查询结果存放到文本文件（默认扩展名是.txt）。如果使用 ADDITIVE，结果将追加到原文件的尾部，否则将覆盖原有文件。

【例 7－37】查询销售“s1”商品的部门的部门名称和销售数量，将查询结果保存在文本文件 xss1.txt 中。

```
SELECT 部门名称，销售数量 FROM bm，xs WHERE bm. 部门代码 = xs. 部门代码;
AND 商品代码 = "s1" TO FILE xss1
```

文本文件 xss1.txt 的内容如下：

部门名称	销售数量
销售一部	20
销售二部	16

（4）将查询结果存放到数组中

可以使用子句 INTO ARRAY <数组名>，将查询结果存放到<数组名>指定的数组中。一般将存放查询结果的数组作为二维数组来使用，数组的每行对应一个记录，每列对应于查询结果的一列。查询结果存放在数组中，可以非常方便地在程序中使用。（注意：SELECT 语句不能将查询结果保存到一个简单变量中。）

【例 7－38】查询销售“s1”商品的部门的部门名称和销售数量，将查询结果保存在数组 a1 中。

```
SELECT 部门名称, 销售数量 FROM bm, xs WHERE bm.部门代码 = xs.部门代码;
AND 商品代码 = "s1" INTO ARRAY a1
```

执行下列命令，可以看到数组 a1 中的元素：

```
? a1(1,1),a1(1,2),a1(2,1),a1(2,2)
销售一部                20 销售二部                16
```

（5）将查询结果直接输出到打印机

使用子句 TO PRINTER [PROMPT]，将查询结果输出到打印机。如果增加 PROMPT 选项，在开始打印之前，系统会弹出打印机设置对话框。

7.2.10 嵌套查询

在 SELECT 语句中，一个 SELECT - FROM - WHERE 语句称为一个查询块。一个查询块（子查询）嵌套在另一个查询块（父查询）中的 WHERE 条件或 HAVING 子句的查询称为嵌套查询。系统在处理嵌套查询时，首先查询出子查询的结果，然后将子查询的结果用于父查询的查询条件中。

（1）带比较运算符号的子查询

在嵌套查询中，当子查询的结果是一个单值（只有一个记录，一个字段值），可以用 > 、< 、>= 、<= 、< > 等比较运算符来生成父查询的查询条件。

【例 7 - 39】查询单价大于“台式计算机”单价的商品的商品代码、商品名称和单价，查询结果如图 7 - 37 所示。

```
SELECT 商品代码, 商品名称, 单价 FROM sp WHERE 单价 >;
(SELECT 单价 FROM sp WHERE 商品名称 = "台式计算机")
```

说明：因为表 sp.dbf 中，商品名称没有重复，因此子查询的结果是一个单值，可以使用比较运算符号。

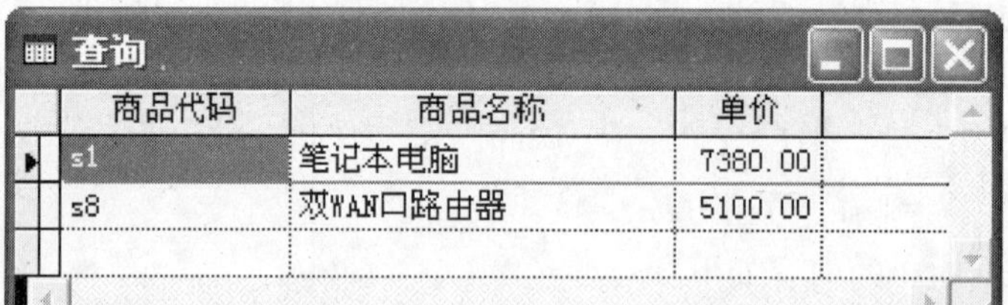

查询

商品代码	商品名称	单价
s1	笔记本电脑	7380.00
s8	双WAN口路由器	5100.00

图 7 - 37　查询单价大于“台式计算机”单价的商品信息

【例 7 - 40】查询单价最高的商品的商品代码、商品名称和单价，查询结果如图 7 - 38 所示。

```
SELECT 商品代码, 商品名称, 单价 FROM sp;
WHERE 单价 = (SELECT MAX(单价) FROM sp)
```

查询

商品代码	商品名称	单价
s1	笔记本电脑	7380.00

图 7-38　查询单价最高的商品的商品代码，商品名称和单价

（2）IN 谓词子查询

在嵌套查询中，子查询的结果一般是一个集合，因此在外层查询中，可以用 IN 谓词来作为查询条件。IN 谓词的使用格式是：

父查询 WHERE 字段 IN(子查询)

【例 7-41】查询有销售记录的那些部门的信息，查询结果如图 7-39 所示。

```
SELECT * FROM bm WHERE 部门代码 IN(SELECT 部门代码 FROM xs)
```

本查询还可以用连接查询来实现，实现的语句如下：

```
SELECT DISTINCT bm.* FROM bm, xs WHERE bm.部门代码 = xs.部门代码
```

查询

部门代码	部门名称	部门负责人
p1	销售一部	蒋汉全
p2	销售二部	刘星星
p4	销售四部	王阿康
p5	销售五部	郑了万

图 7-39　查询有销售记录的那些部门的信息

【例 7-42】查询没有销售记录的那些商品的信息，查询结果如图 7-40 所示。

```
SELECT * FROM sp WHERE 商品代码 NOT IN(SELECT 商品代码 FROM xs)
```

查询

商品代码	商品名称	单价	生产日期	进口否	商品外形	备注
s5	4GU盘	75.00	06/19/09	T	gen	memo
s8	双WAN口路由器	5100.00	07/20/09	F	gen	memo

图 7-40　查询没有销售记录的那些商品的信息

（3）带有 EXISTS 谓词的子查询

在嵌套查询中，EXISTS 或 NOT EXISTS 用来检查在子查询中是否有结果返回。使用谓词 EXSITS，若子查询结果为非空，外层的 WHERE 条件返回真值，否则返回假值；使用谓词 NOT EXSITS，若子查询结果为空，外层的 WHERE 条件返回真值，否则返回假值。

该类查询的格式为：[NOT] EXISTS（子查询）

【例 7－43】查询“p5”部门销售的商品名称，查询结果如图 7－41 所示。

分析：本查询涉及表 xs.dbf 和 sp.dbf 。我们可以在表 sp.dbf 中依次取每一个记录的商品代码，用这个值来查询表 xs.dbf；若表 xs.dbf 中存在这样的记录，其值等于“sp.商品代码”，并且表 xs.dbf 中记录的部门代码等于"p5"，则将“sp.商品名称”送入查询结果。

```
SELECT 商品名称 FROM sp WHERE EXISTS ;
(SELECT * FROM xs WHERE xs.商品代码=sp.商品代码 AND 部门代码="p5")
```

本查询可以用连接查询来实现，实现的语句如下：

```
SELECT 商品名称 FROM sp, xs ;
WHERE xs.商品代码=sp.商品代码 AND 部门代码="p5"
```

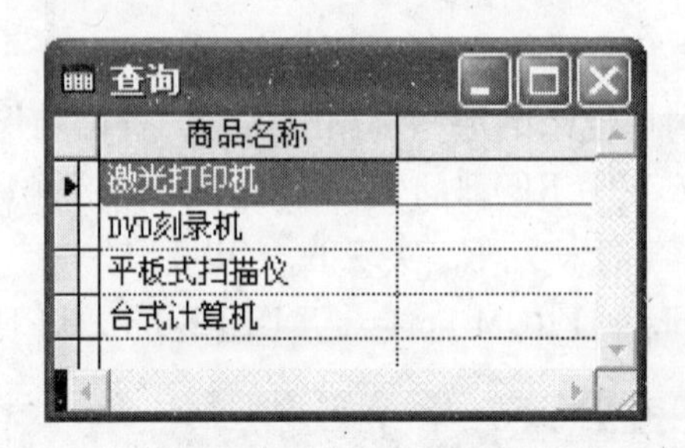

图 7－41　查询“p5”部门销售的商品名称

【例 7－44】查询“p5”部门没有销售的商品名称，查询结果如图 7－42 所示。

```
SELECT 商品名称 FROM sp WHERE NOT EXISTS ;
(SELECT * FROM xs WHERE xs.商品代码=sp.商品代码 AND 部门代码="p5")
```

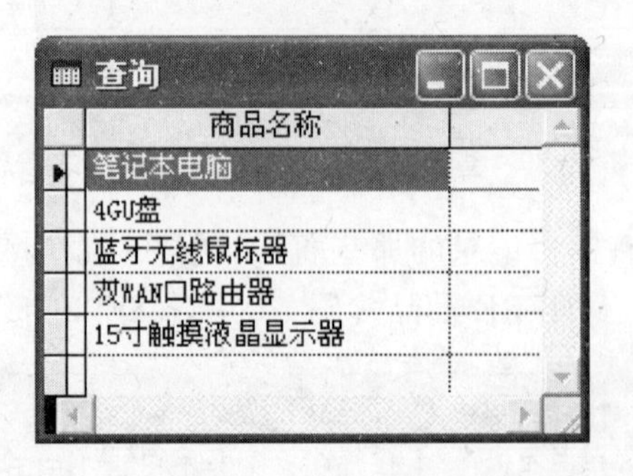

图 7－42　查询“p5”部门没有销售的商品名称

（4）带有 ANY、ALL 或 SOME 量词的子查询

ANY、ALL 或 SOME 是量词，其中 ANY 和 SOME 是相同的，其用法如表 7－4 所示。

表 7－4　ANY，ALL 量词运算的含义

量词运算	含　义
>［=］ANY	大于［等于］子查询结果中某个记录的值
>［=］ALL	大于［等于］子查询结果中所有记录的值
<［=］ANY	小于［等于］子查询结果中某个记录的值
<［=］ALL	小于［等于］子查询结果中所有记录的值

该类查询的格式是：<表达式><比较运算符>［ANY | SOME | ALL］

【例7-45】查询单价大于所有国产商品单价的进口商品信息，查询结果如图7-43所示。

SELECT * FROM sp WHERE 单价 > ALL;
(SELECT 单价 FROM sp WHERE 进口否 = .F.);
AND 进口否

本查询可以用MAX()函数来实现，其查询语句如下：

SELECT * FROM sp WHERE 单价 >;
(SELECT MAX(单价) FROM sp WHERE 进口否 = .F.);
AND 进口否

查询

商品代码	商品名称	单价	生产日期	进口否	商品外形	备注
s1	笔记本电脑	7380.00	03/12/09	T	Gen	Memo

图7-43 查询单价大于所有国产商品单价的进口商品的信息

【例7-46】查询单价大于某个进口商品单价的国产商品的信息，查询结果如图7-44所示。

SELECT * FROM sp WHERE 单价 > ANY(SELECT 单价 FROM sp WHERE 进口否);
AND 进口否 = .F.

本查询可以用MIN()函数来实现，其查询语句如下：

SELECT * FROM sp WHERE 单价 >;
(SELECT MIN(单价) FROM sp WHERE 进口否);
AND 进口否 = .F.

查询

商品代码	商品名称	单价	生产日期	进口否	商品外形	备注
s2	激光打印机	1750.00	01/23/09	F	gen	memo
s3	DVD刻录机	185.00	02/03/09	F	gen	memo
s4	平板式扫描仪	380.00	04/15/09	F	gen	memo
s7	蓝牙无线鼠标器	320.00	02/07/09	F	gen	memo
s8	双WAN口路由器	5100.00	07/20/09	F	gen	memo

图7-44 查询单价大于某个进口商品单价的国产商品的信息

7.2.11 集合查询

SELECT语句的查询结果是记录的集合，因此多个SELECT语句的查询结果可以进行集合操作。这里主要介绍集合的并操作UNION。参加UNION操作的各个查询的结果的字段数目必须相同，对应的数据类型也必须相同。

【例 7－47】查询单价大于 5000 或单价小于 100 的商品信息，查询结果如图 7－45 所示。

```
SELECT 商品代码，商品名称，单价 FROM sp WHERE 单价 >5000；
UNION ；
SELECT 商品代码，商品名称，单价 FROM sp WHERE 单价 <100
```

本查询可以使用运算符 OR 来实现，其查询语句如下：

```
SELECT 商品代码，商品名称，单价 FROM sp；
WHERE 单价 >5000 OR 单价 <100
```

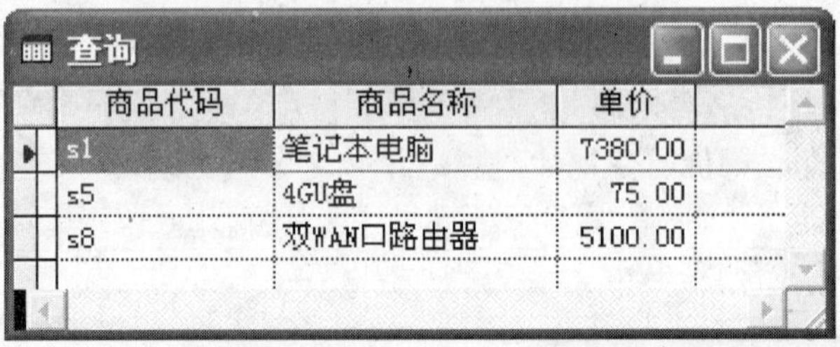

查询

商品代码	商品名称	单价
s1	笔记本电脑	7380.00
s5	4GU盘	75.00
s8	双WAN口路由器	5100.00

图 7－45　查询单价大于 5000 或单价小于 100 的商品信息

【例 7－48】查询销售了“s1”或“s2”商品的部门代码，查询结果如图 7－46 所示。

```
SELECT 部门代码 FROM xs WHERE 商品代码 ="s1"；
UNION；
SELECT 部门代码 FROM xs WHERE 商品代码 ="s2"
```

说明：使用 UNION 进行多个查询的并运算时，系统会自动取消重复的记录。

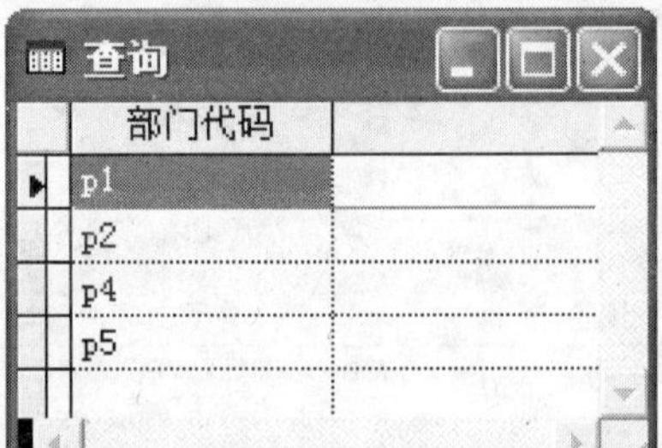

查询

部门代码
p1
p2
p4
p5

图 7－46　查询销售了“s1”或“s2”商品的部门代码

7.2.12　超连接查询

在 SELECT 语句中，内连接查询的结果只包含满足连接条件的两个表的记录连接以后生成的记录。超连接查询与内连接查询不同，它的查询结果首先包含一个表中满足查询条件的记录，然后将表中满足连接条件的记录和另一个表的记录进行连接，不满足连接条件的记录则应将来自另一个表的字段值设置为.NULL 值。

在 Visual FoxPro 中，超连接查询的格式是：

SELECT ……

FROM 表 1 INNER | LEFT | RIGHT | FULL JOIN 表 2

ON 连接条件

WHERE 查询条件

说明：INNER 是内连接，INNER 可以省略。LEFT 是左连接，查询结果包括表 1 中所有满足查询条件的记录和表 2 中满足查询条件及连接条件的记录拼接形成的记录，表 2 中不满足连接条件的记录的相应字段设置为.NULL.。RIGHT 是右连接，查询结果包括表 2 中所有满足查询条件的记录和表 1 中满足查询条件及连接条件的记录拼接形成的记录，表 1 中不满足连接条件的记录设置为.NULL。FULL 是全连接，包括表 1 中满足查询条件的记录和表 2 中满足查询条件的记录拼接形成的记录，表 1 中不满足连接条件的记录设置为.NULL，表 2 中不满足连接条件的记录设置为.NULL。

【例 7－49】内连接：查询商品代码大于等于“s5”的商品的销售信息，要求查询商品代码、商品名称、单价、部门代码和销售数量，查询结果如图 7－47 所示。

SELECT sp.商品代码，商品名称，单价，部门代码，销售数量 ;

FROM sp INNER JOIN xs ON sp.商品代码 = xs.商品代码;

WHERE sp.商品代码 > = "s5"

说明：采用内连接查询，“s5”和“s8”商品没有销售记录，因此不显示在查询结果中。

查询

商品代码	商品名称	单价	部门代码	销售数量
s9	15寸触摸液晶显示器	1800.00	p4	9
s6	台式计算机	4200.00	p1	5
s6	台式计算机	4200.00	p2	2
s9	15寸触摸液晶显示器	1800.00	p2	18
s9	15寸触摸液晶显示器	1800.00	p1	8
s7	蓝牙无线鼠标器	320.00	p4	6
s7	蓝牙无线鼠标器	320.00	p2	14
s7	蓝牙无线鼠标器	320.00	p1	8
s6	台式计算机	4200.00	p5	8
s6	台式计算机	4200.00	p4	20

图 7－47　内连接查询

【例 7－50】左连接：查询商品代码大于等于“s5”的商品的销售信息，要求查询商品代码、商品名称、单价、部门代码和销售数量。对于没有销售记录的商品，也要显示其商品代码、商品名称和单价，查询结果如图 7－48 所示。

SELECT sp.商品代码，商品名称，单价，部门代码，销售数量 ;

FROM sp LEFT JOIN xs ON sp.商品代码 = xs.商品代码;

WHERE sp.商品代码 > = "s5"

商品代码	商品名称	单价	部门代码	销售数量
s5	4GU盘	75.00	.NULL.	.NULL.
s6	台式计算机	4200.00	p1	5
s6	台式计算机	4200.00	p2	2
s6	台式计算机	4200.00	p5	8
s6	台式计算机	4200.00	p4	20
s7	蓝牙无线鼠标器	320.00	p4	6
s7	蓝牙无线鼠标器	320.00	p2	14
s7	蓝牙无线鼠标器	320.00	p1	8
s8	双WAN口路由器	5100.00	.NULL.	.NULL.
s9	15寸触摸液晶显示器	1800.00	p4	9
s9	15寸触摸液晶显示器	1800.00	p2	18
s9	15寸触摸液晶显示器	1800.00	p1	8

图 7-48　左连接查询

【例 7-51】右连接：查询部门代码大于等于“p3”的部门的销售信息，要求查询部门代码、部门名称、部门负责人、商品代码和销售数量。对于没有销售记录的部门，也要显示其部门代码、部门名称和部门负责人。查询结果如图 7-49 所示。

```
SELECT bm.部门代码，部门名称，部门负责人，商品代码，销售数量 ;
FROM xs RIGHT JOIN bm ON bm.部门代码 = xs.部门代码 ;
WHERE bm.部门代码 > = "p3"
```

左连接和右连接可以等价，本查询也可以使用左连接来实现，查询语句如下：

```
SELECT bm.部门代码，部门名称，部门负责人，商品代码，销售数量 ;
FROM bm LEFT JOIN xs ON bm.部门代码 = xs.部门代码 ;
WHERE bm.部门代码 > = "p3"
```

部门代码	部门名称	部门负责人	商品代码	销售数量
p3	销售三部	张井红	.NULL.	.NULL.
p4	销售四部	王阿康	s9	9
p4	销售四部	王阿康	s2	14
p4	销售四部	王阿康	s3	1
p4	销售四部	王阿康	s4	8
p4	销售四部	王阿康	s7	6
p4	销售四部	王阿康	s6	20
p5	销售五部	郑了万	s3	11
p5	销售五部	郑了万	s2	13
p5	销售五部	郑了万	s4	16
p5	销售五部	郑了万	s6	8

图 7-49　右连接查询

7.3 SQL 的数据定义功能

关系数据库系统支持三级模式结构，其模式、外模式和内模式中的基本对象有表、视图和索引。因此 SQL 的数据定义功能包括定义表、定义视图和定义索引，如表 7－5 所示。

表 7－5　　SQL 的数据定义

操作对象	操作方式		
	创建	删除	修改
表	CREATE TABLE	DROP TABLE	ALTER TABLE
视图	CREATE VIEW	DROP VIEW	无
索引	CREATE INDEX	DROP INDEX	无

7.3.1 创建表

(1) 创建表的基本的命令

在 SQL 语言中，使用 CREATE TABLE 命令创建数据表。

【命令】CREATE TABLE <表名>（<字段名1> <类型>[(宽度[,小数点位数])]；
　　[,<字段名2> <类型>[(宽度[,小数点位数])])

【功能】创建一个以<表名>为表的名字、以指定的字段属性定义的数据表。

【说明】定义表的各个属性时，需要指明其数据类型及长度。常用数据类型说明如表 7－6 所示。

表 7－6　　数据类型说明

字段类型	定义格式	字段宽度
字符型	C (n)	n
日期型	D	系统定义 8
日期时间型	T	系统定义 8
数值型	N (n, d)	长度为 n，小数位数为 d
整型	I	系统定义 4
货币型	Y	系统定义 8
逻辑型	L	系统定义 1
备注型	M	系统定义 4
通用型	G	系统定义 4

【例 7－52】创建新表 sp1. dbf，其结构和表 sp. dbf 相同。

CREATE TABLE sp1(商品代码 C(10)，商品名称 C(20)，单价 N(8, 2)，；
生产日期 D，进口否 L，商品外形 G，备注 M)

执行 CREATE TABLE 语句后，新建表成为当前打开的表。接着执行 Modify Structure 命令，或单击“显示”菜单的“表设计器”命令，可以看到表 sp1. dbf 的结构，如图 7－50 所示。

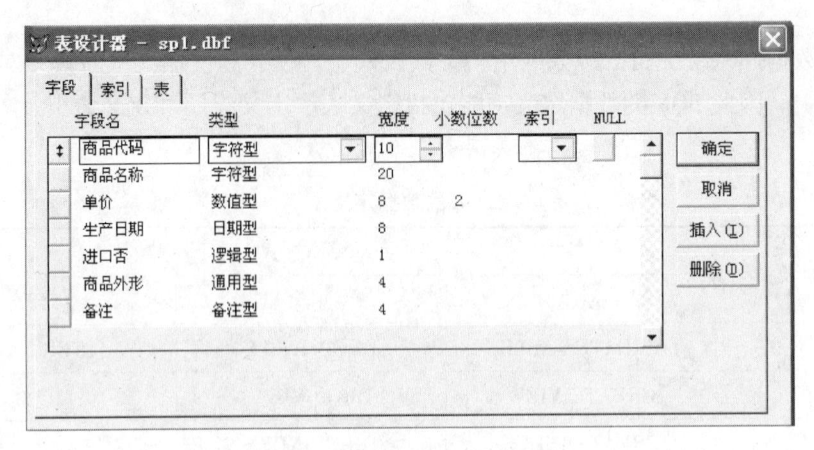

图 7－50　表 sp1. dbf 的结构

（2）创建表的同时定义完整性规则

对于数据库表，在创建表的时候，可通过以下命令格式对表的完整性规则进行定义。

【命令】CREATE TABLE <表名>(<字段名1> <类型>[(宽度[,小数点位数])]；
[NOT NULL|NULL][PRIMARY KEY]；
[DEFAULT 表达式1][CHECK 逻辑表达式1]；
[ERROR 字符串表达式1][,<字段名2> <类型>；
[(宽度[,小数点位数])][NOT NULL|NULL]；
[PRIMARY KEY][DEFAULT 表达式2]；
[CHECK 逻辑表达式2][ERROR 字符串表达式2]]…)

【功能】创建一个表。NULL 子句定义字段可以为空值，NOT NULL 子句定义字段不能为空值；PRIMARY KEY 子句定义表的主索引；DEFAULT 子句定义字段的默认值；CHECK 子句定义字段的有效性规则；ERROR 子句定义当表中的记录违反有效性规则的时系统提示的出错信息。

【说明】DEFAULT 定义的默认值的类型应和字段的类型相同；CHECK 定义的有效性规则必须是一个逻辑表达式；ERROR 定义的出错提示信息必须是字符串表达式，字符串定界符不能省略。

【例 7－53】在数据库“销售管理 . dbc”中创建新表 sp2. dbf，其结构和表 sp. dbf 相同。其中定义商品代码为表 sp2. dbf 的主关键字，单价的有效性规则是 >0，如果违反有效性规则，系统提示“单价必须大于0”，生产日期的默认值是当前系统时间。

```
OPEN DATABASE 销售管理          && 打开数据库“销售管理 . dbc”
CREATE TABLE sp2(商品代码 C(10) PRIMARY KEY ,商品名称 C(20),;
单价 N(8,2) CHECK 单价 >0 ERROR "单价必须大于0",;
生产日期 D DEFAULT DATE(),进口否 L,商品外形 G,备注 M)
```

执行以上命令后，使用 MODIFY STRUCTURE 命令打开“表设计器”，在“字段”

选项卡中，选择“单价”字段，可以看到该字段的有效性，如图 7－51 所示；选择“生产日期”字段，可以看到该字段的默认值是“DATE( )”；选择“索引”选项卡，可以看到商品代码为主索引。

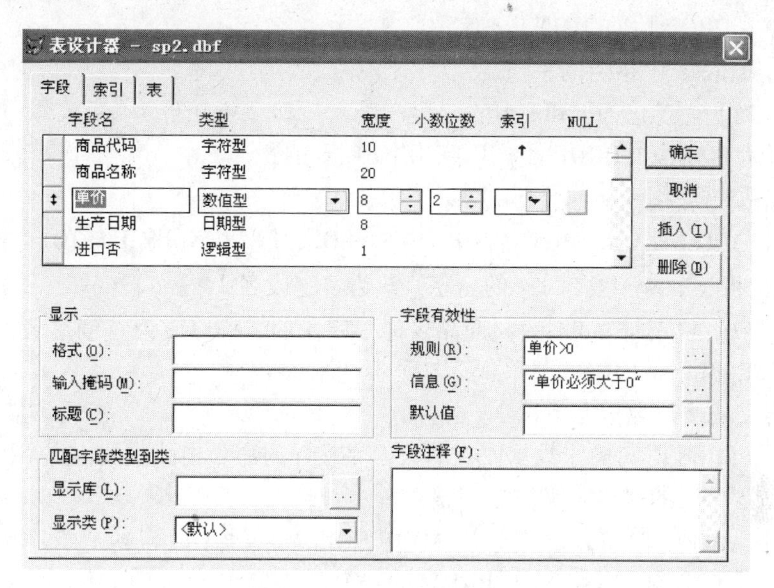

图 7－51　表 sp2.dbf 的结构

7.3.2　修改表的结构

在 SQL 语言中，使用 ALTER TABLE 命令修改表的结构，包括增加字段、修改字段、删除字段、修改字段名。对于数据库表，可以使用 ALTER TABLE 命令定义或修改数据完整性。

（1）增加字段

【命令】ALTER TABLE <表名>；

ADD [COLUMN] <字段名 1> <类型>[(宽度 [,小数点位数])]；

ADD [COLUMN] <字段名 2> <类型>[(宽度 [,小数点位数])]…

【功能】在表中增加新字段，并定义字段的属性。

【例 7－54】在表 sp1.dbf 中增加两个字段：生产厂家 C(20)，折扣价 N(8，2)。

ALTER TABLE sp1 ADD 生产厂家 C(20) ADD 折扣价 N(8，2)

（2）修改字段

【命令】ALTER TABLE <表名>；

ALTER [COLUMN] <字段名 1> <类型>[(宽度 [,小数点位数])]；

ALTER [COLUMN] <字段名 2> <类型>[(宽度 [,小数点位数])]…

【功能】修改表中字段的属性。

【例 7－55】将表 sp1.dbf 的商品名称字段修改为 C(25)，单价字段修改为 N(10，2)。

ALTER TABLE sp1 ALTER 商品名称 C(25) ALTER 单价N(10，2)

(3) 删除字段

【命令】ALTER TABLE <表名>;
DROP [COLUMN] <字段名1>;
[DROP [COLUMN] <字段名2>]…

【功能】删除表中指定的字段。

【例7-56】删除表sp1.dbf中的“生产厂家”和“折扣价”字段。

ALTER TABLE sp1 DROP 生产厂家 DROP 折扣价

(4) 修改字段名

【命令】ALTER TABLE <表名> RNAME [COLUMN] <字段名1> TO <字段名2>

【功能】将表中<字段名1>的名字修改为<字段名2>。

【例7-57】将表sp2.dbf的“商品名称”字段的名称修改为“商品名”。

ALTER TABLE sp2 RENAME 商品名称 TO 商品名

(5) 定义或修改数据完整性

ALTER TABLE语句操作数据库表的数据完整性的命令格式主要有以下两种:

① 在增加字段的时候定义数据完整性

【命令】ALTER TABLE <表名> ADD [COLUMN] <字段名>;
[NOT NULL|NULL][PRIMARY KEY];
[DEFAULT 表达式][CHECK 逻辑表达式];
[ERROR 字符串表达式]

【功能】在表中增加新的字段,并且定义新字段的完整性规则。

【例7-58】在表sp2.dbf中增加一个字段:折扣价N(8,2),定义其有效性规则是“折扣价>0”并且“折扣价<单价”。

ALTER TABLE sp2 ADD 折扣价 N(8,2) CHECK 折扣价>0 AND 折扣价<单价;
ERROR "折扣价必须在0和单价之间"

② 在修改字段的时候定义数据完整性

【命令】ALTER TABLE <表名> ALTER [COLUMN] <字段名>;
[NOT NULL|NULL][PRIMARY KEY];
[SET DEFAULT 表达式];
[SET CHECK 逻辑表达式];
[ERROR 字符串表达式]

【功能】在表中修改字段的数据完整性规则。

【例7-59】设置表sp2.dbf中“进口否”字段的默认值为.T.。

ALTER TABLE sp2 ALTER 进口否 SET DEFAULT .T.

7.3.3 删除表

在SQL语言中,删除表的命令是DROP TABLE。

【命令】DROP TABLE 表名

【功能】直接从磁盘上删除指定的表文件。如果删除的是数据库表,则需要打开相应的数据库,然后使用DROP TABLE命令删除数据库表。

【例 7-60】从磁盘上删除表 sp2.dbf。

OPEN DATABASE 销售管理

DROP TABLE sp2

7.3.4 视图的定义和删除

(1) 定义视图

【命令】CREATE VIEW 视图名 AS SELECT 查询语句

【功能】根据 SELECT 查询语句查询的结果，定义一个视图。视图中的字段名将和 SELECT 查询语句中指定的字段名相同。

【例 7-61】在数据库“销售管理.dbc”中定义一个视图 jkview，视图中包括进口商品的商品代码、商品名称和单价。

OPEN DATABASE 销售管理

CREATE VIEW jkview AS SELECT 商品代码，商品名称，单价 ;

FROM sp WHERE 进口否

执行以上语句后，在数据库“销售管理.dbc”中创建一个新视图 jkview，如图 7-52 所示。

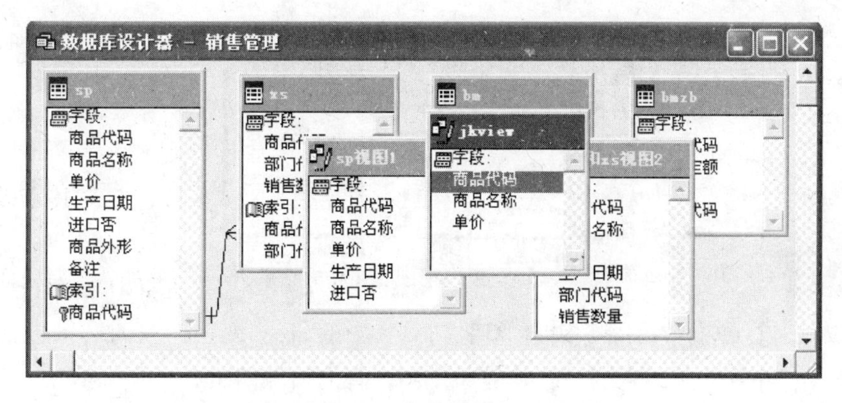

图 7-52 新建视图 jkview

【例 7-62】在数据库“销售管理.dbc”中定义一个视图 sjxsv，视图中包括每种商品的销售数量总计，要求定义视图的显示列名分别是商品代码和销售数量总计。

OPEN DATABASE 销售管理

CREATE VIEW sjxsv AS;

SELECT 商品代码，SUM(销售数量) AS 销售数量总计 ;

FROM xs GROUP BY 商品代码

执行以上语句后，在数据库“销售管理.dbc”中创建一个新视图 sjxsv，如图 7-53 所示。

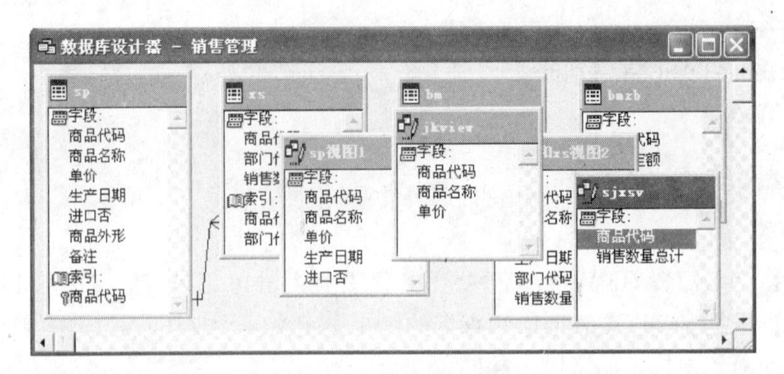

图 7－53　新建视图 sjxsv

（2）查询视图

查询视图可以对视图进行查询，查询的方法同查询表中的记录是一致的。

【例 7－63】查询数据库“销售管理.dbc”中的 jkview 视图，查询结果显示商品名称和单价，查询结果如图 7－54 所示。

```
OPEN DATABASE 销售管理
SELECT 商品名称，单价 FROM jkview
```

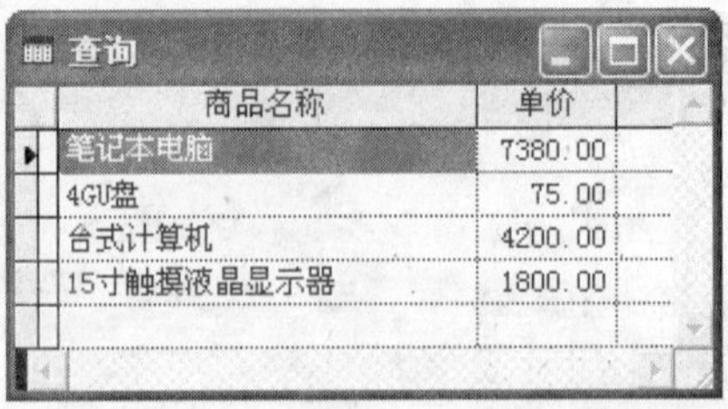

商品名称	单价
笔记本电脑	7380.00
4GU盘	75.00
台式计算机	4200.00
15寸触摸液晶显示器	1800.00

图 7－54　查询视图 jkview 的结果

【例 7－64】查询数据库“销售管理.dbc”中的 sjxsv 视图，查询结果包括视图中所有的字段，并且按照销售数量总计降序排序，查询结果如图 7－55 所示。

```
OPEN DATABASE 销售管理
SELECT * FROM sjxsv ORDER BY 销售数量总计 DESC
```

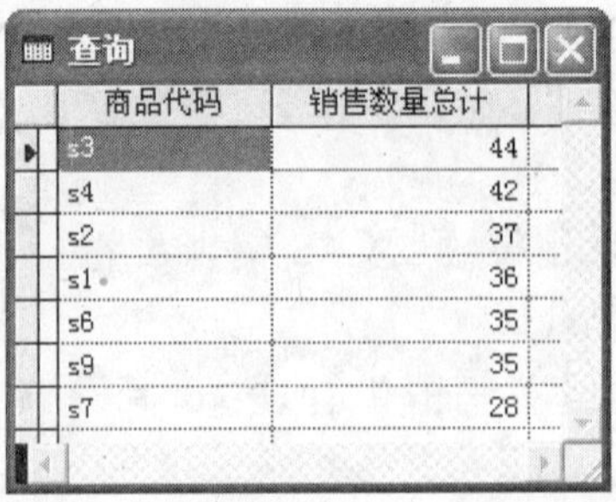

商品代码	销售数量总计
s3	44
s4	42
s2	37
s1	36
s6	35
s9	35
s7	28

图 7－55　查询视图 sjxsv 的结果

（3）删除视图

【命令】DROP VIEW 视图名

【功能】删除数据库中指定的视图。

【例 7-65】删除数据库“销售管理.dbc”中的视图 jkview。

```
OPEN DATABASE 销售管理
DROP VIEW jkview
```

7.4 SQL 的数据操纵功能

SQL 语言的数据操纵也称为记录更新，主要包括插入记录、修改记录和删除记录三种语句。

7.4.1 插入记录

插入记录是把新的记录插入到一个存在的表中。插入记录使用语句 INSERT INTO。

【命令】INSERT INTO <表名>[(<字段名1>[,<字段名2>…])];
VALUES(<值1>[,<值2>…])

【功能】将新记录插入指定的表中，分别用值 1、值 2 等为字段名 1、字段名 2 等赋值。

【说明】<表名>指定要插入新记录的表；<字段名>是可选项，指定待添加记录的列；VALUES 子句指定待插入记录的各个字段的值。

INSERT 语句中字段的排列顺序不一定要和表结构中字段的顺序一致。但当指定字段名时，VALUES 子句值的排列顺序必须和指定字段名的排列顺序一致，个数相等，数据类型一一对应。

INTO 语句中没有出现的字段名，新记录在这些字段上将取空值（如果在表定义时说明了 NOT NULL 的字段可以取空值）。如果 INTO 子句没有带任何字段名，则插入的新记录的字段的值顺序必须在和表结构的字段顺序一致，而且必须在每个字段上均有值。

【例 7-66】在表 bm.dbf 中插入一条新的记录（"p6","销售六部","王华新"）。

```
INSERT INTO bm VALUES("p6","销售六部","王华新")
```

注意：各列名和数据必须用逗号分开，字符型数据要用字符定界符括起来。

插入记录以后，表 bm.dbf 中的记录如图 7-56 所示。

Bm

部门代码	部门名称	部门负责人
p1	销售一部	蒋汉全
p2	销售二部	刘星星
p3	销售三部	张井红
p4	销售四部	王阿康
p5	销售五部	郑了万
p6	销售六部	王华新

图 7-56 INSERT INTO 语句的应用

【例 7-67】在表 sp1.dbf 中插入新记录（"s10","彩色喷墨打印机",690,{^2009-10-6},.F.）。

```
INSERT INTO sp1(商品代码,商品名称,单价,生产日期,进口否);
```

VALUES("s10","彩色喷墨打印机",690,{^2009-10-6},.F.)

注意：这里日期型字段值的引用采用严格日期格式。

7.4.2 修改记录

修改记录可以使用UPDATE语句对表中的一个或多个记录的某些列值进行修改。

【命令】UPDATE <表名>；

SET <字段名1>=<表达式>［,<字段名2>=<表达式>］…

［WHERE <条件>］

【功能】对表中的一个或多个记录的某些字段值进行修改。

【说明】<表名>指定要修改的表。SET子句给出要修改的字段及其修改以后的值。WHERE子句指定需要修改的记录应当满足的条件；WHERE子句省略时，则修改表中所有记录。

【例7-68】将表bmfz.dbf中销售五部的销售定额修改为85 000。

UPDATE bmfz ;

SET 销售定额=85 000 ;

WHERE 部门名称="销售五部"

7.4.3 删除记录

使用DELETE语句可逻辑删除表中的一个或多个记录。

【命令】DELETE FROM <表名>［WHERE <条件>］

【功能】逻辑删除表中的一个或多个记录。

【说明】<表名>指定要删除数据的表。WHERE子句指定待删除的记录应当满足的条件；WHERE子句省略时，则删除表中的所有记录。

【例7-69】逻辑删除表bm.dbf中部门代码为p6的记录。

DELETE FROM bm WHERE 部门代码="p6"

此命令执行后，表bm.dbf的浏览结果如图7-57所示。

注意：使用DELETE语句只能逻辑删除表中的记录。若要物理删除表中的记录，需要执行PACK命令。

Bm

部门代码	部门名称	部门负责人
p1	销售一部	蒋汉全
p2	销售二部	刘星星
p3	销售三部	张井红
p4	销售四部	王阿康
p5	销售五部	郑了万
p6	销售六部	王华新

图7-57 给p6的记录作上删除标记

思考题

1. 什么是SQL？SQL有何主要特点？
2. SQL的数据定义主要包括哪些功能？
3. 利用SQL语言如何创建表、修改表的结构、删除字段和增加字段？
4. SELECT语句的功能是什么？可实现哪些查询？
5. 利用SELECT语句进行条件查询时，在其WHERE子句中可使用哪些运算符？
6. 什么叫统计查询？在统计查询时可使用哪些库函数？
7. SQL语言的数据操纵主要有哪些功能？

8　程序设计基础

程序是为完成某一任务而编写的指令集合。Visual FoxPro 程序设计包括结构化程序设计和面向对象程序设计，前者是传统的程序设计方法，需要记忆大量命令，编写程序和调试程序相当不便；后者是面向对象的用户界面，用户可以利用 Visual FoxPro 提供的辅助工具来设计界面，应用程序可自动生成，但仍需要用户编写一些过程代码来实现具体的功能。因此，过程化程序设计是面向对象程序设计的基础。

本章主要介绍结构化程序设计中的程序文件的基础知识、建立及运行，程序中的基本命令；顺序结构、分支结构和循环结构程序设计；子程序、过程与变量的设计；同时还介绍了面向对象程序设计的基本概念。

8.1　程序文件

Visual FoxPro 程序是为实现某一任务，将若干条 Visual FoxPro 命令和程序控制语句按一定的结构组成命令序列，保存在一个以.PRG 为扩展名的文件中，这种文件就称为程序文件或命令文件。程序文件必须从外存调入内存才能执行。

8.1.1　程序文件基础知识

（1）Visual FoxPro 程序文件的语法成分

编写 Visual FoxPro 程序时，允许用户在程序中输入以下内容：

① 命令——是指在 Visual FoxPro 中可以执行的命令。例如 INPUT 等。

② 语句——一条命令或由关键字引导的具有一定功能的文本行。例如 SQL 语句。

③ 表达式和函数——例如，100 * X，MAX( ) 等。

④ 过程或过程文件——实现某一特定功能的语句序列。

（2）程序的书写规则

编写 Visual FoxPro 程序时，应注意以下几点：

① 程序中的每一行只能书写一条命令，每条命令都以回车键结束。

② 如果一条命令较长，可以分成多行书写，在本行末键入续行标志“;”，然后按回车键，在下一行继续书写。在执行程序时 Visual FoxPro 把由续行标志连接的多个文本行解释为一个命令行。

③ 为了提高程序的可读性，可在程序中加入以注释符“ * ”开头的注释语句，说明程序段的功能；也可以在每一条命令的行尾添加注释，这种注释以注释符“&&”开

头，注明每条语句的功能及含义。

8.1.2　程序文件的建立与运行

程序文件是一个文本文件，可用任何一种文本文件编辑软件建立和编辑。Visual FoxPro 提供了程序代码编辑器，用户可在命令方式和菜单方式下建立程序文件。

（1）在命令方式下建立和编辑程序文件

【格式】MODIFY COMMAND <程序文件名>

【功能】打开程序文件编辑窗口，建立、编辑一个指定的程序文件，如果没有指定文件的扩展名，系统默认其扩展名为 . prg。

当程序输入或修改完成后，按 Ctrl + W 键，将文件存盘并退出编辑窗口。若要放弃当前的编辑内容，则按 Ctrl + Q 或 Esc 键退出。

注意：使用 MODIFY COMMAND…命令之前，应该使用 Set Default to …命令设置系统默认的驱动器和文件夹，以便方便地读写文件。

【例 8 - 1】建立程序文件 prog01. prg，该程序的功能是：在屏幕上显示信息“欢迎使用销售管理信息系统”。

操作步骤如下：

① 在命令窗口中输入命令 MODIFY COMMAND prog1，如图 8 - 1 所示。

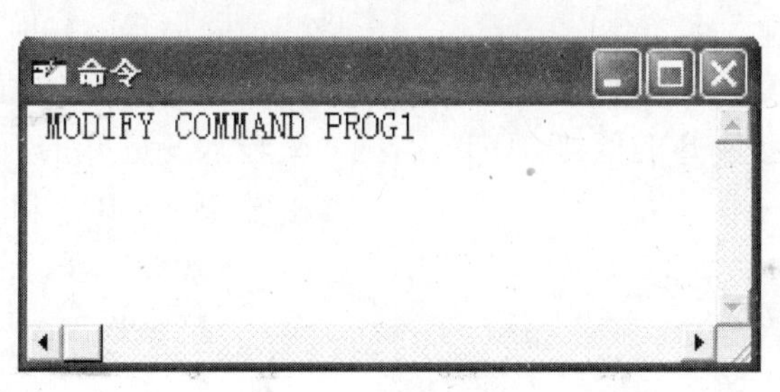

图 8 - 1　命令窗口

② 输入命令后按回车键，进入程序编辑窗口。接着在程序编辑窗口中逐条输入 3 条程序命令行，如图 8 - 2 所示。

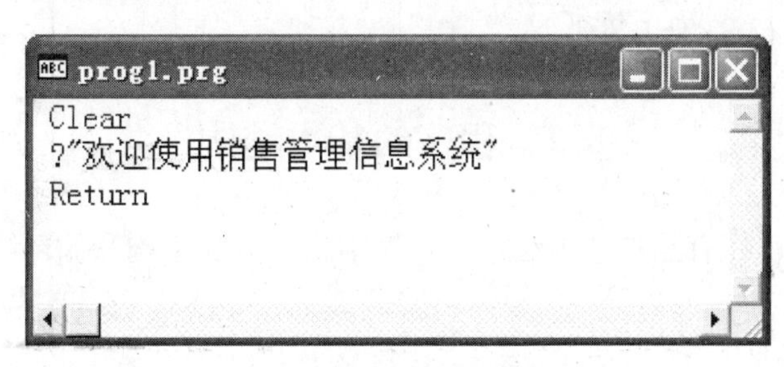

图 8 - 2　程序编辑窗口

③ 输入完语句后，按 Ctrl + W 键将程序存盘，程序文件 prog1. prg 建立完成，并返回命令窗口。

（2）用命令方式运行程序文件

运行程序即逐条执行程序文件中的命令行。

【格式】DO <程序文件名>

【功能】将程序文件从外存调入内存并执行。

例如，在命令窗口输入 DO prog1 并按回车键，其运行结果显示在屏幕上。

8.1.3 程序中的基本命令

Visual FoxPro 提供了大量的命令（包括前面已介绍的 STORE…、?、MODIFY COMMAND …、DO…等命令）。下面再介绍三条常用的命令。

（1）清屏命令

【格式】CLEAR

【功能】清除屏幕上的内容。

（2）键盘输入命令

【格式】INPUT [<提示信息>] TO <内存变量>

【功能】首先显示提示信息，然后等待用户从键盘上输入数据到指定的内存变量中。数据类型可以是数值型、字符型、逻辑型和日期型等，输入数据必须符合 Visual FoxPro 规定的数据格式。

【例 8 -2】编写程序 prog02. prg 计算两个数之和。

程序如下：

```
CLEAR                                  && 清除屏幕
INPUT "请输入变量 A 的值:" TO A        && 输入变量 A 的值
INPUT "请输入变量 B 的值:" TO B        && 输入变量 B 的值
? "A + B = ", A + B                    && 输出 A、B 之和
```

（3）返回命令

【格式】RETURN

【功能】结束当前程序的运行。

【说明】如果当前程序无上级程序，该命令用于结束程序的运行，返回到命令窗口。如果当前程序是一个子程序，该命令用于结束当前程序运行，返回到调用该程序的上级程序中。如果程序或过程中没有包含 RETURN 语句，则 Visual FoxPro 在程序或过程结束时自动执行 RETURN 命令。

8.2 程序的基本结构

Visual FoxPro 程序有三种基本结构：顺序结构、分支结构和循环结构。

8.2.1 顺序结构

顺序结构是程序中最简单、最常用的基本结构。在这种结构中，包含在一个程序中的命令（语句）按照书写的先后顺序逐条地从上至下依次执行，直到最后一条命令或遇到 RETURN 命令时为止。

【例 8 -3】编写程序 prog03. prg，根据输入的半径值计算圆的面积。

程序如下：

```
CLEAR                                  && 清屏
INPUT "输入半径值:" TO R               && 从键盘输入半径值
S=PI() * R * R                         && 计算圆面积，PI()是圆周率函数，
                                          表示3.1416
?"半径是:", R                          && 显示半径的值
?"圆面积是:", S                        && 显示圆面积的值
RETURN                                 && 程序结束
```

【例8-4】编写程序prog04.prg，在屏幕上显示系统当前日期。

程序如下：

```
CLEAR                                  && 清屏
RQ=DATE()                              && 将系统日期存入内存变量中
Y=STR(YEAR(RQ),4)                      && 从RQ中取出年份，并转换为字符型
M=STR(MONTH(RQ),2)                     && 从RQ中取出月份，并转换为字符型
D=STR(DAY(RQ),2)                       && 从RQ中取出日期，并转换为字符型
MESSAGEBOX("今天是:"+Y+"年"+M+"月"+D+"日")  && 在屏幕上显示
                                                日期
RETURN                                 && 程序结束
```

【例8-5】编写程序prog05.prg，从键盘上输入单价，然后在商品情况表sp.dbf中查找大于该单价的商品记录。

程序如下：

```
CLEAR
INPUT "输入单价:" TO A                 && 从键盘上输入单价
SELECT * FROM sp WHERE 单价>A          && 查找大于输入单价的商品记录
* 显示查找结果后，按^Q键结束
```

8.2.2 分支结构

所谓分支结构，是指在程序执行时，根据不同的条件，选择执行不同的程序语句。

Visual FoxPro提供了以下3种分支结构语句：

① 单向分支语句：IF—ENDIF

② 双向分支语句：IF—ELSE—ENDIF

③ 多向分支语句：DO CASE—ENDCASE

（1）单向分支

【格式】IF <条件表达式>

<命令行序列>

ENDIF

【功能】首先计算<条件表达式>的值，若其值为真，执行<命令行序列>中的各条命令，然后执行ENDIF后面的命令；若其值为假，则直接执行ENDIF后面的命令。

【说明】单向分支语句的执行流程图如图8-3所示。

① IF…ENDIF语句必须成对使用，且只能在程序中使用。

② <条件表达式>可以是各种表达式或函数的组合，其值必须是逻辑值。

③ <命令行序列>可由一条或多条命令组成，但至少要有一条命令。

④ IF 语句可以嵌套使用。

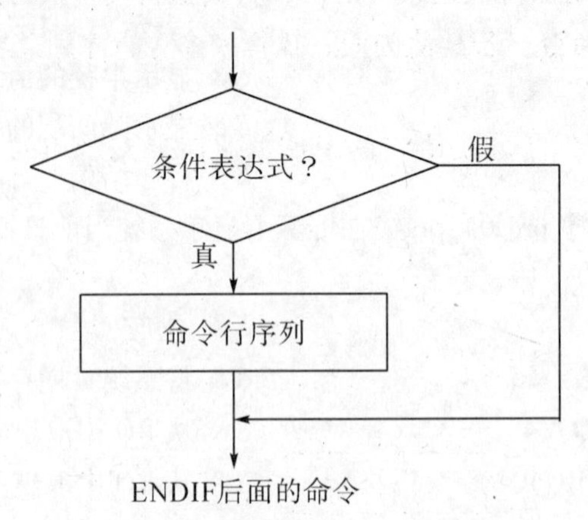

图 8－3　单向分支语句的执行流向

【例 8－6】编写程序 prog06. prg，输入变量 A 的值，判断变量 A 是否大于 100，如果是，则将变量 A 的值赋为 A＋100。

程序如下：

```
CLEAR
INPUT  "输入变量 A 的值:"   TO A
IF A >100                              && 判断变量 A 是否大于 100
    A = A +100                         && 如果是，则变量 A 的值为 A +100
ENDIF
? A
RETURN                                 && 表示程序结束
```

【例 8－7】编写程序 prog07. prg，在商品情况表 sp. dbf 中根据输入的商品名称查找商品记录，如果查找成功，则显示满足条件的记录。

程序如下：

```
CLEAR
INPUT  "输入商品名称:"   TO A          && 从键盘上输入待查商品的名称
SELECT * FROM sp WHERE A$商品名称 INTO CURSOR DB01   && 查找商品记录
IF RECCOUNT( ) >0
    *若函数 RECCOUNT()的值 >0，表示查找到满足条件的记录
SELECT * FROM DB01
ENDIF
```

（2）双向分支

【格式】IF <条件表达式>

　　　　<命令行序列 1>

　　ELSE

```
    <命令行序列 2>
ENDIF
```

【功能】首先计算<条件表达式>的值，若其值为真，执行<命令行序列 1>，然后执行 ENDIF 后面的命令；若其值为假，执行<命令行序列 2>，然后执行 ENDIF 后面的命令。

【说明】参见关于单向分支语句的说明。双向分支语句的执行流程图如图 8-4 所示。

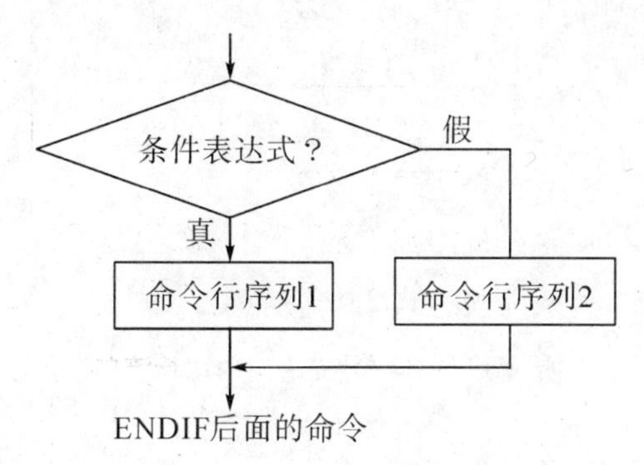

图 8-4　双向分支语句的执行流向

【例 8-8】编写程序 prog08. prg，输入变量 A 的值，判断变量 A 是否大于 100，如果是，则将变量 B 的值赋为 A+100；否则，将变量 B 的值赋为 A*100。

程序如下：

```
CLEAR
INPUT  "输入变量 A 的值:"  TO A
    IF A >100                          && 判断变量 A 是否大于 100
    B = A +100                         && 如果是，则变量 B 的值为 A +100
ELSE
    B = A * 100                        && 如果不是，则变量 B 的值为 A * 100
ENDIF
    ? A , B
RETURN                                 && 表示程序结束
```

【例 8-9】编写程序 prog09. prg，在商品情况表 sp. dbf 中根据输入的商品名称查找商品记录。如果未找到，显示"未查询到满足条件的记录"；否则，显示满足条件的记录。

程序如下：

```
CLEAR
INPUT  "输入商品名称:"  TO  A          && 从键盘上输入待查商品的名称
SELECT * FROM sp WHERE A$商品名称 INTO CURSOR DB01   && 查找商品记录
    IF RECCOUNT( ) =0
    *若函数 RECCOUNT( )的值为 0，表示未找到满足条件的记录
    MESSAGEBOX("未查询到满足条件的记录")
```

```
ELSE
    SELECT * FROM DB01
ENDIF
```

说明：此例中，输入的商品名称必须用字符定界符号括起来，例如："电脑"。

该程序运行时，要求用户从键盘上输入待查商品的单价，然后程序根据所输入的单价在表中查找该商品的记录，如果未找到相应的记录，则函数 RECCOUNT( )的值为 0，显示提示信息“未查询到满足条件的记录”；否则，表示已查询到满足条件的商品，显示满足条件的记录。

（3）多向分支

【格式】

```
DO CASE
        CASE  <条件表达式 1>
              <命令行序列 1>
        CASE  <条件表达式 2>
              <命令行序列 2>
        ……
        CASE  <条件表达式 n>
              <命令行序列 n>
        [OTHERWISE
              <命令行序列 n+1>]
    ENDCASE
```

【功能】系统将依次判断条件表达式是否为真，若某个条件表达式的值为真，则执行该 CASE 段对应的命令序列，然后执行 ENDCASE 后面的命令。当所有 CASE 中的 <条件表达式>值均为假时，如果有 OTHERWISE，则执行 <命令行序列 n+1>，然后执行 ENDCASE 后面的命令；否则，直接执行 ENDCASE 后面的命令。

【说明】

① DO CASE…ENDCASE 必须配对使用，且只能在程序中使用

② DO CASE 与第一个 CASE <条件表达式>之间不应有任何命令。

③ 在 DO CASE…ENDCASE 命令中，每次最多只能执行一个 <命令行序列>。在多个 CASE 的 <条件表达式>值为真时，只执行第一个 <条件表达式>值为真的 <命令行序列>，然后执行 ENDCASE 的后面的命令。

多向分支语句的执行流程图如图 8-5 所示。

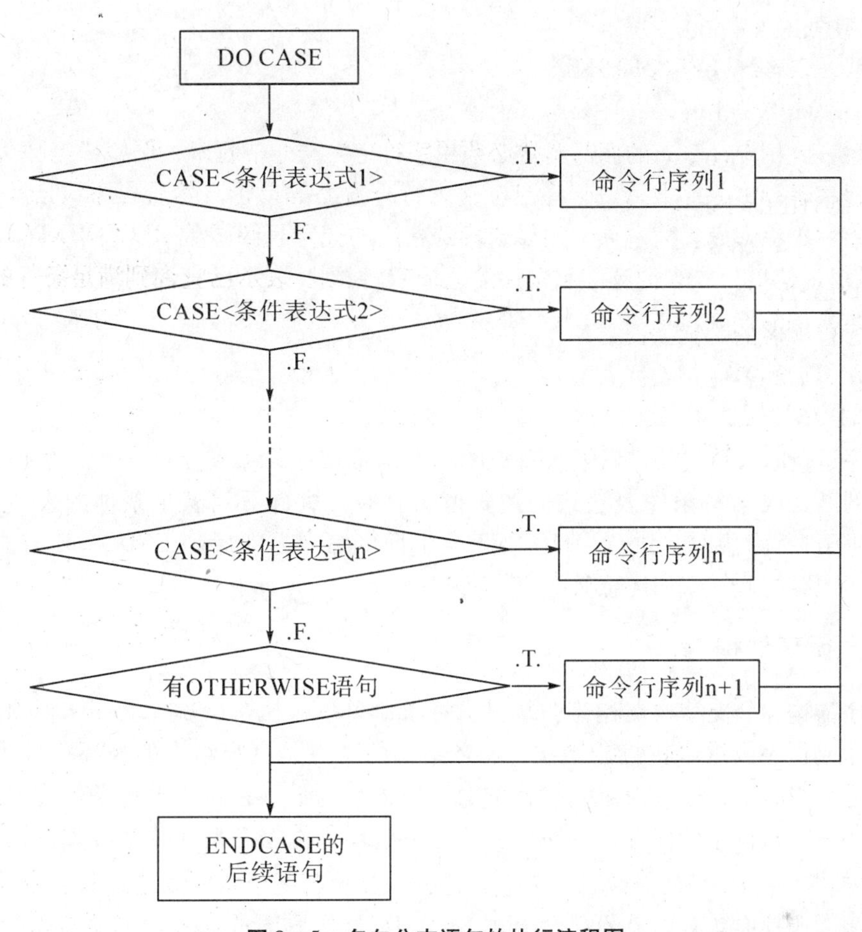

图 8-5　多向分支语句的执行流程图

【例 8-10】某公司为了促进销售，采用了购货打折扣的优惠方法，即每位顾客一次购货款在 300 元以上，给予 9.5 折优惠；购货款在 600 元以上给予 9 折优惠；购货款在 1000 元以上给予 8.5 折优惠。编写程序 prog10.prg，根据优惠条件计算每位顾客的应付货款。

问题分析：根据给定的条件，设每位顾客的购货款为 X，优惠后的应付款为 Y，应付款的计算表达式如下：

$$y=\begin{cases}x & x<300\\ 0.95x & 300\leqslant x<600\\ 0.9x & 600\leqslant x<1000\\ 0.85x & x\geqslant 1000\end{cases}$$

程序如下：

```
CLEAR
INPUT "输入每位顾客的购货款:" TO X   && 从键盘上输入顾客购货款到变量X中
DO CASE                              && 进入多分支语句
    CASE X<300
        Y=X
```

```
        CASE X <600
              Y =0.95 * X
        CASE X <1000
              Y =0.9 * X
        OTHERWISE
              Y =0.85 * X
    ENDCASE
    ?"每位顾客的购货款:", X
    ?"优惠后顾客应付款:", Y
    RETURN
```

程序运行时，首先从键盘输入每位顾客的购货款，并存入变量 X 中，然后依次进行条件判断，当某一条件表达式的逻辑值为真时，执行下列满足条件的表达式。当 CASE 的条件都为假时，执行 OTHERWISE 下面的命令，然后到 ENDCASE 后面执行，最后显示顾客的购货款和优惠后的应付款。

8.2.3 循环结构

顺序结构和分支结构在程序执行时，每条命令只能执行一次，循环结构则能够使某些命令或程序段重复执行若干次。循环结构的特点是：当给出的循环条件为真时，反复执行一组命令，这组被重复执行的命令序列称为循环体；当循环条件为假时，则终止循环体的执行。简言之，循环结构就是由循环条件控制循环体是否重复执行的一种语句结构。

常用的循环语句有以下两种：

① 条件型循环：DO WHILE—ENDDO；

② 计数型循环：FOR—TO—ENDFOR | NEXT。

（1）条件型循环语句

条件型循环语句是根据 <条件表达式> 的值决定循环体命令的执行次数。这是一种常用的循环方式，也称为当型循环结构。

【格式】
```
DO WHILE <条件表达式>
            <命令行序列>
            [LOOP]
            <命令行序列>
            [EXIT]
            <命令行序列>
ENDDO
```

【功能】当 <条件表达式> 的值为真时，重复执行 DO WHILE 与 ENDDO 之间的 <命令行序列>（即循环体），否则结束循环，执行 ENDDO 后面的第一条命令。<条件表达式> 为循环条件。条件型循环语句的执行流程图如图 8 - 6 所示。

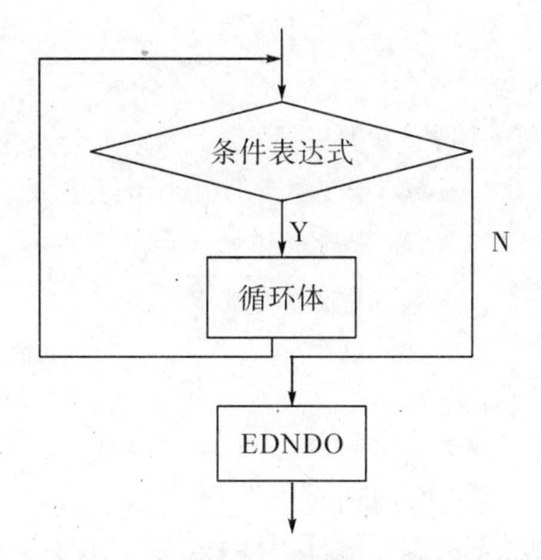

图8-6　条件型循环语句的执行流程图

【说明】

① DO WHILE 与 ENDDO 语句必须成对使用，且只能在程序文件中使用。

② DO WHILE <条件表达式>是循环的入口，ENDDO 是循环的出口，中间的命令行是循环体。

③ LOOP 与 EXIT 只能用在循环语句之间，其中 LOOP 是返回循环入口的语句，EXIT 是强行退出循环的语句。LOOP 与 EXIT 使用时，都需要一个条件加以限制，否则没有意义。

【例8-11】编写程序 prog11. prg，从键盘上5次输入变量A，计算这5个数之和。

程序如下：

```
CLEAR
I=1                      && 预设计数器
S=0
DO WHILE  I<=5           && 若变量I的值小于等于5，则执行循环体语句
    INPUT  "输入变量X的值:"  TO  X
    S=S+X                && 累计求和
    I=I+1                && 计数器增加1
ENDDO
?  S
RETURN
```

本程序中包含变量I，它的作用相当于“计数器”。循环条件则是测试变量I值是否小于或等于5。若表达式I<=5的值为真，表示循环尚未达到5次，则进入循环体。循环体中完成接收变量，累计和计数器加1的操作；若表达式I<=5的值为假，表示循环已经达到5次，应该结束循环，然后显示累计结果。

【例8-12】编写程序 prog12. prg，从键盘上输入变量A，计算1~A之间所有整数的和。

程序如下：

```
CLEAR
```

```
I = 1                        && 预设计数器
S = 0
INPUT  "输入变量 A 的值:"   TO  A
DO WHILE  I <= A             && 若变量 I 的值小于等于 A，则执行循环体语句
    S = S + I                && 累计求和
    I = I + 1                && 计数器增加 1
ENDDO
?   S
RETURN
```

本程序中包含变量 I，它的作用相当于“计数器”。输入的变量 A 相当于“终止值”，“起始值”为 1。循环条件则是测试变量 I 值是否小于或等于 A。若表达式 I <= A 的值为真，表示“计数器”尚未达到“终止值”，则进入循环体。循环体中完成累计求和以及计数器加 1 的操作；若表达式 I <= A 的值为假，表示“计数器”已经达到“终止值”，应该结束循环，然后显示累计结果。

（2）计数型循环语句

计数型循环语句适用于循环次数已知的情况下，它是根据用户设置的循环变量的初值、终值和步长来决定循环体的执行次数。计数型循环语句又称 FOR 循环语句。

【格式】FOR <循环变量> = <初值> TO <终值> [STEP <步长>]

<命令行序列>

ENDFOR|NEXT

【功能】通过比较<循环变量>与<终值>来决定是否执行<命令行序列>。执行 FOR 语句时，首先将循环变量初值赋给循环变量，然后将循环变量与循环变量终值比较，当<步长>为正数时，若<循环变量>的值不大于<终值>，执行循环体；当<步长>为负数时，若<循环变量>的值不小于<终值>，执行循环体。一旦遇到 ENDFOR 或 NEXT 语句，<循环变量>值自动加上<步长>，然后返回 FOR 语句，重新与<终值>进行比较。直到循环变量超过或小于循环终值时，结束循环。如果没用 STEP 子句，步长的默认值为 1。

【说明】

① FOR 与 ENDFOR | NEXT 必须成对使用,且只能在程序中使用。

② FOR 语句中的循环变量即内存变量。步长值可以是正值，也可以是负值，当步长值为 1 时，可以省略。步长值不能为 0，否则会造成死循环。

③ FOR 语句中可以使用 LOOP 与 EXIT 语句，方法与前面所述相同。

【例 8－13】编写程序 prog13. prg，计算 S = 1 + 2 + 3 + … + 100。

程序如下：

```
CLEAR
S = 0                        && 设 S 为存放求和结果的变量，初值为 0
FOR X = 1 TO 100             && 循环的初值为 1，终值为 100
    S = S + X                && S 也是求和累加器，即每次累加 X 后的值
```

```
ENDFOR
?"1 +2 +3 + … +100 = ", S              && 显示计算的结果
RETURN
```

【例 8 - 14】编写程序 prog14. prg，从键盘上输入变量 A，计算 1 ~ A 之间所有奇数的和。

程序如下：

```
CLEAR
S =0
INPUT  "输入变量 A 的值："    TO   A
FOR   X =1   TO   A   STEP   2        && 循环的初值为 1，终值为 A，步长为 2
    S =S +X                    && S 是求和累加器，即每次累加 X 后的值
ENDFOR
?   S
RETURN
```

8.3 子程序与过程

在编制程序时，经常会遇到有些运算或某段程序在程序运行中被多次调用的情况，为了有效解决上述重复调用，设计相对独立并能完成特定功能的程序段，这种程序段称为子程序。用于调用子程序的程序称为调用程序（有时也称为主程序）。对于一个子程序而言，除了可以被主程序调用以外，该子程序还可以调用其他子程序。此时，该子程序便成为其子程序的调用程序。在一个应用系统中，处于最高层次的调用程序称为主程序。

由于子程序是独立存放在磁盘上的，每次程序执行时，必须将程序调入内存。为了减少磁盘文件打开的次数，提高系统运行效率，可以将多个子程序写到一个过程文件中。这样，在系统执行过程中，只需打开相应的过程文件即可调用其中的多个子程序，放入过程文件中的子程序称为过程。过程文件的扩展名仍然是.PRG。

8.3.1 子程序的建立与调用

（1）子程序的建立

子程序作为一个独立程序，与其他程序一样可以用 MODIFY COMMAND…命令、菜单方法或项目管理器等多种方法建立和调试，并以独立的程序文件名.PRG 形式存盘。

（2）子程序的调用

子程序的调用是通过下面调用语句实现的。

【格式】DO <子程序文件名>

【功能】调用并执行子程序文件的内容。

【说明】

① 调用程序可以调用任何子程序，子程序不能调用其调用程序。

② 子程序可以调用下一级子程序，子程序可以返回调用它的子程序中，也可以直

接返回调用程序中。

③ DO 命令可以在命令窗口中执行，也可以放在调用的程序文件中执行。

(3) 子程序的返回

子程序执行后，可以采用下面语句返回调用程序。

【格式】RETURN

【功能】该语句可以终止程序执行，返回到调用程序的下一个语句执行或者返回命令窗口。

【例 8-15】编写主程序 main01.prg 和子程序 sub01.prg，实现从键盘上输入变量 A，计算 1~A 之间所有整数的和。

要求：主程序实现从键盘上输入变量 A 和显示计算结果。子程序实现计算 1~A 之间所有整数的和。

```
*主程序（独立的.prg 文件。文件命名为 main01.prg）
CLEAR
I=1                     && 预设计数器
S=0
INPUT  "输入变量 A 的值:"   TO  A
DO  SUB01.PRG           && 调用子程序 sub01.prg，其中.prg 可以省略
?  S
RETURN

*子程序（独立的.prg 文件。文件命名为 sub01.prg）
DO WHILE  I<=A          && 若变量 I 的值小于等于 A，则执行循环体语句
    S=S+I               && 累计求和
    I=I+1               && 计数器增加 1
ENDDO
RETURN                  && 返回主程序
```

8.3.2 过程文件的定义与调用

(1) 定义过程

【格式】PROCEDURE <过程名>

<命令行序列>

[RETURN]

【功能】建立一个过程。

【说明】过程名和过程文件是两个不同的概念，每个过程是具有独立功能的一段子程序，过程名是一个没有扩展名的过程名称。一个过程文件可以由一个或多个过程构成。使用 RETURN 命令，可以返回上一层程序。

(2) 调用过程

【格式】DO <过程名>

【功能】用于调用<过程名>指定的子程序段。

(3) 过程文件的打开和关闭

调用过程时，首先应打开包含被调用过程的过程文件。过程文件使用后需要及时关闭。

① 打开过程文件

【格式】SET PROCEDURE TO <过程文件名>

【功能】打开一个过程文件。

② 关闭过程文件

【格式】CLOSE PROCEDURE

【功能】关闭当前打开的过程文件。

【例8-16】编写一个能够调用3个过程的程序prog16.prg。主程序prog16.prg是一个独立的.prg文件。

其命令序列如下：

```
SET PROCEDURE   TO   P123      && 打开一个过程文件 P123.prg
    A =1
    DO P1                 && 调用过程 P1
    DO P2                 && 调用过程 P2
    DO P3                 && 调用过程 P3
CLOSE PROCEDURE           && 关闭一个过程文件 P123.prg
```

过程文件P123.prg是一个独立的.prg文件。其命令序列如下：

```
PROCEDURE P1              && 定义过程 P1
    A = A +1
    ?" A = ",A
RETURN
PROCEDURE P2              && 定义过程 P2
    A = A * A
    ?" A = ",A
RETURN
PROCEDURE P3              && 定义过程 P3
    A = A * A * A
    ?" A = ",A
RETURN
```

运行主程序prog16.prg时，其中的SET PROCEDURE TO P123语句首先打开过程文件P123.prg，然后通过DO P1、DO P2、DO P3语句分别调用过程文件中3个过程P1、P2、P3，这些过程的运行结果分别是：

A =2

A =4

A =64

8.3.3 内存变量的作用域

在程序设计中，特别是在多模块程序中，往往会用到许多内存变量，这些内存变量有的在整个程序运行过程中起作用，有的仅在某些程序模块中起作用，内存变量的这些作用范围称为内存变量的作用域。内存变量的作用域根据作用范围可以分为三类：全局变量、局部变量和本地变量。

（1）全局变量

全局变量又称为公共变量，在程序运行中，上下各级程序或任何程序模块中都可以使用该内存变量。当程序执行完毕返回命令窗口后，其值仍然保存。

【格式】PUBLIC <内存变量表>

【功能】将<内存变量表>中指定的变量定义为全局内存变量。

【说明】

① 用 PUBLIC 语句定义的内存变量系统设置初值为逻辑型 .F. 。

② 一个 PUBLIC 语句可以定义多个内存变量，每个内存变量之间均用“,”隔开。

③ 全局变量必须先定义后赋值，故称为建立全局变量。

④ 在程序中已被定义成全局变量的变量也可以在下一级程序中进一步定义成局部变量；但已定义成局部变量的，却不可反过来再定义成全局变量。

⑤ 在 Visual FoxPro 的命令窗口中所定义的内存变量，系统默认为全局变量。

⑥ 由于全局变量的作用范围为整个系统，当程序执行完毕后，全局变量仍占用内存，不会自动清除。因此，不再使用全局变量时，可以使用以下语句清除：

RELEASE <内存变量表>

CLEAR ALL

（2）局部变量

局部变量又称私有变量。在 Visual FoxPro 的程序中，未加 PUBLIC 语句定义的内存变量，系统默认为局部变量，局部变量的作用域限制在定义它的程序和被该程序所调用的下级程序过程中，一旦定义它的程序运行完毕，局部变量将从内存中自动清除。

【格式】PRIVATE <内存变量表>

【功能】声明局部变量并隐藏上级程序中的同名内存变量。将<内存变量表>中所列的内存变量定义为本级程序和下一级程序中专用的局部变量。

【说明】

① 用 PRIVATE 定义的局部变量只对本级程序及下级子程序有效，当返回上级程序时，这种局部变量便自动被消除。

② 当下级程序或过程中定义了与上级程序中同名的局部变量时，上级程序中的同名变量将被隐藏起来，一旦含有 PRIVATE 的内存变量程序运行完毕，上级程序被隐藏的同名变量自行恢复原来的状态。

③ 用 PRIVATE 定义的内存变量仅指明变量的作用域类型，Visual FoxPro 不为局部变量设置默认初值。

（3）本地变量

本地变量只能在定义它的程序中使用，一旦定义它的程序运行完毕，本地变量将从内存中释放。

【格式】LOCAL <内存变量表>

【功能】将<内存变量表>中指定的变量定义为本地变量。

【说明】用LOCAL定义的本地变量，系统自动将其初值赋以逻辑型 .F.。LOCAL与LOCATE前4个字母相同，故不可缩写。本地型内存变量只能在定义它的程序中使用，不能在上级或下级的调用程序中使用。

【例8－17】以【例8－15】中的程序为基础，将其修改为程序main02. prg和sub02. prg，以测试内存变量局部变量的作用域。

```
*主程序（独立的 . prg 文件。文件命名为 main02. prg）
CLEAR
S=0
INPUT  "输入变量A的值:"    TO   A
DO   SUB02.PRG              && 调用子程序 sub02. prg
?    S
?    I
RETURN

*子程序(独立的 . prg 文件。文件命名为 sub02. prg)
I=1
DO WHILE   I<=A            && 若变量I的值小于等于A,则执行循环体语句
    S=S+I                  && 累计求和
    I=I+1                  && 计数器增加1
ENDDO
RETURN                     && 返回主程序
```

运行程序main02. prg，可以看到程序能正确显示变量S（累计求和）的结果，但不能显示变量I的结果（系统提示为：找不到变量'I'。）。主程序中定义的变量S和A，均被系统默认为局部变量（PRIVATE），局部变量的作用域限制在主程序main02. prg和被该程序所调用的子程序sub02. prg中，因此可以利用变量S和A在主程序和子程序间传递数据。

子程序中定义的变量I，也被系统默认为局部变量（PRIVATE），其作用域仅限制在子程序sub02. prg中，不包括主程序main02. prg，故而子程序sub02. prg运行结束时，局部变量I已经被清除，即主程序中没有变量I。

【例8－18】以【例8－17】中的程序为基础，将其修改为程序main03. prg和sub03. prg，以测试全局变量的作用域（主要是在sub03. prg程序中增加语句PUBLICI）。

```
*主程序（独立的 . prg 文件。文件命名为 main03. prg）
CLEAR
S=0
INPUT  "输入变量A的值:"    TO   A
DO   SUB03.PRG              && 调用子程序 sub03. prg
```

```
?   S
?   I
RETURN
*子程序（独立的 . prg 文件。文件命名为 sub03. prg）
PUBLIC  I
I = 1
DO WHILE   I <= A          && 若变量 I 的值小于等于 A，则执行循环体语句
    S = S + I              && 累计求和
    I = I + 1              && 计数器增加 1
ENDDO
RETURN                     && 返回主程序
```

运行程序 main03. prg，可以看到程序能正确显示变量 S（累计求和）的结果，也能显示变量 I 的结果。子程序中定义的变量 I，通过语句 PUBLIC I，设置为全局变量（PUBLIC），其作用域不再限制在子程序 sub02. prg 中，也包括主程序 main02. prg，故而主程序中可以显示变量 I 的值。

特别值得一提的是，当程序 main02. prg 执行完毕返回命令窗口后，全局变量 I 的值仍然保存，而局部变量 S 已经被清除。

可以在命令窗口中输入下列命令：

? I

该命令验证全局变量 I。结果显示为一个数值。

? S

该命令验证局部变量 S。结果为提示“变量未找到。”。

通过比较以上两条命令的执行结果，可以更清楚地理解全局变量和局部变量作用域的区别。

8.4 面向对象程序设计的基本概念

在面向对象的程序设计中，对象是组成软件的基本元件。

面向对象程序设计改变了 Visual FoxPro 应用程序面向过程的开发方式，把重点放在对象之间的联系上，而不是具体实现的细节。每一个对象可看成是一个封装起来的独立元件，面向对象程序设计将对象的细节隐藏起来。设计程序时不必知道对象的内部细节。

面向对象程序设计不同于结构化程序设计。它为软件开发提供了一种新的方法，引入了许多新的概念，这些概念是理解和使用面向对象技术的基础和关键。

本节主要介绍面向对象程序设计中的一些基本概念。

8.4.1 对 象

8.4.1.1 对象的基本概念

对象（Object）是具有某些特性的具体事物的抽象。例如，一个人是一个对象，一台 PC 机是一个对象。PC 机的各个组成部件，如显示器、硬盘、处理器、鼠标等部件分别又是对象，即 PC 机对象是由多个“子”对象组成的，此时 PC 机可看作一个容器对象。

在 Visual FoxPro 中，对象是组成软件的基本元件。每一个对象可看成是一个封装起来的独立元件，并在程序中担负某个特定的任务。表单及控件等都是应用程序中的对象。面向对象程序设计的基本方法是根据需求创建特定的对象，设置对象的属性、事件和方法以及调用该对象来实现相应的功能。

例如：Visual FoxPro 中，表单就是一个对象。表单运行后的结果如图 8 - 7 所示。

图 8 - 7 表单的运行结果

8.4.1.2 对象的属性、事件和方法

（1）属性（Property）

属性是对象所具有的某种特性和状态，例如，一个汽车对象由颜色、尺寸、品牌、厂家等属性描述。Visual FoxPro 中一个按钮具有标题（Caption）、可用状态（Enabled）、可见（Visible）等属性。

所有 Visual FoxPro 对象都有属于自己的属性集，表单的部分属性如表 8 - 1 所示。

表 8 - 1 **表单的部分属性**

属 性	说 明
Name	指定表单的名字（系统默认值为 Form1）
Caption	指定表单的标题（系统默认值为 Form1）
Height	指定表单的高度
Width	指定表单的宽度

在 Visual FoxPro 中，一个对象的属性是可以修改的。很显然，修改了表单的属性，将引起表单的改变。例如将名字为 Form1 的表单通过“属性窗口”将 Caption 属性修改为“表单示例”，其运行后的结果如图 8 - 8 所示。

图 8-8 修改 Caption 属性后的表单的运行结果

在程序设计时，一个对象的属性可以在设计时通过属性窗口设置，也可以在运行中通过代码设置或修改。如果需要在运行中通过代码来设置或修改，则必须在代码中引用一个属性。引用一个属性使用的格式如下：

【命令】对象的引用.属性 = 属性取值

【功能】对指定对象的指定属性设置属性值。

例如：

ThisForm. Width = ThisForm. Width + 10

即将当前表单的宽度属性设置为：在原来的宽度上增加 10。

（2）事件（Event）

事件是由系统预先定义的由用户或系统触发的动作。对象可以识别事件并作相应的反应。对象都有属于自己的事件集。事件集是固定不变的，由系统定义的，用户不能定义新的事件。例如，表单的部分事件如表 8-2 所示。

表 8-2　　表单的部分事件

属　性	说　明
Click	鼠标单击
DblClick	鼠标双击

用户可以通过事件代码窗口为事件编制事件代码（程序），当触发某个事件时，该事件的事件代码就会激活，并开始执行，实现代码中所设置的功能。如果这一事件不触发，则这段代码就不会运行。

当然，对于没有编写代码的事件，即使触发也不会有任何反应。

例如，可以为表单 Form1 的 Click 事件编写如下代码：

```
ThisForm.Caption = "VFP 程序"
ThisForm.Width = ThisForm.Width + 10
```

表单运行后，当用鼠标单击表单时，其标题显示为字符“VFP 程序”，并且表单的宽度在原来的宽度上增加 10，如图 8-9 所示。

图 8 -9　鼠标单击表单后表单标题的变化

事件触发方式可以分为 3 种：

① 由用户触发。例如鼠标单击（Click）或鼠标双击（DblClick）。

② 由系统触发。例如计时器事件（Timer）。

③ 由程序代码调用事件。

(3) 方法（Method）

方法是描述对象行为的过程。方法程序是对象能够执行的、完成相应任务的操作命令代码的集合，与对象有关，属于对象的内部函数。

Visual FoxPro 为对象设置了不同的方法，例如表单对象的部分方法如表 8 -3 所示。

表 8 -3　表单的部分方法

属　性	说　明
Refresh	强制更改表单上某些控件的值
Release	释放表单

除了系统为对象设置的方法外，用户可以自行为对象定义新的方法。这一点和事件不同。

例如：可以为表单 Form1 的 DblClick 事件编写如下代码：

```
ThisForm.Release
```

对于运行中的表单 Form1，当用鼠标双击该表单时，表单被释放（关闭）。

8.4.2　类

8.4.2.1　类的基本概念

类（Class）是具有共同属性、共同操作性质的对象的集合。类和对象的概念很相近，但又有所不同。类是对象的抽象描述，对象则是类的实例。类是抽象的，对象是具体的。Visual FoxPro 中的类同样具有类型、属性、事件、方法的概念。

在客观世界中，有许多具有相同属性和行为特征的事物，例如：桥梁是抽象的概念，而“重庆长江大桥”就是具体的。我们把抽象的“桥”看成类，而具体的一座桥，如“重庆长江大桥”可看成是对象。

类可以划分为基类和子类。子类以其基类为起点，并可继承基类的所有特征。例如水果是基类，苹果是子类，而“红富士”、“黄元帅”等苹果品种又是苹果类的子类。在这里，水果也称为苹果的父类，苹果也可称为是“红富士”、“黄元帅”等的父类。具体的一个“红富士苹果”就是一个对象。

下面介绍有关类的几个基本概念：

（1）基类

基类是 Visual FoxPro 预先定义好的类。基类又可以分为容器类和控件类，可以分别生成容器类对象和控件类对象。

① 容器类：可以容纳其他对象的基类。例如，在命令按钮组中可以包含命令按钮对象，命令按钮组就是容器类；前面讲过的 Form 也属于容器类。

② 控件类：不能容纳其他对象的基类。例如，在命令按钮中不能包含其他对象，命令按钮就是控件类。

Visual FoxPro 提供了 29 个基类，用户既可以从基类创建对象，也可由基类派生出子类。

（2）子类

以某个类（基类）为起点创建的新类称为子类。例如，从基类派生新类时，基类为父类，派生的新类为子类。既可以从基类创建子类，也可以从子类再派生子类，并且允许从用户自定义类派生子类。子类将继承父类的全部特征。

（3）用户自定义类

用户从基类派生出子类，并修改或添加子类属性、方法，这样的子类称为用户自定义类。在面向对象程序设计中，创建并设计合适的子类，修改、增加属性，编写、修改事件代码和方法代码，是程序设计的重要内容，也是提高代码通用性、减少代码的重要手段。

（4）类库

类库可用来存储以可视化方式设计的类，其扩展名为.VCX，一个类库可包含多个子类，且这些子类可以由不同的基类派生。

8.4.2.2 类的基本特性

类具有继承性、封装性和多态性等特性。

（1）继承性

类的继承性是指子类可以具有其父类的方法和程序，而且允许用户修改子类已有的属性和方法，或添加新的属性和方法。有了类的继承，用户在编写程序时，可以通过继承把具有普遍意义的类引用到程序中，并只需添加或修改较少的属性、方法，从而减少代码的编写工作，提高软件的可重用性。

（2）封装性

类的封装性是指类的内部信息对用户是隐蔽的。如同一台电视机的使用者只需了解其外部按钮（用户接口）的功能与用法，而不需要知道电视机的内部构造与工作原理一样。在类的引用过程中，用户只能看到封装界面上的信息（属性、事件、方法），而其内部信息（数据结构、操作实现、对象间的相互作用等）则是隐蔽的，对对象数据的操作只能通过该对象自身的方法进行。

（3）多态性

类的多态性是指一些相关联的类，包括同名的方法程序，但方法程序的代码不同。在运行时，可以根据不同的对象、类及触发的事件、控件、焦点确定调用哪种方法程序。

思考题

1. 什么是程序文件？如何建立和执行程序文件？
2. Visual FoxPro 提供了几种基本程序结构？每种结构有何特点？
3. Visual FoxPro 提供了几种分支语句？如何根据需要选择使用？
4. 条件型循环语句和计数型循环语句各有什么特点？
5. 什么是子程序？子程序如何调用，如何返回？
6. 什么是过程？什么是过程文件？如何打开和关闭过程文件？
7. 内存变量可分哪几种作用域？各自有哪些特点？
8. 简述面向过程程序设计和面向对象程序设计的主要区别。
9. 什么是对象？并简述对象的属性、事件和方法。

9 表单设计及应用

表单是 Visual FoxPro 中面向对象程序设计的基本工具，一个表单是具有属性、事件、方法程序、数据环境和包含的其他控件的容器类对象。在一个表单中可以包含其他的控件，表单通过控件为用户提供图形化的操作环境。

本章主要介绍表单的概念和设计基础，表单常用控件的基本操作及应用，表单其他控件的使用及应用。

9.1 表单设计基础

表单的主要用途是显示并可输入输出数据，完成某种具有特定功能的操作，构造用户和计算机相互沟通的屏幕界面。

9.1.1 表单基础知识

（1）表单控件

表单中的控件有两类：一类是与数据绑定的控件和不与数据绑定的控件。与数据绑定的控件与数据源（表、视图或表和视图的字段或变量等）有关，这类控件需要设置控制源（Control Source）属性，用户使用与数据绑定的控件可以将输入或选择的数据送到数据源或从数据源取出有关数据。另一类是不与数据绑定的控件，它不需要设置控制源属性，用户对控件输入或选择的值只作为属性设置，该值不保存。表单中的常用控件如表 9 - 1 所示。

表 9 - 1 表单常用控件

控件类	功 能	控件类	功 能
Label	创建用于显示正文内容的标签	Spinner	创建微调控件
TextBox	创建文本框	Shape	创建用于显示方框、圆或椭圆的 Shape 控件
ListBox	创建列表框	Grid	创建表格
EditBox	创建编辑框	PageFrame	创建包含若干页的页框
ComboBox	创建组合框	Image	创建用于显示图片的图像控件

表 9-1（续）

控件类	功　能	控件类	功　能
CheckBox	创建复选框	Timer	创建能在一定时间执行代码的定时器
CommandButton	创建命令按钮	Line	创建用于显示水平线、垂直线或斜线的控件
CommandGroup	创建命令按钮组	OLE	创建 OLE 容器控件
OptionButton	创建选项按钮	OLE Bound	创建 OLE 绑定型控件
OptionGroup	创建选项按钮组	Hyperlink	创建超级链接控件

（2）表单属性

表单属性定义表单及其控件的性质、特征，每个表单及其控件都有它的一组属性，通常这些属性的大多数都是相同的。表单及控件的属性可以通过属性窗口在设计时设置，也可通过编写代码在表单运行时设置。表单和控件中有些属性具有通用性，另外一些属性则具有特定性。常用表单和控件的属性如表 9-2 所示。

表 9-2　　常用表单和控件的属性

属　性	说　明	属　性	说　明
Caption	指定对象的标题	Width	指定屏幕上一个对象的宽度
Name	指定对象的名字	Left	对象左边相对于父对象的位置
Value	指定对象当前的取值	Top	对象上边相对于父对象的位置
FontName	指定对象文本的字体名	Movable	运行时表单能否移动
FontSize	指定对象文本的字体大小	Closable	标题栏中关闭按钮是否有效
ForeColor	指定对象中的前景色	ControlBox	是否取消标题栏所有的按钮
BackColor	指定对象内部的背景色	MaxButton	指定表单是否有最大化按钮
BorderStyle	指定边框样式	MinButton	指定表单是否有最小化按钮
AlwaysOnTop	是否处于其他窗口之上	WindowState	指定运行时是最大化或最小化
AutoCenter	是否在 Visual FoxPro 主窗口内自动居中	Visible	指定对象是可见还是隐藏
Height	指定屏幕上一个对象的高度	Enabled	指定对象是否响应用户事件

（3）表单事件

表单事件是表单可以识别和响应的行为和动作。事件识别和响应是面向对象程序设计中实现交互操作的手段。表单和控件的事件是由系统事先规定的，用户不能在对象上增加或减少事件。一个事件对应于一个方法程序，称为事件过程。当一个事件被触发时，系统执行与该事件对应的过程代码。事件过程执行完毕后，系统又处于等待某事件发生的状态，这种控制机制称为事件驱动方式。表单常用事件如表 9-3 所示。

表 9-3 常用表单事件

事　件	事件触发	事　件	事件触发
Init	当对象创建时	GotFocus	对象接收到焦点
Load	在创建对象之前	LostFocus	对象失去焦点
Unload	释放对象时	KeyPress	当用户按下或释放一个键
Destroy	当对象从内存中释放时	MouseDown	当用户按下鼠标键
Click	用户鼠标单击对象	MouseMove	当用户移动鼠标到对象
DblClick	用户鼠标双击对象	MouseUp	当用户释放鼠标
RightClick	用户鼠标右击对象	Error	当发生错误时

（4）表单方法程序

表单的方法程序是对象能够执行的、完成相应任务的操作命令代码的集合，是 Visual FoxPro 为表单及其控件内定的通用过程。方法程序过程代码由 Visual FoxPro 系统定义，对用户是不可见的，但可以通过代码编辑窗口对其进行增加。表单中常用的方法程序如表 9-4 所示。

表 9-4 常用表单方法程序

方法程序	用　途	方法程序	用　途
AddObject	在表单对象中增加一个对象	Move	移动一个对象
Box	在表单对象上画一个矩形	Print	在表单对象上打印一个字符串
Circle	在表单对象上画一段圆弧或一个圆	Pset	给表单上一个点设置一个指定的颜色
Cls	清除一个表单中的图形和文本	Refresh	重新绘制表单或控件，并更新所有值
Clear	清除控件中的内容	Release	从内存中释放表单或表单集
Draw	重新绘制表单对象	SaveAs	将对象存入.SCX 文件中
Hide	隐藏表单、表单集或控件	Show	显示表单并确定其是模态还是非模态
Line	在表单对象上绘制一条线	SetAll	设置容器对象中全部控件的属性

（5）表单数据环境

如果表单或表单集的功能与一个数据表或视图有关，一般而言应包括一个数据环境。表单的数据环境是指在创建表单时需要打开的全部表、视图和关系。在表单的数据环境中，可以添加与表单相关的数据表或视图，并设置好表单、控件与数据表或视图中字段的关联，形成一个完整的数据体系。表 9-5 给出了常用的数据环境属性和与表单及控件的数据源相关的属性。

表 9-5　　　　　　　　　　常用数据环境及数据源属性

属性	说明
AutoOpenTables	控制当运行表单时，是否打开数据环境的表或视图
AutoCloseTables	控制当释放表或表单集时，是否关闭表或视图
InitialSelectedAlias	当运行表单时，选定的表或视图
Filter	排除不满足条件的记录
ControlSource	指定与文本框、编辑框、列表框、组合框及表格中的一列等对象建立联系的数据源（字段）
CursorSource	指定与临时表相关的表或视图的名称
RecordSource	指定与表格控件建立联系的数据源（表或视图）
RecordSourceType	指定与表格控件建立联系的数据源打开的方式
RowSource	指定组合框或列表框的数据源
RowSourceType	指定组合框或列表框的数据源类型

（6）创建表单的一般步骤

在 Visual FoxPro 中可以通过表单向导和表单设计器设计表单。使用表单向导设计表单时，用户只需要根据系统提示进行简单的操作即可以生成具有一定功能的表单。对于具有个性化功能要求的表单，则需要通过使用表单设计器，由用户自行设计表单的每一个细节。

一个表单的设计过程通常可以通过以下步骤实现：

① 创建一个新的表单。

② 使用表单控件工具栏为表单添加控件。

③ 通过属性窗口设置表单和控件的属性。

④ 如果表单功能与数据表或视图有关，则为表单添加数据环境。

⑤ 为表单和控件事件编写方法程序。

9.1.2　表单向导

利用表单向导，可以快速地生成表单。通过使用表单向导可以创建两种表单：

① 选择“表单向导”，可以创建基于一个表的表单。

② 选择“一对多表单向导”，可以创建基于两个具有一对多关系的表的表单。

（1）用表单向导创建单表表单

【例9-1】利用“表单向导”，根据数据库“销售管理.dbc”中的商品情况表 sp.dbf 建立商品信息浏览和编辑表单，表单文件名取为 spxx.scx。

操作步骤如下：

① 选择“文件”菜单中的“新建”命令，打开“新建”对话框。

② 在“新建”对话框中，选中“表单”单选按钮，单击“向导”按钮，打开“向导选取”对话框，选择“表单向导”，如图 9-1 所示。

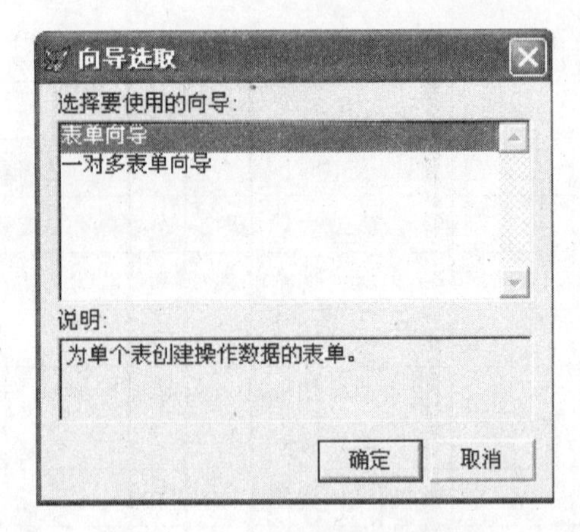

图 9－1　“向导选取”对话框

③ 在“向导选取”对话框中，单击“确定”按钮，进入“表单向导：步骤 1－字段选取”对话框。在“数据库和表”列表框中选择作为数据资源的数据库和表，此处选择数据库“销售管理.dbc”以及该数据库中的表 sp.dbf，然后将“可用字段”列表框中的全部字段移到“选定字段”列表框中，如图 9－2 所示。

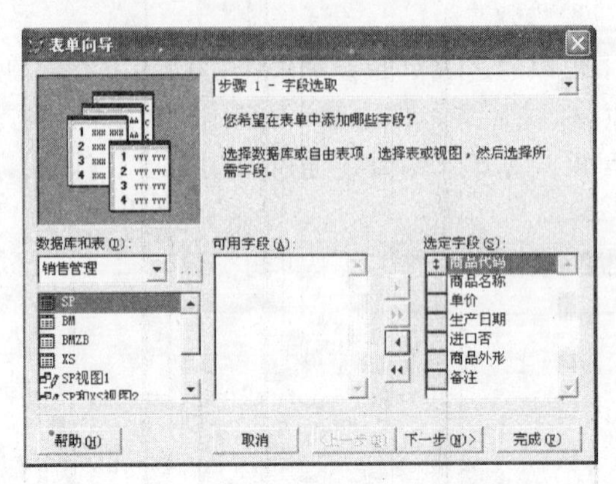

图 9－2　表单向导：步骤 1－字段选取

④ 字段选取完成后，单击“下一步”按钮，进入“表单向导：步骤 2－选择表单样式”对话框。在“样式”列表框中选择“标准式”，将“按钮类型”选为“文本按钮”，如图 9－3 所示。

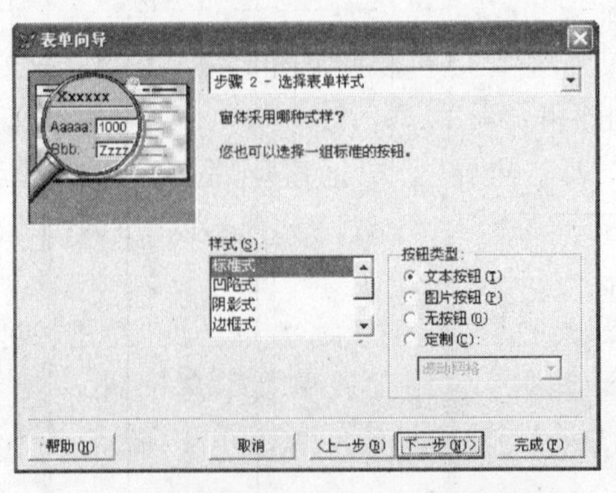

图 9－3　表单向导：步骤 2－选择表单样式

⑤ 选定样式后，单击“下一步”按钮，进入“表单向导：步骤 3 - 排序次序”对话框。将“可用的字段或索引标识”列表中的“商品代码”索引标识移到“选定字段”列表框中，将字段“商品代码”值作为排序依据，选择按商品代码升序排序，如图 9 - 4 所示。

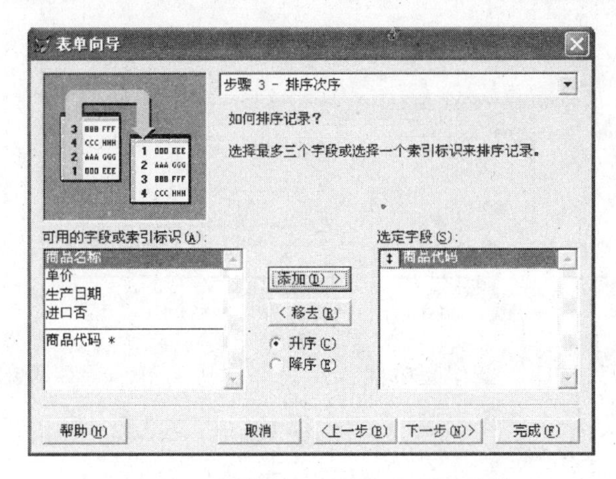

图 9 - 4　表单向导：步骤 3 - 排序次序

⑥ 选定排序字段后，单击“下一步”按钮，进入“表单向导：步骤 4 - 完成”对话框。在“请键入表单标题”文本框中输入表单标题“商品信息浏览和编辑”，选择“保存表单以备将来使用”选项，如图 9 - 5 所示。

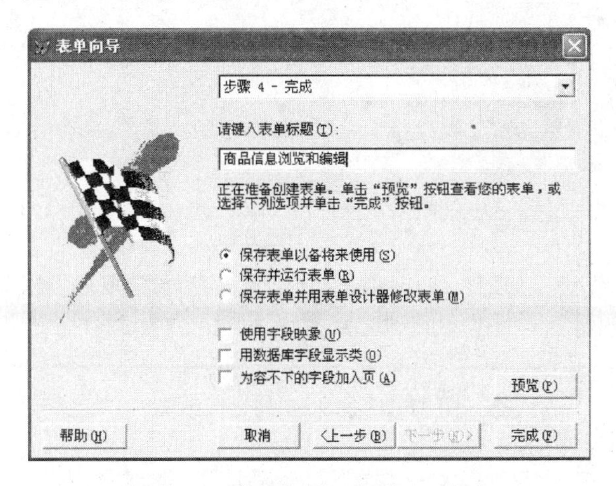

图 9 - 5　表单向导：步骤 4 - 完成

⑦ 单击“预览”按钮，显示所设计的表单，然后单击“返回向导”按钮，返回“表单向导”对话框。

⑧ 在“表单向导”对话框中，单击“完成”按钮，打开“另存为”对话框。在“保存表单为”文本框中，输入表单文件名 spxx.scx，如图 9 - 6 所示。

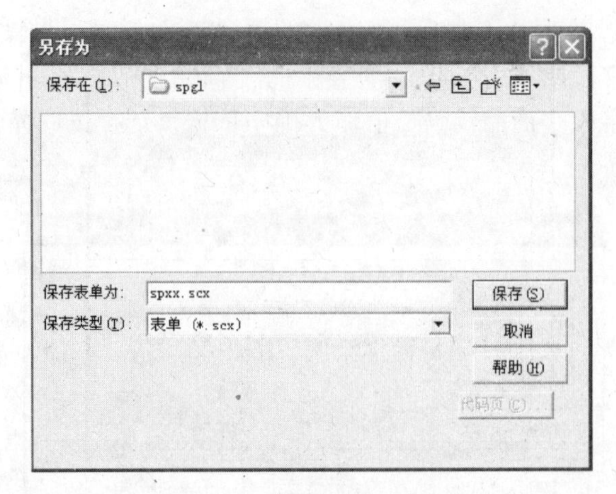

图9-6 “另存为”对话框

⑨ 单击“保存”按钮，新建表单保存在表单文件 spxx.scx 和表单备注文件 spxx.sct 中。由于选择了“保存并运行表单”，表单保存后，将自动运行，运行结果如图9-7所示。

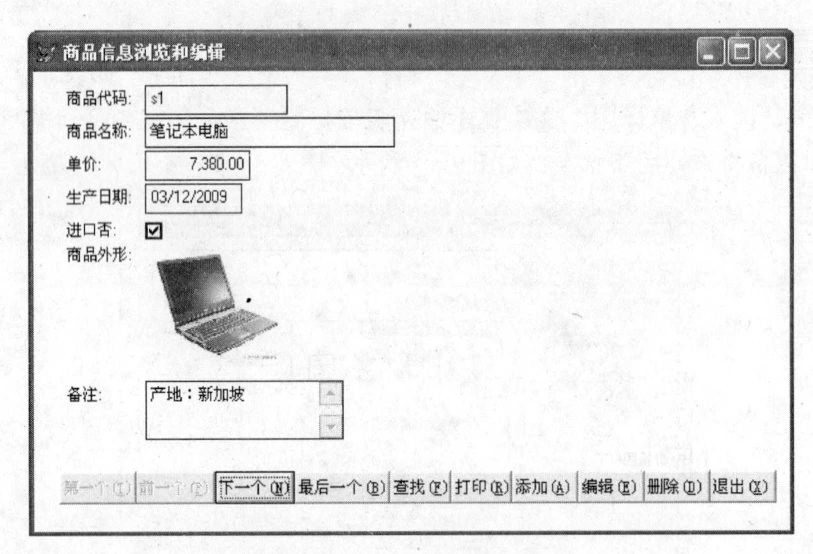

图9-7 例9-1的运行结果

(2) 一对多表单向导

【例9-2】利用“一对多表单向导”，根据表 sp.dbf 和 xs.dbf 建立显示商品基本信息和商品销售情况的表单，表单文件名取为 spxsgl.scx。

操作步骤如下：

① 选择“文件”菜单中的“新建”命令，打开“新建”对话框。

② 在“新建”对话框中，选中“表单”单选按钮，单击“向导”按钮，打开“向导选取”对话框，选择“一对多表单向导”，如图9-8所示。

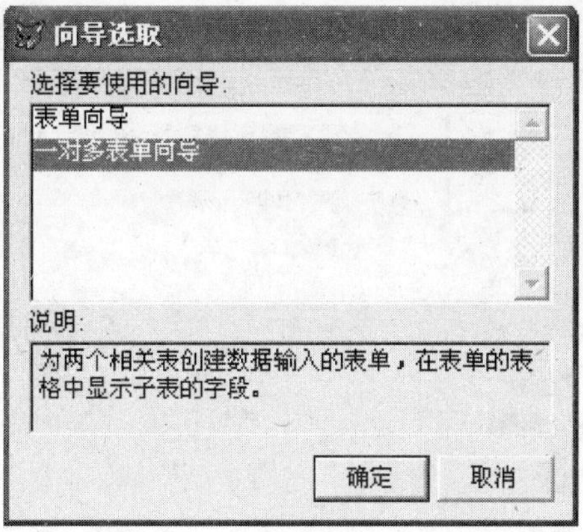

图 9－8　“向导选取”对话框

③ 在“向导选取”对话框中，单击“确定”按钮，进入“一对多表单向导：步骤 1－从父表中选定字段”对话框。在“数据库和表”列表框中选择用于创建表单的父表及相应字段。此处选择数据库“销售管理.dbc”以及该数据库中的商品情况表 sp.dbf，然后将“可用字段”列表框中的“商品代码”、“商品名称”、“单价”3 个字段移到“选定字段”列表框中，如图 9－9 所示。

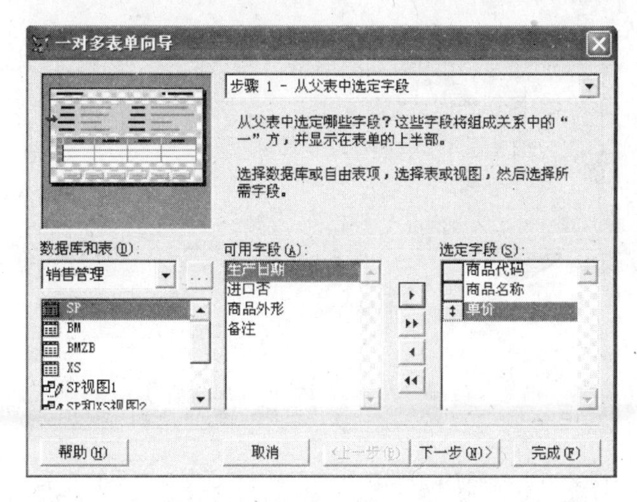

图 9－9　一对多表单向导：步骤 1－从父表中选定字段

④ 从父表中选定字段后，单击“下一步”按钮，进入“一对多表单向导：步骤 2－从子表中选定字段”对话框。选择用于创建表单的子表及相应字段。例 9－2 选择销售表 xs.dbf，将“可用字段”列表框中的“商品代码”、“部门代码”、“销售数量”3 个字段移到“选定字段”列表框中，如图 9－10 所示。

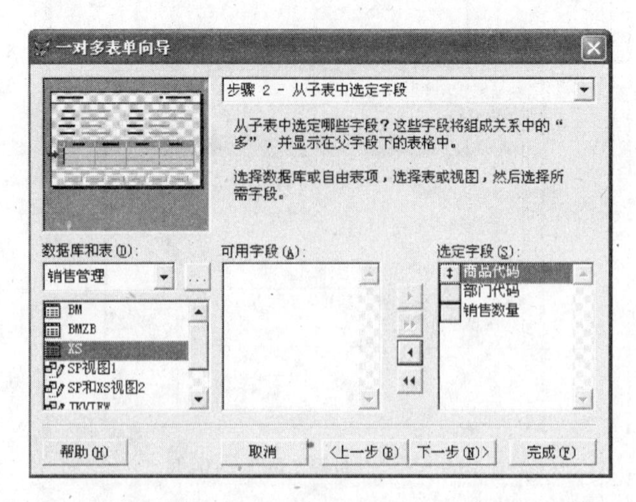

图 9 - 10　一对多表单向导：步骤 2 - 从子表中选定字段

⑤ 从子表中选定字段后，单击“下一步”按钮，进入“一对多表单向导：步骤 3 - 建立表之间的关系”对话框。使用父表 sp. dbf 的“商品代码”字段与子表 xs. dbf 的“商品代码”建立两个表之间的关系，如图 9 - 11 所示。

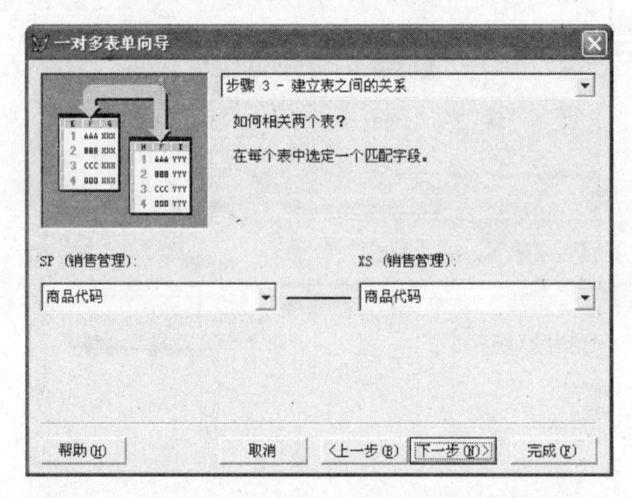

图 9 - 11　一对多表单向导：步骤 3 - 建立表之间的关系

⑥ 建立完成两表之间的关系后，单击“下一步”按钮，进入“一对多表单向导：步骤 4 - 选择表单样式”对话框。在“样式”列表框中选择“标准式”，将“按钮类型”选为“文本按钮”，如图 9 - 12 所示。

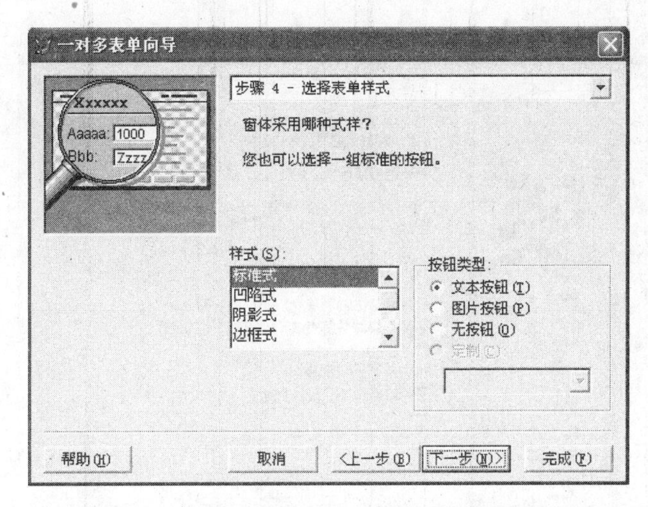

图 9-12　一对多表单向导：步骤 4-选择表单样式

⑦ 选定样式后，单击“下一步”按钮，进入“一对多表单向导：步骤 5-排序次序”对话框。将“可用的字段或索引标识”列表中的“商品代码”索引标识移到“选定字段”列表框中，将字段“商品代码”值作为排序依据，选择按商品代码升序排序，如图 9-13 所示。

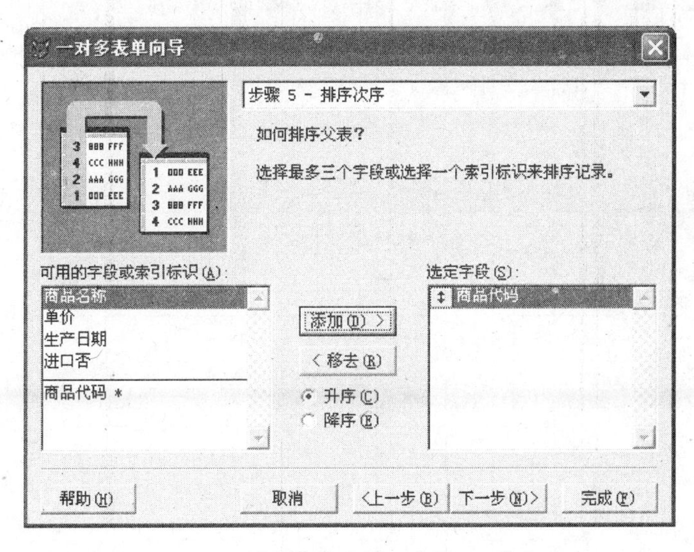

图 9-13　一对多表单向导：步骤 5-排序次序

⑧ 选定排序字段后，单击“下一步”按钮，进入“一对多表单向导：步骤 6-完成”对话框。在“请键入表单标题”文本框中输入表单标题“商品销售管理”，选择“保存并运行表单”选项，如图 9-14 所示。

图 9-14　一对多表单向导：步骤 6-完成

⑨ 单击“预览”按钮，显示所设计的表单，然后单击“返回向导”按钮，返回“一对多表单向导”对话框。

⑩ 在“一对多表单向导”对话框中，单击“完成”按钮，打开“另存为”对话框。在“保存表单为”文本框中，输入表单文件名 spxsgl.scx。

⑪ 单击“保存”按钮，新建表单保存在表单文件 spxsgl.scx 和表单备注文件 spxsgl.sct 中。因选择了“保存并运行表单”，表单保存后，将自动运行，运行结果如图 9-15 所示。

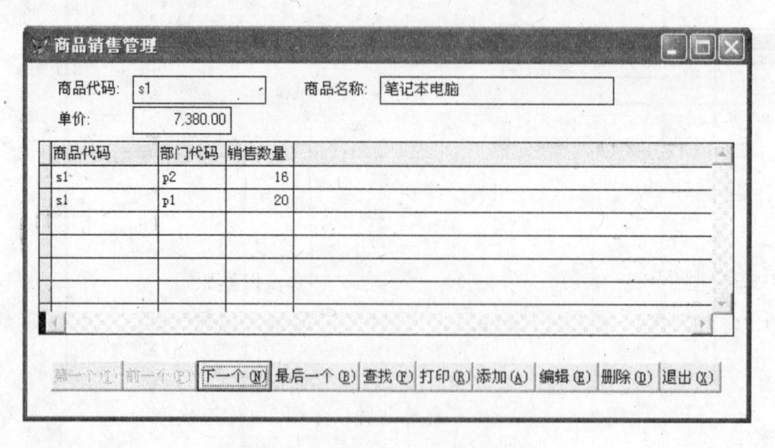

图 9-15　例 9-2 的运行结果

9.1.3　表单设计器

在实际应用中，绝大多数的表单都具有个性化的功能要求，这类表单是不能通过表单向导设计完成的。表单设计器是创建表单的重要工具，使用表单设计器不仅可以创建表单，而且还可以修改表单，即使是由表单向导产生的表单也可以使用表单设计器修改。

（1）启动表单设计器

用户可以使用以下方法打开“表单设计器”：

① 选择“文件”菜单中的“新建”命令，打开“新建”对话框。

② 在“新建”对话框中，选中“表单”单选按钮，单击“新建文件”按钮，打开“表单设计器”，如图 9 - 16 所示。

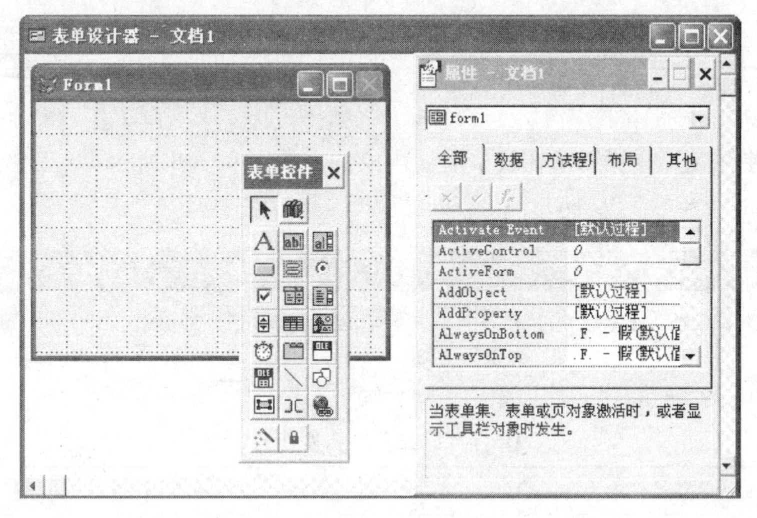

图 9 - 16 “表单设计器”窗口

在系统默认的状态下，当打开“表单设计器”时，同时自动打开“表单控件工具栏”和“属性”窗口。如果“表单控件工具栏”和“属性”窗口未打开，可以选择“显示”菜单中的“表单控件工具栏”命令和“属性”命令将它们打开（也可在表单空白处右击，从弹出的快捷菜单中单击“属性”命令来打开“属性”窗口）。

（2）表单设计器工具栏

“表单设计器”工具栏主要用于设置设计模式，并控制相关窗口和工具栏的显示，如图 9 - 17 所示。“表单设计器”各个按钮的功能如表 9 - 6 所示。

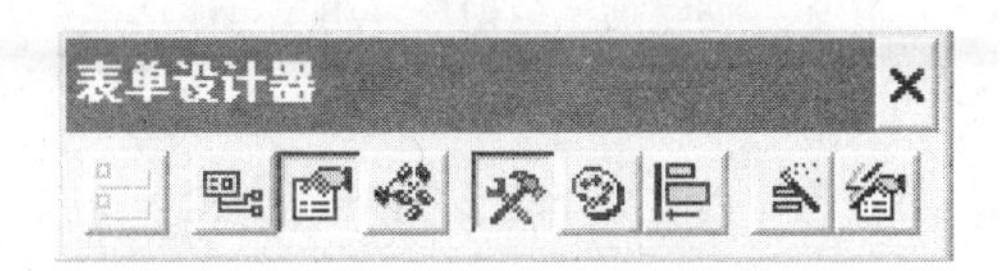

图 9 - 17 “表单设计器”工具栏

表 9 - 6 “表单设计器”工具栏的各按钮的功能

图 标	按钮名称	功 能
	设置 Tab 键次序	显示表单对象设置的［Tab］键次序
	数据环境	显示数据环境设计器
	属性窗口	显示所选对象的属性窗口
	代码窗口	显示当前对象的代码窗口，以便查看和编辑代码
	表单控件工具栏	显示或隐藏表单控件工具栏

表9-6（续）

图　标	按钮名称	功　　能
	调色板工具栏	显示或隐藏调色板工具栏
	布局工具栏	显示或隐藏布局工具栏
	表单生成器	运行表单生成器，向表单添加控件
	自动格式	启动“自动格式生成器”对话框

（3）表单控件工具栏

“表单控件”工具栏用于在表单上创建控件，如图9-18所示。“表单控件”工具栏各个按钮的功能如表9-7所示。

图9-18　“表单控件”工具栏

表9-7　“表单控件”工具栏各按钮的功能

图　标	按钮名称	作　　用
	选定对象	选定对象
	查看类	选择并显示注册的类库
	标签	创建标签控件
	文本框	创建文本框控件，只限于单行文本
	编辑框	创建编辑框控件，可以保存多行文本
	命令按钮	创建命令按钮控件
	命令按钮组	创建命令按钮组控件，它将相关命令组合在一起
	单选按钮	创建选项组控件，用户只能选择多个选项中的一个
	复选框	创建复选框控件，用户可以同时选择多个条件
	组合框	创建组合框控件，它可以是下拉式组合框或下拉式列表框
	列表框	创建列表框控件，它显示一个项目的列表供用户选择
	微调按钮	创建微调控件，可以通过按钮进行数值变化的微调
	表格	创建表格控件，用于在类似电子表格的格子上显示数据
	图像	在表单上显示一个图形图像
	计时器	创建定时器控件，在指定的时间或时间间隔执行某个过程
	页框	显示多页控件
	ActiveX 控件	OLE 容器控件。用于在应用中添加 OLE 对象
	ActiveX 绑定控件	OLE 绑定性控件。用于在应用中添加 OLE 对象
	线条	设计时在表单中画各种类型的直线

表 9-7（续）

图　标	按钮名称	作　用
	形状	设计时在表单中画各种类型的几何形状
	容器	向当前表单中放置一个容器对象
	分隔符	在工具栏控件之间设置间隔
	超级链接	在表单中实现指向其他页面的超级链接
	生成器锁定	无论向表单中添加什么新控件时都打开一个生成器
	按钮锁定	它使得可以在工具栏中只按相应按钮一次，而向表单中添加多个同类型的控件

（4）布局工具栏

使用“布局”工具栏，可以在表单上对齐调整控件的位置，如图 9-19 所示。“布局”工具栏各个按钮的功能如表 9-8 所示。

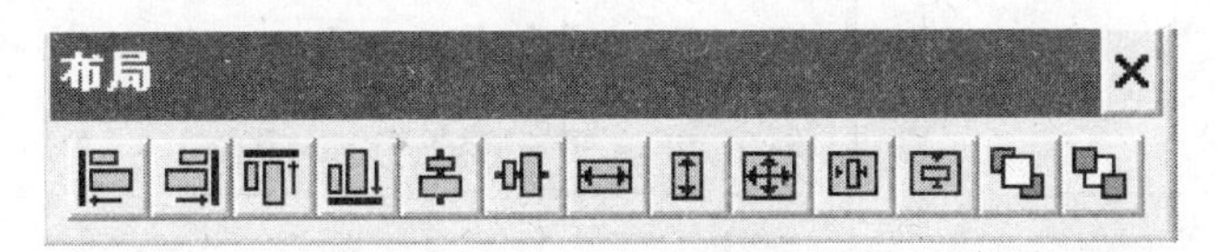

图 9-19　布局工具栏

表 9-8　“布局”工具栏各按钮的功能

图　标	按钮名称	功　能
	左边对齐	按最左边界对齐选定控件，当选定多个控件时可用
	右边对齐	按最右边界对齐选定控件，当选定多个控件时可用
	顶边对齐	按最上边界对齐选定控件，当选定多个控件时可用
	底边对齐	按最下边界对齐选定控件，当选定多个控件时可用
	垂直居中对齐	按一垂直轴线对齐选定控件的中心，当选定多个控件时可用
	水平居中对齐	按一水平轴线对齐选定控件的中心，当选定多个控件时可用
	相同宽度	把选定控件的宽度调整到与最宽控件的宽度相同
	相同高度	把选定控件的高度调整到与最高控件的高度相同
	相同大小	把选定控件的尺寸调整到最大控件的尺寸
	垂直居中	按照通过表单中心的垂直轴线对齐选定控件的中心
	水平居中	按照通过表单中心的水平轴线对齐选定控件的中心
	置前	把选定控件放到所有其他控件的前面
	置后	把选定控件放到所有其他控件的后面

（5）调色板工具栏

使用“调色板”工具栏，可以设定表单上各控件的颜色，如图 9-20 所示。“调色板”工具栏部分按钮的功能如表 9-9 所示。

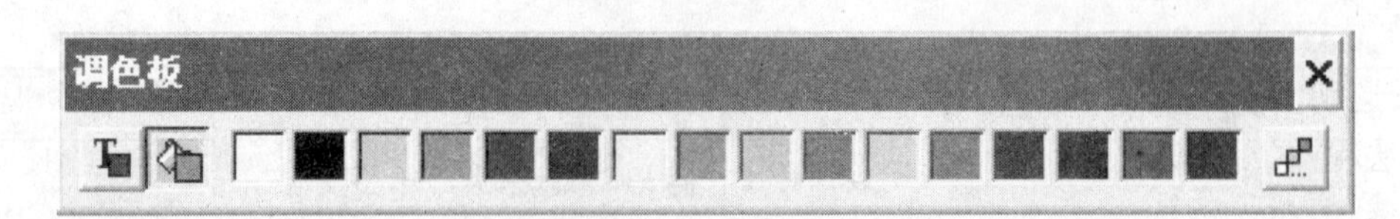

图 9-20　调色板工具栏

表 9-9　　　　　　　“调色板”工具栏部分按钮的功能

图　标	按钮名称	功　　能
	前景色	设置控件的默认前景色
	背景色	设置控件的默认背景色
	其他颜色	显示“Windows 颜色”对话框，可定制用户自己的颜色

（6）属性窗口

表单是容器，可以容纳其他的容器和控件。通过“表单设计器”的属性窗口和代码窗口，可以对表单及其控件的属性、事件和方法进行设置，如图 9-21 所示。

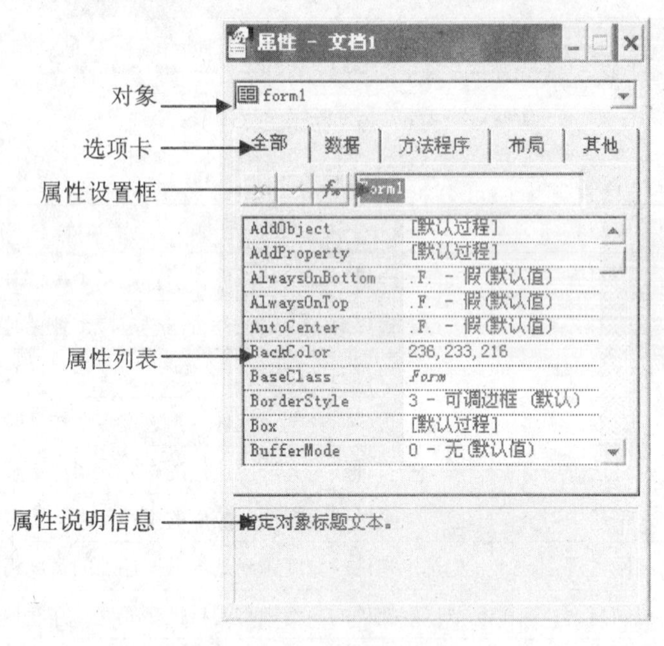

图 9-21　“属性”窗口

在“属性”窗口中包含了所有选定的表单或控件、数据环境、临时表、关系的属性、事件和方法程序列表。通过“属性”窗口，可以对这些属性值进行设置或更改。

“属性”窗口由对象、选项卡、属性设置框、属性列表和属性说明信息几部分组成。

① 对象

对象标识表单中当前选定的对象。如图 9-22 所示，当前所显示的对象是系统默认的 Form1 对象，它表示可以为 Form1 设置或更改属性。图中还有一个向下的箭头，单击该箭头可以看到一个包含当前表单、表单集和全部控件的列表。用户可在列表中选择表单或控件，这和在表单窗口选定对象的效果是一致的。

② 选项卡

选项卡按照分类的形式来显示属性、事件、方法程序。当单击“全部”、“数据”、“方法程序”、“布局”和“其他”选项卡时，将分别显示不同的界面。各选项卡所包含的内容如表 9－10 所示。

表 9－10　属性窗口选项卡包含的内容

选项卡	包含内容
全部	用来显示所选表单或其他对象的所有属性、事件和方法程序
数据	用来显示有关对象的数据属性
方法程序	用来显示有关对象的方法程序和事件
布局	用来显示所有的布局属性
其他	用来显示其他和用户自定义的属性

③ 属性设置框

属性设置选项用来更改属性列表中的属性值。属性设置选项的左边有三个图形按钮：✓按钮是接受按钮，单击此按钮，可以确认对某属性的更改；×按钮是取消按钮，单击此按钮，则取消更改，恢复属性以前的值；fx按钮是函数按钮，单击此按钮，可以打开表达式生成器，在表达式生成器中生成的表达式的值将作为属性值。

④ 属性列表

属性列表选项是一个包含两列的列表，它显示了所有可在设计时更改的属性和它们的当前值。对于具有预定值的属性，在属性列表中双击属性名可以遍历所有的可选项。如果要恢复属性原有的默认值，可以在“属性”窗口中的属性栏，单击鼠标右键，然后选择属性快捷菜单中的“重置为默认值”命令。

注意：在属性框中以斜体显示的属性值则表明这些属性、事件和方法程序是只读的，用户不能修改；而用户修改过的属性值将以黑体显示。

⑤ 属性说明信息

在“属性”窗口的最后，给出了所选属性的简短说明信息。

(7) 代码编辑窗口

在“表单设计器”的代码编辑窗口中，可以为事件或方法程序编写代码。“代码编辑”窗口包含两个组合框和一个列表框，如图 9－22 所示。其中，对象组合框用于重新确定对象；过程组合框用来确定所需的事件或方法程序，代码则在下面的编辑框中输入。

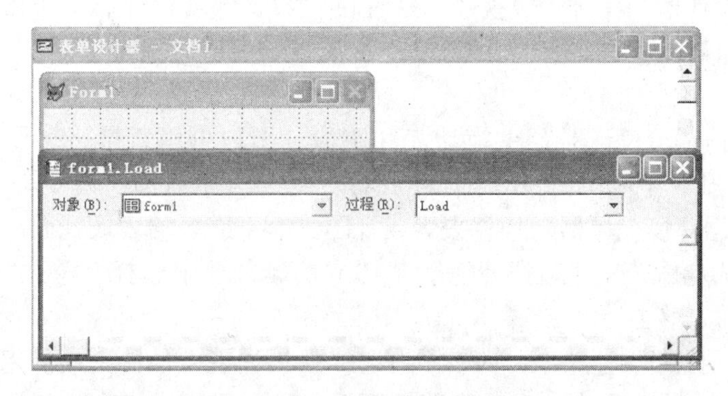

图 9－22　“代码编辑”窗口

打开代码编辑窗口的方法有多种：

① 双击表单或控件。

② 选定表单或控件快捷菜单中的“代码”命令。

③ 选择“显示”菜单中的“代码”命令。

④ 双击属性窗口的事件或方法程序选项。

(8) 表单设计器中的数据环境设计器

数据环境是表单设计的数据来源，“表单设计器”中的“数据环境设计器”用于设置表单的数据环境，如图9－23所示。

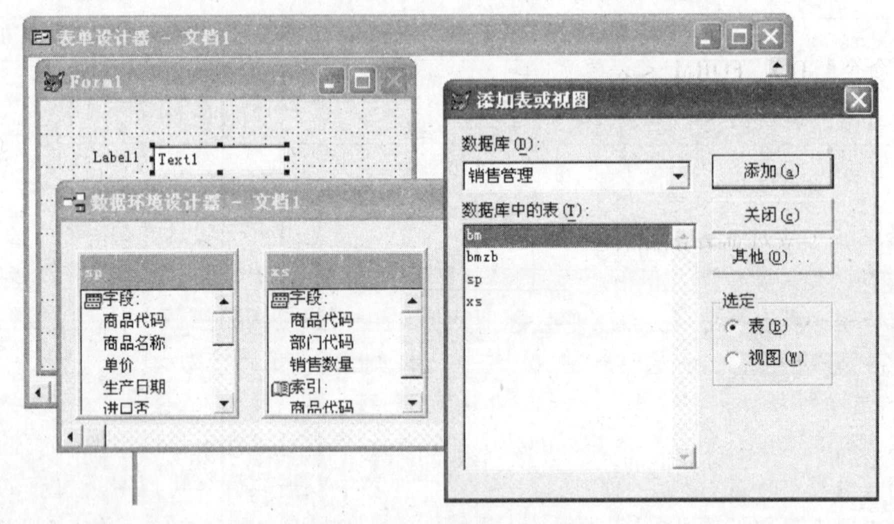

图9－23　数据环境设计器

打开“数据环境设计器”的操作方法有：

① 选择“显示”菜单中的“数据环境”命令。

② 选择表单快捷菜单中的“数据环境”命令。

数据环境是一个对象，它包含与表单相互作用的表或视图以及这些表之间的关系。在“数据环境设计器”中，可以进行以下操作：

① 添加表或视图。选择“数据环境”菜单或快捷菜单中的“添加”命令，打开“添加表或视图”对话框（如果此时数据环境是空的，在打开“数据环境设计器”的同时，将自动打开“添加表或视图”对话框）。在对话框中选择相关的表或视图，就可向“数据环境设计器”添加表或视图，这时在“数据环境设计器”中可以看到属于表或视图的字段和索引。另外，也可以将表或视图从打开的项目管理器中拖放到“数据环境设计器”。

② 从“数据环境设计器”中拖动表和字段。用户可以直接将字段、表或视图从“数据环境设计器”中拖动到表单，拖动成功时会创建相应的控件。

③ 从“数据环境设计器”中移去表或视图。对不需要的表或视图，可在“数据环境设计器”中选定后，从“数据环境”菜单或快捷菜单中选择“移去”，该表或视图及相应的关系随之移去。

④ 在数据环境中设置关系。如果添加进“数据环境设计器”中的表在数据库中设置了永久关系，这些关系将自动加到数据环境中。如果表中没有设置永久关系，可在

"表单设计器"窗口。

③ 选择"显示"菜单中的"表单控件工具栏"命令，出现"表单控件工具栏"窗口，如图 9－25 所示。

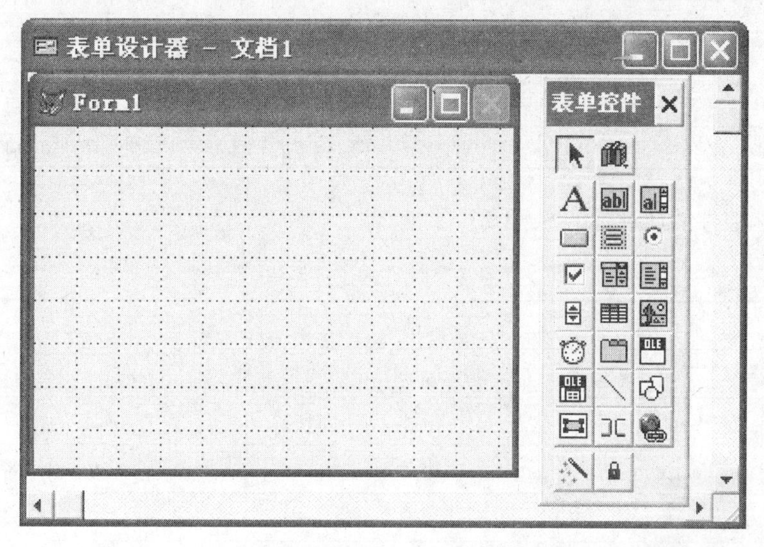

图 9－25　"表单设计器"与"表单控件工具栏"窗口

④ 在"表单控件工具栏"窗口，单击"标签"控件按钮，在表单的合适位置上拖放或单击鼠标左键，添加 1 个"标签"控件（Label1），如图 9－26 所示。

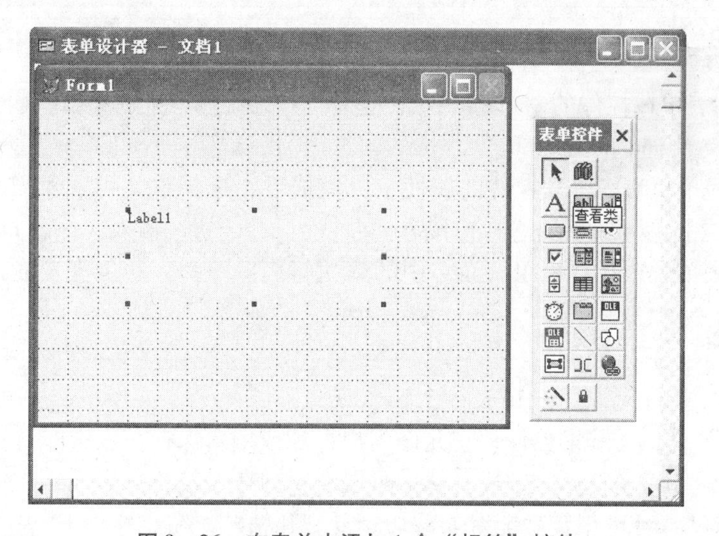

图 9－26　在表单中添加 1 个"标签"控件

⑤ 选择"显示"菜单中的"属性"命令，进入"属性"窗口，设置表单和 1 个"标签"控件的属性。其中，表单 Form1 的属性如表 9－11 所示。

表 9－11　　　　　　　　　　　　　　**表单的主要属性**

对象名	属性名	属性值	说 明
Form1	Caption	商品信息查询	设置表单标题
Form1	Height	260	设置表单高
Form1	Width	440	设置表单宽
Form1	AutoCenter	.T.	表单在主窗口内自动居中
Form1	AlwaysOnTop	.T.	表单处于其他窗口的前面

“标签”控件的属性如表 9－12 所示。

表 9－12　　　　　　　　　　　　**“标签”控件的主要属性**

对象名	属性名	属性值	说 明
Label1	Name	Label1	第 1 个标签的名字
Label1	Caption	欢迎进入商品信息查询系统	标签的内容
Label1	FontName	楷体	标签的字体名称
Label1	FontSize	20	标签的字号大小
Label1	FontBold	.T.	标签的文字加粗
Label1	ForeColor	255，0，0	标签文字的颜色（红）
Label1	BackColor	255，255，255	标签文字的背景色（白）
Label1	AutoSize	.T.	自动调整标签与字的大小一致

注意：当表单或控件的 Name 属性未定义时，系统自动给一个默认名，如 Form1、Label1、Text1、Command1 等。

⑥ 保存表单。当表单及控件的属性定义完成后，选择“文件”菜单中的“保存”命令，打开“另存为”对话框，选择表单文件的保存位置，输入文件名 main. scx。

⑦ 执行表单。选择“表单”菜单中的“执行表单”命令，执行表单 main. scx。

9.2.3　“文本框”控件

“文本框”控件允许用户在表单上输入或查看文本，“文本框”一般包含一行文本。“文本框”是一类基本控件，它允许用户添加或编辑保存在表中非备注字段中的数据。在表单上创建一个“文本框”，从中可以编辑内存变量、数组元素或字段内容。所有标准的 Visual FoxPro 编辑功能，如剪切、复制和粘贴，在“文本框”中都可以使用。

“文本框”控件的主要属性有：Value（文本框的当前值）、Passwordchar（文本框内数据显示的隐含字符）等。

【例 9－4】设计一个登录商品信息查询系统的表单（dl. scx），如图 9－27 所示。

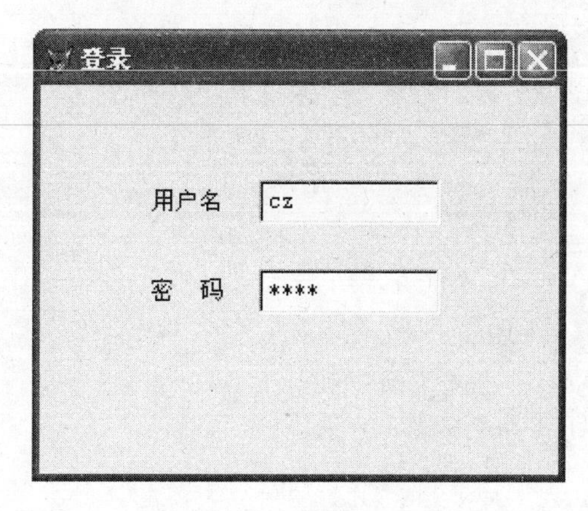

图 9－27　“登录”表单

操作步骤如下：

① 选择“文件”菜单中的“新建”命令，打开“新建”对话框。

② 在“新建”对话框中，选中“表单”单选按钮，单击“新建文件”按钮，进入“表单设计器”窗口。

③ 在表单中添加 2 个“标签”控件（Label1，Label2）和 2 个“文本框”控件（Text1，Text2），并调整各控件的位置和大小。

④ 在“属性”窗口，设置控件的字体和字号。表单控件的主要属性如表 9－13 所示。

表 9－13　“登录”表单和控件的主要属性

对象名	属性名	属性值	说 明
Form1	Caption	登录	设置表单标题
Label1	Caption	用户名	第 1 个标签的内容
Label2	Caption	密 码	第 2 个标签的内容
Text2	PasswordChar	*	指定输入口令的占位符号

⑤ 保存表单。选择“文件”菜单中的“保存”命令，打开“另存为”对话框，选择表单文件的保存位置，输入文件名 dl.scx。

⑥ 执行表单。选择“表单”菜单中的“执行表单”命令，执行表单 dl.scx。

说明：当使用文本框输入口令、密码等具有保密特性的数据时，为了使输入的数据不在文本框中显示，可以为文本框的 Passwordchar 属性设置一个占位符号，例 9－4 中设置为星号（＊）。当运行表单时，输入的口令将用星号（＊）替代，从而起到保密的效果。

9.2.4　“命令按钮”控件

“命令按钮”控件在应用程序中起控制作用，用于完成某一特定的操作，绝大多数的控制行为是通过单击命令按钮实现的。在设计应用程序时，程序设计者经常在表单中添加具有不同功能的命令按钮，供用户选择各种不同的操作。只要将完成不同操作的代码存入不同的命令按钮的“Click”事件中，在表单运行时，用户单击某一命令按钮，将触发该命令按钮的“Click”事件代码完成指定的操作。

“命令按钮”控件的主要属性包括：命令按钮标题（Caption）及文字大小（Fontsize）、字体（Fontname）等。在实际应用时，需要为“命令按钮”控件设置 Click 事件。

【例 9-5】在【例 9-4】的登录表单中增加两个按钮，如图 9-28 所示。用户输入用户名和密码，单击“确定”按钮，如果用户名和密码正确，打开商品信息查询系统主界面 main.scx；如果用户名和密码错误，提示“用户名和密码错误，请重新输入!”单击“退出”按钮，询问“你确实要退出系统吗?”根据用户的选择退出系统或者继续运行。

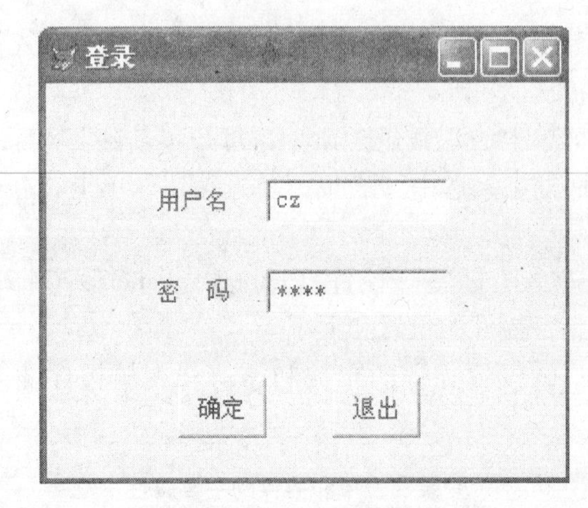

图 9-28 “登录”表单

操作步骤如下：

(1) 选择“文件”菜单中的“打开”命令，打开表单文件 dl.scx，在表单中添加 2 个“命令按钮”控件（Command1，Command2），并调整各控件的位置和大小。

(2) 在“属性”窗口，设置命令按钮的 Caption 属性。表单控件的主要属性如表 9-14 所示。

表 9-14 “登录”表单添加的按钮的主要属性

对象名	属性名	属性值	说 明
Command1	Caption	确定	第 1 个命令按钮的标题
Command2	Caption	退出	第 2 个命令按钮的标题

(3) 双击“确定”命令按钮，打开“代码编辑”窗口，为命令按钮 Command1 添加 Click 事件代码，如图 9-29 所示。

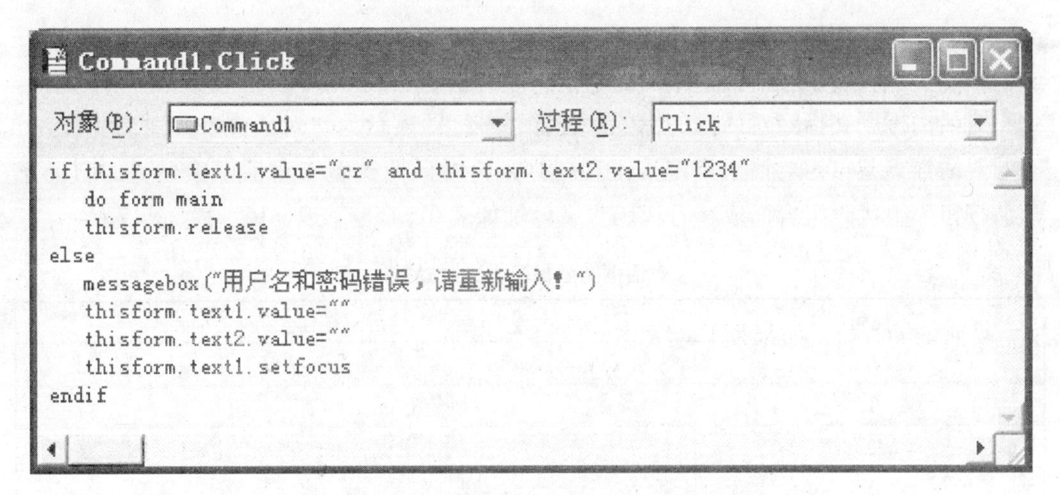

图 9-29　“确定”命令按钮的 Click 事件代码

（4）双击“退出”命令按钮，打开“代码编辑”窗口，为命令按钮 Command2 添加 Click 事件代码，如图 9-30 所示。

Command2.Click

对象(B): Command2　　过程(R): Click

```
if messagebox("你确实要退出系统吗?",4+16+0,"对话窗口")=6
  thisform.release
endif
```

图 9-30　“退出”命令按钮的 Click 事件代码

以上代码的功能是：在屏幕上弹出一个对话框，由用户选择是否退出系统，如图 9-31 所示。对话框显示的标题是“对话窗口”，显示的提示信息是“你确实要退出系统吗?”。对话框中有“是(Y)”和“否(N)”两个按钮（由数值 4 指定），显示“停止”图标（由数值 16 指定），第 1 个按钮“是”为默认按钮（由数值 0 指定）。如果选择“是”按钮，返回值为 6，则关闭该表单。

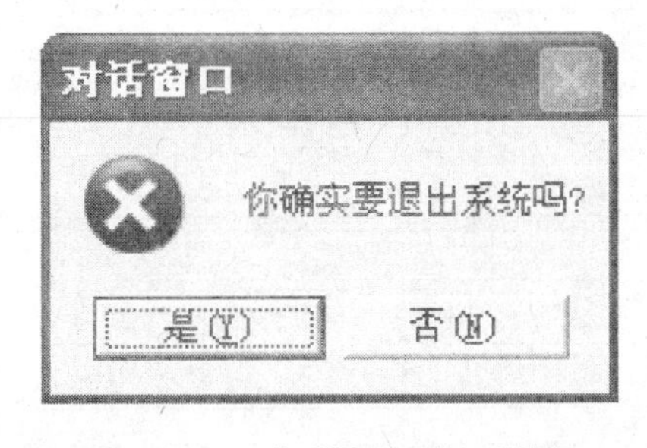

图 9-31　“对话窗口”对话框

MessageBox( )函数简介如下：

【格式】MessageBox(<信息提示>[,<对话框类型>[,<对话框标题文本>]])

【功能】用于显示用户自定义对话框。

【说明】函数中使用的参数说明如下：

信息提示：显示在对话框中的提示信息。

对话框标题：指定对话框的标题。若省略，标题显示为“对话窗口”。

对话框类型：为对话框指定按钮和图标，由对话框类型 + 对话框中显示的图标 + 默认按钮 3 组代码组合而成，各代码含义分别如表 9 - 15、表 9 - 16、表 9 - 17 所示。

表 9 - 15 **对话框类型代码含义及功能**

代码	对话框按钮
0	只有“确定”按钮
1	“确定”和“取消”按钮
2	“终止”、“重试”和“忽略”按钮
3	“是”、“否”和“取消”按钮
4	“是”和“否”按钮
5	“重试”和“取消”按钮

表 9 - 16 **对话框图标**

代码	对话框按钮
16	“停止”图标
32	“问号”图标
48	“惊叹号”图标
64	“信息（i）”图标

表 9 - 17 **对话框默认按钮**

值	对话框默认按钮
0	第一按钮
256	第二按钮
512	第三按钮

对话框中按钮的返回值如表 9 - 18 所示。

表 9 - 18 **对话框中按钮的返回值**

按钮名称	返回值
确定	1
取消	2
终止	3
重试	4
忽略	5
是	6
否	7

例如，“对话框类型”的值为 2 + 32 + 256，指定对话框的以下特征：

① 代码2：有“终止”、“重试”和“忽略”3个按钮。

② 代码32：显示“问号”图标。

③ 代码256：指定第2个按钮“重试”为默认按钮。

(5) 保存表单。选择“文件”菜单中的“保存”命令，打开“另存为”对话框，选择表单文件的保存位置，输入文件名 dl. scx。

(6) 执行表单。选择“表单”菜单中的“执行表单”命令，执行表单 dl. scx。

9.3 表单其他控件

作为一个应用系统的操作界面，表单应给用户提供各种便捷的操作工具。除了前面介绍的三种常用控件外，表单设计器还提供了其他一些控件，使用这些控件可以设计功能更为丰富的表单。

9.3.1 “选项按钮组”控件

“选项按钮组”又称为单选按钮组，是一种容器类控件，里面包含若干单选按钮。用户只能从多个选项中选择其中一个选项，当选中某一个选项时，之前选中的选项自动取消。“选项按钮组”控件的主要属性是单选按钮的个数（ButtonCount）、每个单选按钮的标题（Caption）。

【例9-6】设计一个简单计算器表单（js. scx），如图9-32所示。表单的功能为：在第一个和第二个文本框中输入两个数并在选项按钮组中选择进行的运算后，单击“计算”按钮，进行计算并将结果显示在第三个文本框中；单击“退出”按钮，则关闭表单。

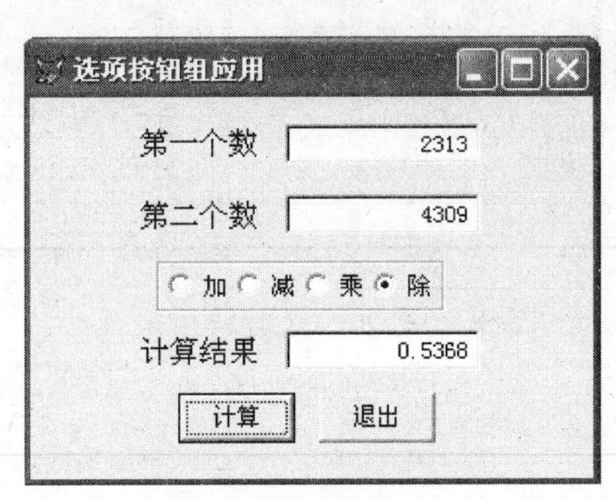

图9-32 简单计算器表单

操作步骤如下：

(1) 新建一个表单（Form1），在表单中添加3个“标签”控件（Label1，Label2，Label3）、3个“文本框”控件（Text1，Text2，Text3）、1个“选项按钮组”控件（Optiongroup1）和2个“命令按钮”控件（Command1，Command2），并调整各控件的位置和大小。

(2) 对选项按钮组单击右键，从弹出的快捷菜单中单击“生成器”命令，打开“选项组生成器”对话框，然后进行以下设置：

① 单击“1. 按钮”选项卡，设置按钮的数目为4，并分别输入其标题为加、减、乘、除，如图9－33所示。

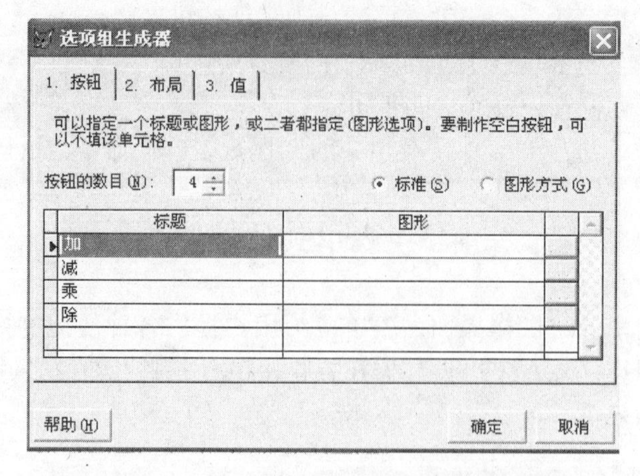

图9－33 “选项组生成器”的“按钮”选项卡

② 单击“2. 布局”选项卡，设置按钮布局为“水平”方向，如图9－34所示。

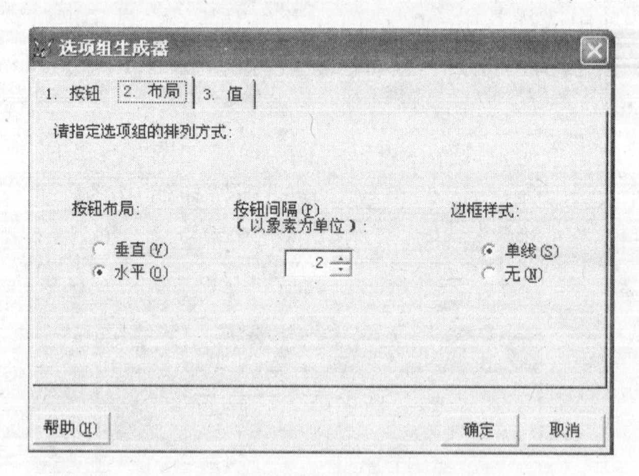

图9－34 “选项组生成器”的“布局”选项卡

③ 单击“生成器”的“确定”按钮，关闭生成器。

(3) 在“属性”窗口，设置标签的字体和字号。“选项按钮组应用”表单和控件的主要属性如表9－19所示。

表9－19 “选项按钮组应用”表单和控件的主要属性

对象名	属性名	属性值	说　明
Form1	Caption	选项按钮组应用	设置表单标题
Label1	Caption	第一个数	第1个标签的内容
Label2	Caption	第二个数	第2个标签的内容
Label3	Caption	计算结果	第3个标签的内容
Text1	Value	0	第1个文本框初始值
Text2	Value	0	第2个文本框初始值

表 9-19（续）

对象名	属性名	属性值	说　明
Optiongroup1	Value	1	选项按钮组控件的初始值
Command1	Caption	计算	第 1 个命令按钮的标题
Command2	Caption	退出	第 2 个命令按钮的标题

（4）双击“计算”命令按钮，打开“代码编辑”窗口，为命令按钮 Command1 添加 Click 事件代码，如图 9-35 所示。

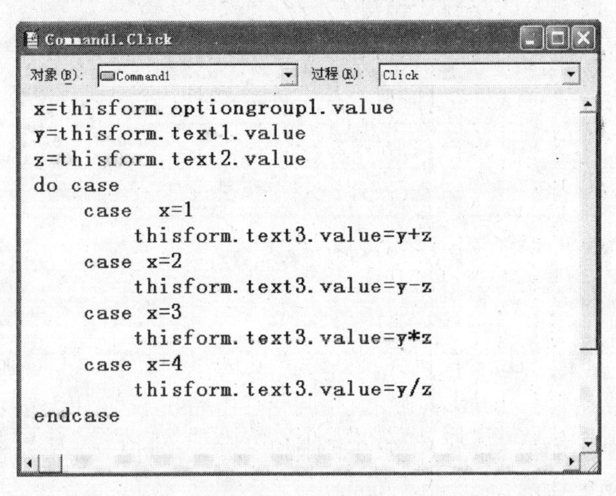

```
x=thisform.optiongroup1.value
y=thisform.text1.value
z=thisform.text2.value
do case
    case  x=1
        thisform.text3.value=y+z
    case x=2
        thisform.text3.value=y-z
    case x=3
        thisform.text3.value=y*z
    case x=4
        thisform.text3.value=y/z
endcase
```

图 9-35　“计算”命令按钮的 Click 事件代码

（5）双击“退出”命令按钮，打开“代码编辑”窗口，为命令按钮 Command2 添加 Click 事件代码，如图 9-36 所示。

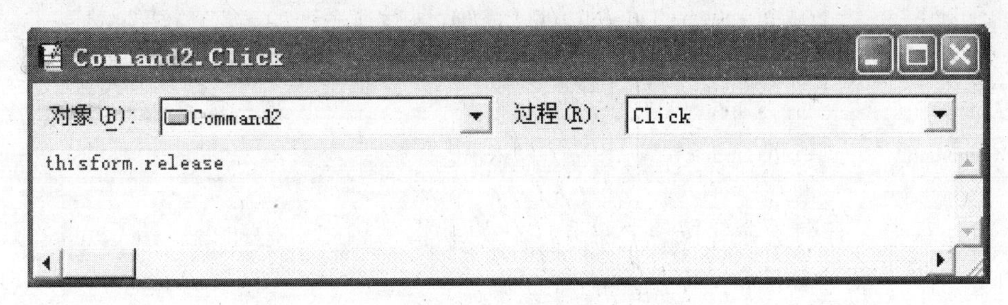

```
thisform.release
```

图 9-36　“退出”命令按钮的 Click 事件代码

（6）保存并执行表单 js.scx。

9.3.2　“复选框”控件

“复选框”是有两个逻辑值选项的控件。当选定某一项时，与该项对应的“复选框”中会出现一个符号“√”。

“复选框”控件的主要属性有“复选框”当前的状态（Value）属性。Value 属性有三种状态：Value 属性值为 0（或逻辑值为 .F.）时，表示没有选中复选框；当 Value 属性值为 1（或逻辑值为 .T.）时，表示选中了复选框；当 Value 属性值为 2（或 .NULL.）时，复选框显示灰色，不可用。

【例 9-7】设计一个商品信息查询表单（jkcx.scx），如图 9-37 所示。如果用户选择了“查询进口商品”复选框，单击“查询”按钮时，使用 SQL 查询命令查询进口商品的销售情况；否则，查询国产商品的销售情况。单击“退出”按钮，则关闭表单。

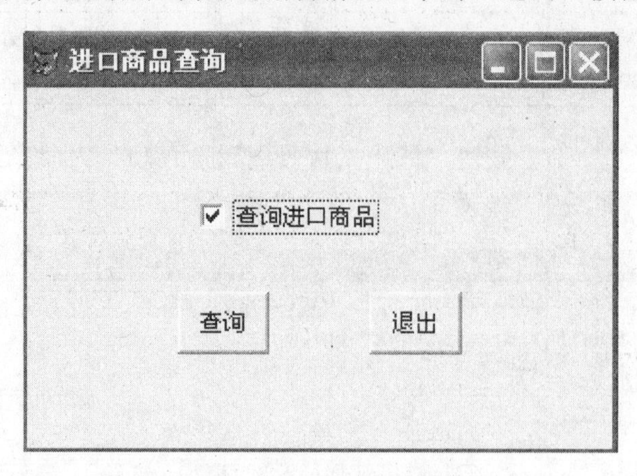

图 9-37　销售数据查询表单

操作步骤如下：

（1）新建一个表单，在表单中添加 1 个“复选框”控件（Check1）和 2 个“命令按钮”控件（Command1，Command2），并调整各控件的位置和大小。

（2）在“属性”窗口，设置标签的字体和字号。“进口商品查询”表单和控件的主要属性如表 9-20 所示。

表 9-20　“进口商品查询”表单和控件主要属性设置及说明

对象名	属性名	属性值	说 明
Form1	Caption	进口商品查询	设置表单标题
Check1	Caption	查询进口商品	设置复选框标题
Command1	Caption	查询	第一个命令按钮的标题
Command2	Caption	退出	第二个命令按钮的标题

（3）双击“查询”命令按钮，打开“代码编辑”窗口，为命令按钮 Command1 添加 Click 事件代码，如图 9-38 所示。

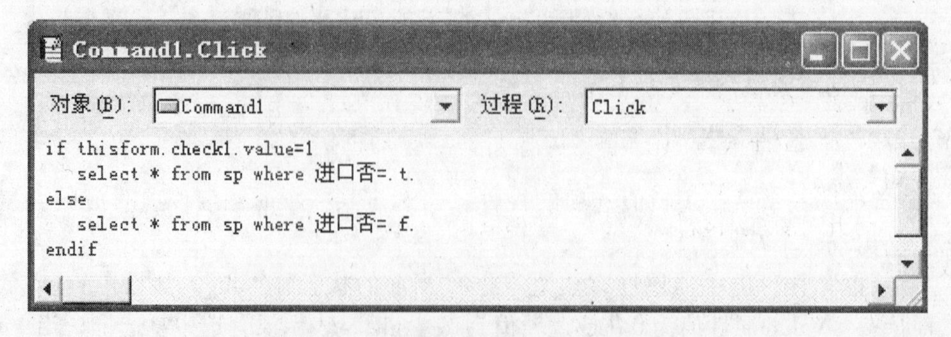
Command1.Click
对象(B): Command1　过程(R): Click

```
if thisform.check1.value=1
   select * from sp where 进口否=.t.
else
   select * from sp where 进口否=.f.
endif
```

图 9-38　“查询”按钮的 Click 事件代码

（4）双击“退出”命令按钮，打开“代码编辑”窗口，为命令按钮 Command2 添加 Click 事件代码，如图 9 - 39 所示。

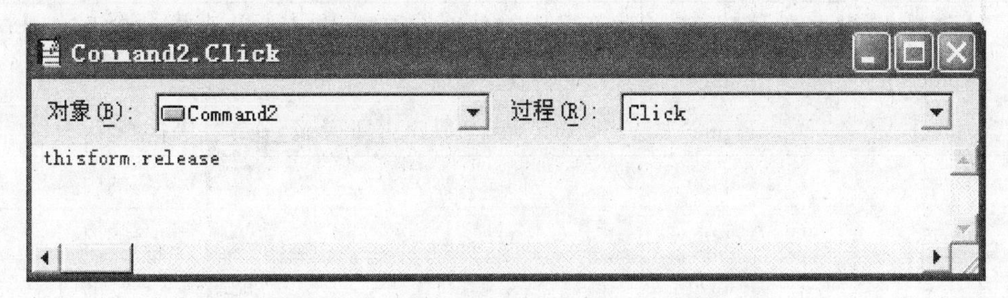

图 9 - 39　“退出”命令按钮 的 Click 事件代码

（5）保存并执行表单 jkcx. scx。

9.3.3　“编辑框”控件

在“编辑框”中允许用户编辑长字段或备注字段文本，允许自动换行并能用方向键、PageUp 键和 PageDown 键以及滚动条来浏览文本。“编辑框”的常用属性与“文本框”相同。

【例 9 - 8】设计一个商品备注信息查询和编辑表单（bzcx. scx），如图 9 - 40 所示。当输入商品代码并按下回车键时，在文本框中显示商品名称，同时在“备注信息”编辑框内显示此商品的备注信息，并允许用户编辑商品的备注信息。

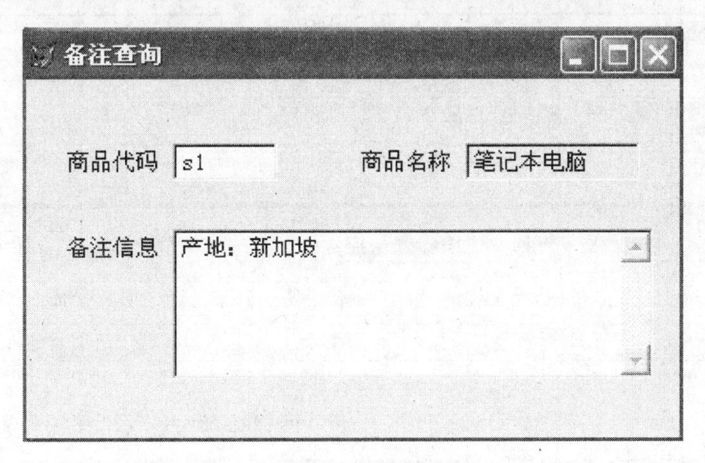

图 9 - 40　商品备注信息查询和编辑表单

操作步骤如下：

（1）新建一个表单，在表单中添加 3 个“标签”控件（Label1，Label2，Label3）、2 个“文本框”控件（Text1、Text2）和 1 个“编辑框”控件（Edit1），并调整各控件的位置和大小。

（2）打开“数据环境设计器”，添加商品表 sp. dbf，设置“编辑框”和“文本框”的数据源。

（3）在“属性”窗口，设置标签的字体和字号。“备注查询”表单和控件的主要属性如表 9 - 21 所示。

表 9 - 21　　“备注查询”表单和控件的主要属性

对象名	属性名	属性值	说　明
Form1	Caption	备注查询	设置表单的标题
Label1	Caption	商品代码	第 1 个标签的内容
Label2	Caption	商品名称	第 2 个标签的内容
Label3	Caption	备注信息	第 3 个标签的内容
Text2	ReadOnly	.T.	不能编辑文本框的内容
Text2	Controlsource	Sp.商品名称	设置文本框的数据源
Edit1	Controlsource	Sp.备注	设置编辑框的数据源

(4) 打开“代码编辑”窗口，为“文本框”控件（Text1）添加 Lostfocus 事件代码，如图 9 - 41 所示。

说明：本例中要求在输入商品代码后按下回车键时查找商品的备注信息，当在文本框输入数据完毕按下回车键时，文本框的失去焦点事件 Lostfocus 发生，因此本例中应将代码写在 Lostfocus 事件的方法代码中。

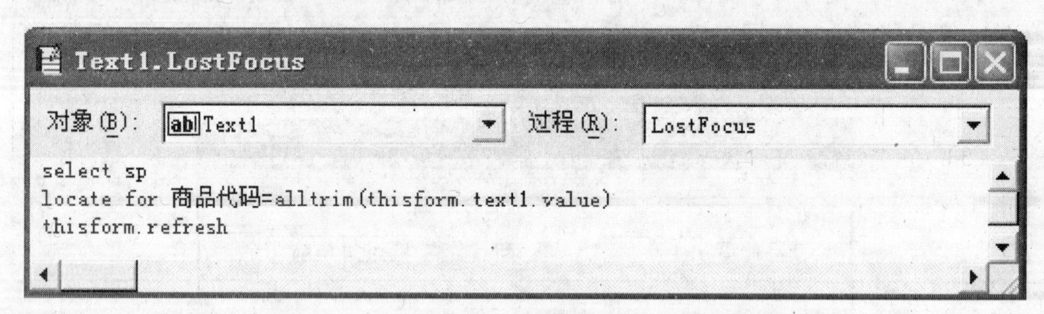

图 9 - 41　“编辑框”控件的 Lostfocus 事件代码

(5) 保存并执行表单 bzcx. scx。

9. 3. 4　“列表框”控件

“列表框”用于显示供用户选择的列表项。当列表项较多不能同时显示时，列表框可以滚动。在“列表框”中不允许用户输入新值，只能从现有的列表中选择一个值或多个值。

列表框的主要属性有：列表框数据源的类型（RowSourceType）、列表框数据的具体来源（RowSource）、列表框的列数（ColumnCount）、保存用户在列表框中选取值的数据表字段（ControlSource）等。

【例 9 - 9】设计一个商品销售金额统计的表单（sptj. scx），如图 9 - 42 所示。在列表框中显示商品代码和商品名称，单击“查询”按钮，显示该商品的销售的总金额和销售的总数量；单击“退出”按钮，则关闭表单。

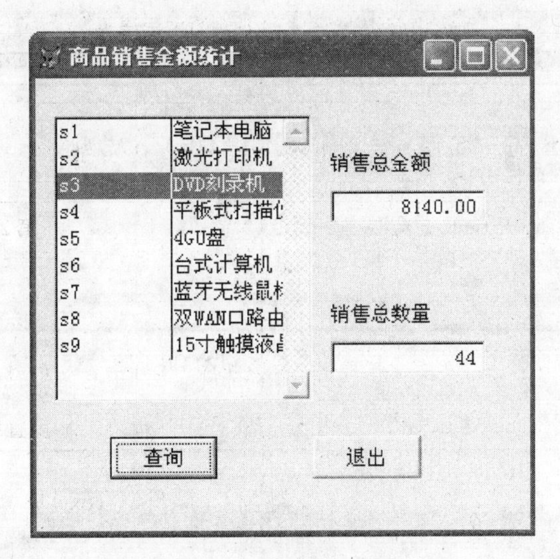

图 9－42　商品销售查询表单

操作步骤如下：

（1）新建一个表单，在表单中添加 2 个“标签”控件（Label1，Label2）、2 个“文本框”控件（Text1，Text2）、1 个“列表框”控件（List1）和 2 个“命令按钮”控件（Command1，Command2），并调整各控件的位置和大小。

（2）打开“数据环境设计器”，添加商品表 sp.dbf，为“列表框”设置数据源。

（3）在“属性”窗口，设置控件的字体和字号。“商品销售金额统计”表单和控件的主要属性如表 9－22 所示。

表 9－22　“商品销售金额统计”表单和控件的主要属性

对象名	属性名	属性值	说　明
Form1	Caption	商品销售金额统计	设置表单的标题
Label1	Caption	销售总金额	第 1 个标签的内容
Label2	Caption	销售总数量	第 2 个标签的内容
List1	ColumnCount	2	列表框的列数目
List1	Rowsourcetype	6－字段	设置列表框的数据源类型
List1	Rowsource	sp.商品代码，商品名称	设置列表框的数据源
Command1	Caption	查询	第 1 个命令按钮的标题
Command2	Caption	退出	第 2 个命令按钮的标题

（4）双击“查询”命令按钮，打开“代码编辑”窗口，为命令按钮 Command1 添加 Click 事件代码，如图 9－43 所示。

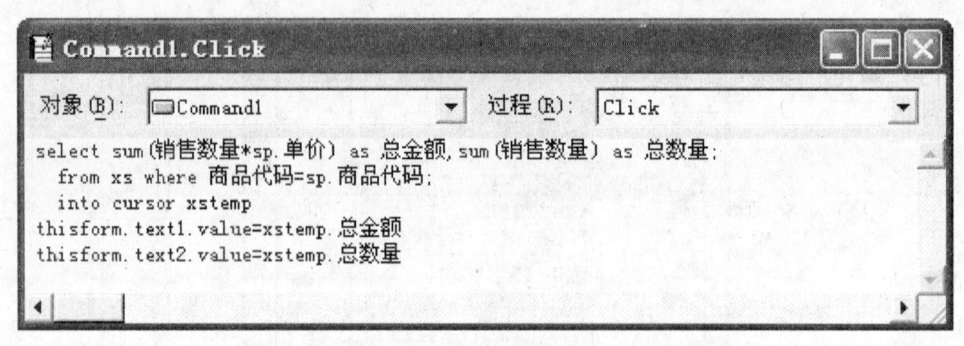

图 9－43　“查询”命令按钮的 Click 事件代码

（5）双击“退出”命令按钮，打开“代码编辑”窗口，为命令按钮 Command2 添加 Click 事件代码，如图 9－44 所示。

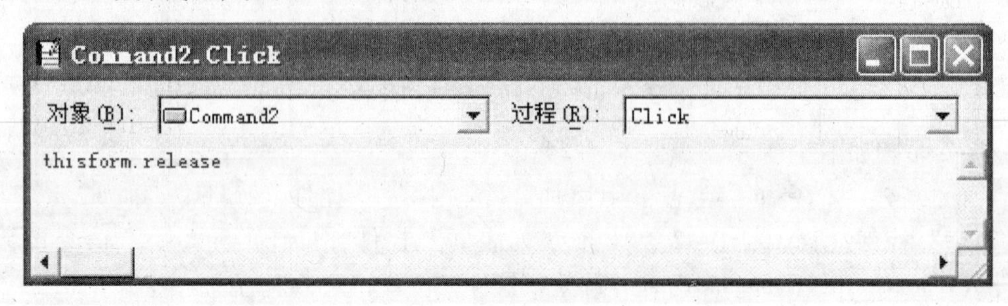

图 9－44　“退出”命令按钮的 Click 事件代码

（6）保存并执行表单 sptj.scx。

9.3.5　“组合框”控件

“组合框”兼有“编辑框”和“列表框”的功能，主要用于从列表项中选取数据并显示在编辑窗口。“组合框”的主要属性与“列表框”类似。

【例 9－10】设计一个计算部门销售总金额的表单（bmtj.scx），如图 9－45 所示。从组合框中选择部门，当单击“计算总金额”按钮时，计算所选择的部门的销售总金额，并将计算结果显示在销售总金额的文本框中。

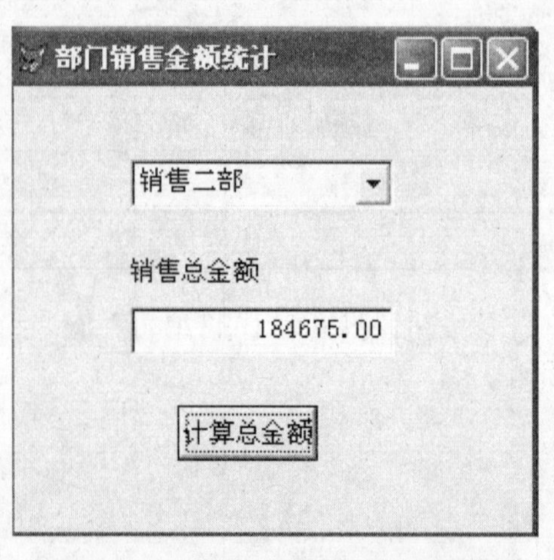

图 9－45　计算部门销售总金额的表单

操作步骤如下：

（1）新建一个表单，在表单中添加1个“组合框”控件（Combo1）、1个“标签”控件（Label1）、1个文本框（Text1）和1个“命令按钮”控件（Command1），并调整各控件的位置和大小。

（2）打开“数据环境设计器”，添加部门表bm.dbf，为“组合框”设置数据源。

（3）在“属性”窗口，设置控件的字体和字号。“部门销售金额统计”表单和控件的主要属性如表9－23所示。

表9－23　“部门销售金额统计”表单和控件的主要属性

对象名	属性名	属性值	说　明
Form1	Caption	部门销售金额统计	设置表单的标题
Label1	Caption	销售总金额	设置标签的内容
Command1	Caption	计算总金额	设置命令按钮的标题
Combo1	Rowsourcetype	6－字段	设置组合框的数据源类型
Combo1	Rowsource	bm.部门名称	设置组合框的数据源

（4）双击“计算总金额”命令按钮，打开“代码编辑”窗口，为命令按钮Command1添加Click事件代码，如图9－46所示。

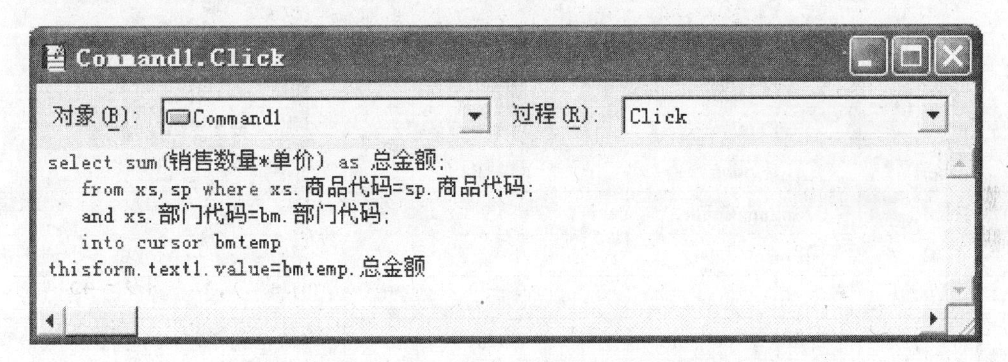

图9－46　“计算总金额”命令按钮的Click事件代码

（5）保存并执行表单bmtj.scx。

9.3.6　“微调按钮”控件

“微调按钮”用于接受给定范围内的数值输入。使用“微调控件”，一方面可以代替键盘输入接受一值，另一方面可以在当前值的基础上做微小的增量或减量调节。

“微调按钮”主要的属性有：微调量（Increment）、“微调”控件框中单击箭头输入的最大值（SpinnerHighValue）和最小值（SpinnerLowValue）。

【例9－11】设计一个商品单价调整表单（djtz.scx），如图9－47所示。当在列表框中选择某一商品后，即在单价微调按钮中显示该商品的单价，并允许用户修改。

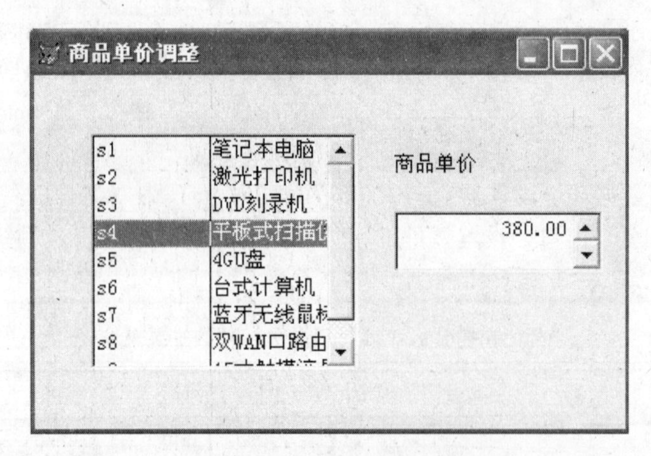

图9-47　商品单价调整表单

操作步骤如下：

（1）新建一个表单，在表单中添加1个“标签”控件（Label1）、1个“列表框”控件（List1）和1个“微调控件”控件（Spinner1），并调整各控件的位置和大小。

（2）打开“数据环境设计器”，添加商品情况表 sp. dbf，设置数据源。

（3）在“属性”窗口，设置控件的字体和字号。“商品单价调整”表单和控件的主要属性如表9-24所示。

表9-24　“单价调整”表单和控件的主要属性

对象名	属性名	属性值	说　明
Form1	Caption	商品单价调整	设置表单的标题
Label1	Caption	商品单价	标签的内容
List1	ColumnCount	2	设置列表框的列数
List1	Rowsourcetype	6-字段	设置列表框的数据源类型
List1	Rowsource	sp.商品代码，商品名称	设置列表框的数据源
Spinner1	SpinnerHighValue	999999	微调按钮单击向上箭头最大值
Spinner1	SpinnerLowValue	1	微调按钮单击向下箭头最小值
Spinner1	Increment	1	微调按钮单击微调量
Spinner1	ControlSource	Sp.单价	微调按钮的数据源

（4）保存并执行表单 djtz. scx。

9.3.7　“计时器”控件

“计时器”控件是利用系统时钟来控制某些具有规律性的周期任务的定时操作。“计时器”控件的典型应用是检查系统时钟，以决定是否到了某个程序执行的时间。“计时器”控件在表单运行时是不可见的。

“计时器”控件的主要属性有：控制计时器开关（Enabled）和定义两次计时器控件触发的时间间隔（Interval，以毫秒计）。

【例9-12】设计一个显示计算机系统时间的表单（jsq. scx），如图9-48所示。当表单运行时，显示计算机系统时间。单击“暂停”按钮，暂停时间显示；单击“继续”按钮，恢复时间显示；单击“退出”按钮，则关闭表单。

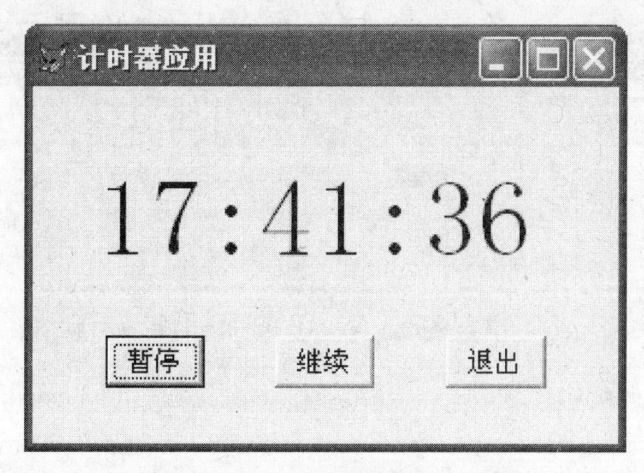

图9-48 显示计算机系统时间的表单

操作步骤如下：

(1) 新建一个表单，在表单中添加1个“标签”控件（Label1）、1个“计时器”控件（Timer1）和3个“命令按钮”控件（Command1~Command3），并调整各控件的位置和大小。

(2) 在“属性”窗口，设置控件的字体和字号。“计时器应用”表单和控件的主要属性如表9-25所示。

表9-25 “计时器应用”表单和控件的主要属性

对象名	属性名	属性值	说 明
Form1	Caption	计时器应用	设置表单的标题
Label1	FontSize	40	第1个标签字号的大小
Command1	Caption	暂停	第1个命令按钮的标题
Command2	Caption	继续	第2个命令按钮的标题
Command3	Caption	退出	第3个命令按钮的标题
Timer1	Interval	1000	计时器的时间间隔

(3) 打开“代码编辑”窗口，为“计时器”添加Timer事件代码，如图9-49所示。

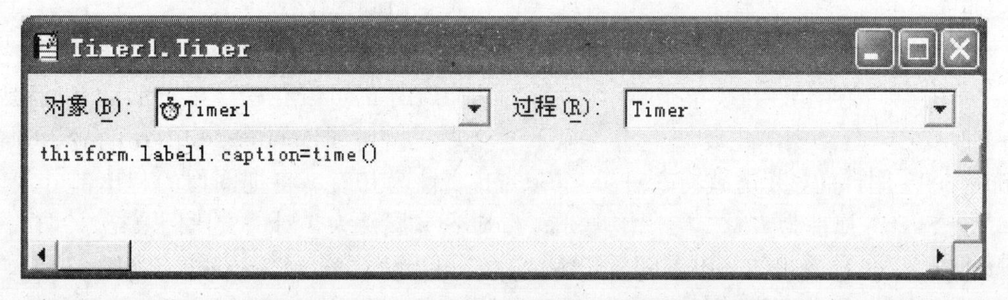

图9-49 “计时器”控件的Timer事件代码

（4）打开“代码编辑”窗口，为“暂停”命令按钮（Command1）添加 Click 事件代码，如图 9－50 所示。

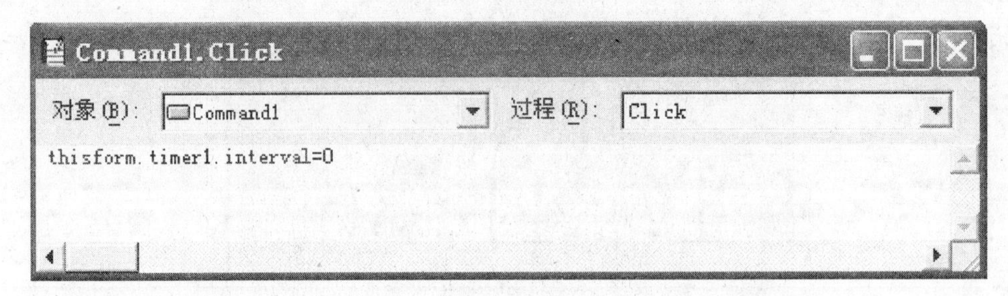

图 9－50　“暂停”命令按钮的 Click 事件代码

（5）打开“代码编辑”窗口，为“继续”命令按钮（Command2）添加 Click 事件代码，如图 9－51 所示。

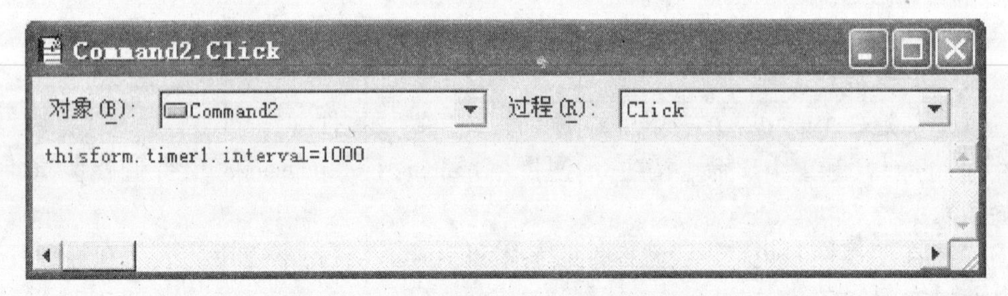

图 9－51　“继续”按钮的 Click 事件代码

（6）打开“代码编辑”窗口，为“退出”命令按钮（Command3）添加 Click 事件代码，如图 9－52 所示。

图 9－52　“退出”命令按钮 的 Click 事件代码

（7）保存并执行表单 jsq. scx。

9.3.8　“图像”控件

“图像”控件允许在表单中显示图片。“图像”控件可以在程序运行的动态过程中加以改变。“图像”的主要属性有：显示的图片文件名（Picture）和图片的显示方式（Stretch）。图片的显示方式有 3 种：当 Stretch 属性为 0 时，将把图像的超出部分裁剪掉；当 Stretch 属性为 1 时，等比例填充；当 Stretch 属性为 2 时，变比例填充。

【例 9－13】设计一个以不同显示方式显示图片的表单（txkz. scx），如图 9－53 所示。当表单运行时，分别选择“剪裁”、“等比”、“变比”等方式显示图片。

图9-53　以不同显示方式显示图片的表单

操作步骤如下：

（1）新建一个表单，在表单中添加1个“选项按钮组”控件（Optiongroup1）和1个“图像”控件（Image1），并调整各控件的位置和大小。

（2）在“属性”窗口，设置控件的字体和字号。“图像控件应用”表单和控件的主要属性如表9-26所示。

表9-26　“图像控件应用”表单和控件的主要属性

对象名	属性名	属性值	说　明
Form1	Caption	图像控件应用	设置表单的标题
Form1	Width	375	表单的高度
Form1	Height	250	表单的宽度
Optiongroup1	Buttoncount	3	选项按钮组的命令按钮数目
Optiongroup1	Value	3	选项按钮组的初始命令按钮
Image1	Width	350	图像控件的宽度
Image1	Height	200	图像控件的高度
Image1	Strtch	2-变比	图像的初始显示方式
Image1	Picture	Sunset.jpg	图像控件显示的图片文件名

（3）打开“代码编辑”窗口，为“选项按钮组”控件（Optiongroup1）添加Click事件代码，如图9-54所示。

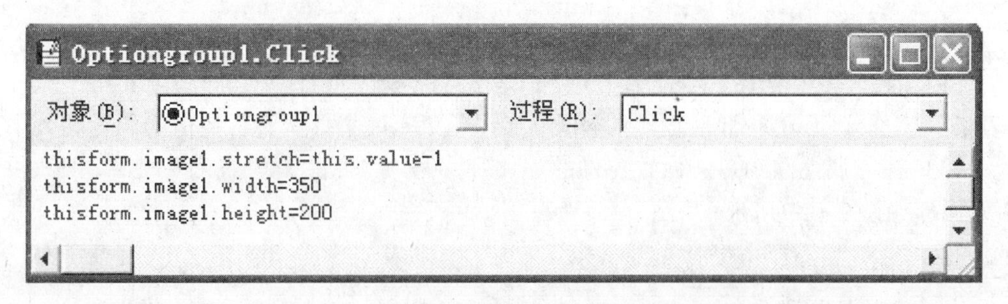

图9-54　“选项按钮组”控件的Click事件代码

（4）保存并执行表单 txkz. scx。

9.3.9 “表格”控件

“表格”控件是将数据以表格形式表示出来的一种控件容器。“表格”提供了一个全屏幕输入输出数据表记录的方式，它也是一个以行列的方式显示数据的容器控件。一个“表格”控件包含一些列控件（在默认的情况下为文本框控件），每个列控件能容纳一个列标题和列控件。“表格”控件能在表单或页面中显示并操作行和列中的数据，主要用于创建一对多的表单，用文本框显示父记录，用表格显示子记录，当用户浏览父表中的记录时，表格将显示与之相对应的子记录。

“表格”控件的主要属性有：表格的列数（ColumnCount）、表格各列的标题（Caption）、表格控件数据源类型（RecordSourceType，当 RecordSourceType 属性值为“0－表”时，当前打开是的表；当 RecordSourceType 属性值为“1－别名”时，表格取已打开表字段的内容）、表格的数据源（RecordSource，此处为表）、父表名称（LinkMaster）、关联表达式（RelationalExpr，通过在父表字段与子表中的索引建立关联来连接这两个表）及各列的数据源（ControlSource）等。

【例 9－14】设计一个商品销售情况查询表单（spxscx1. scx），如图 9－55 所示。当输入商品代码后，在“表格”控件中显示该商品对应的部门名称、销售数量两个字段组成的数据。

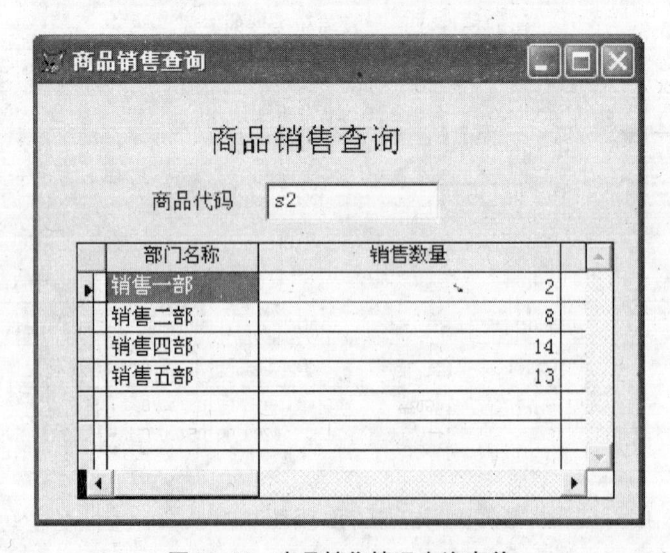

图 9－55　商品销售情况查询表单

操作步骤如下：

（1）新建一个表单，在表单中添加 2 个“标签”控件（Label1，Label2）、1 个“表格”控件（Grid1）和 1 个“文本框”控件（Text1），并调整各控件的位置和大小。

（2）在“属性”窗口，设置控件的字体和字号。“商品销售查询”表单和控件的主要属性如表 9－27 所示。

表 9 - 27　　“商品销售查询”表单和控件的主要属性

对象名	属性名	属性值	说　明
Form1	Caption	商品销售查询	设置表单的标题
Label1	Caption	商品销售查询	第 1 个标签的内容
Label2	Caption	商品代码	第 2 个标签的内容

（3）打开“代码编辑”窗口，为“文本框”控件（Text1）添加 Lostfocus 事件代码，如图 9 - 56 所示。

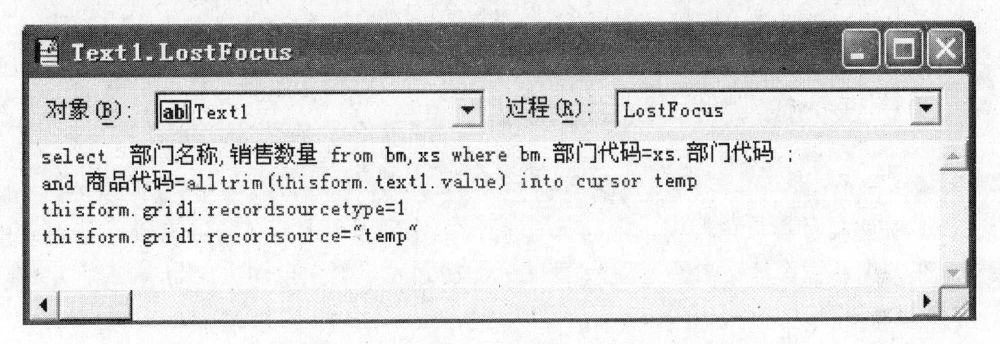

图 9 - 56　“文本框”控件的 Lostfocus 事件代码

（4）保存并执行表单 spxscx1.scx。

【例 9 - 15】设计一个商品销售情况查询表单（spxscx2.scx），如图 9 - 57 所示。在表单中上方的表格显示商品情况表 sp.dbf 的数据，下方的表格显示销售表 xs.dbf 的数据。当在商品表中单击某一商品时，在销售表中只显示该商品的销售情况。

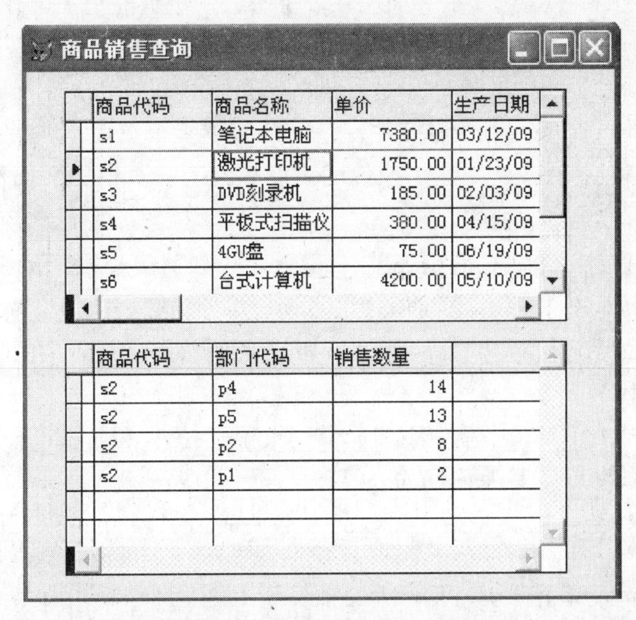

图 9 - 57　商品销售情况查询表单

操作步骤如下：

（1）新建一个表单。

（2）打开“数据环境设计器”，添加商品情况表 sp. dbf 和销售表 xs. dbf，将商品情况表 sp. dbf 中的商品代码拖到销售表 xs. dbf 的商品代码字段上，在两个表之间建立临时关系，如图 9－58 所示。

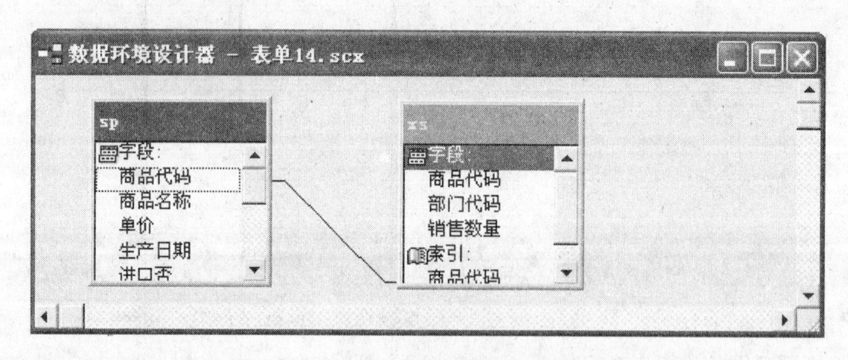

图 9－58　在数据表之间建立临时关系

（3）在数据环境设计器中，拖动 sp 表的标题栏到表单上，自动生成与 sp 表绑定的表格；在数据环境设计器中，拖动 xs 表的标题栏到表单上，自动生成与 xs 表绑定的表格，并调整各控件的位置和大小。

（4）在“属性”窗口，设置控件的字体和字号，设置表单的 Caption 属性为“商品销售查询”。

（5）保存并执行表单 spxscx2. scx。

9.3.10　“页框”控件

“页框”控件实际上是选项卡界面。在表单中，一个页框是一个容器类控件，其中可以包含两个以上的页面，它们共同占有表单中的一块区域。在某一时刻只有一个活动页面，而只有活动页面中的控件才是可见的，可以用鼠标单击需要的页面来激活这个页面。表单中的页框是一个容器控件，它可以容纳多个页面，在每个页面中又可以包含容器控件或其他控件。“页框”控件的主要属性有：页框的页面数（PageCount）、页框的每一页的标题（Caption）等。

【例 9－16】设计一个页框应用表单（sjll. scx），如图 9－59 所示。表单中使用一个含有 3 个页面的页框控件，每个页面的标题分别为“商品”、“部门”、“销售”，在每页中分别显示商品情况表 sp. dbf、部门表 bm. dbf 和销售表 xs. dbf 中的数据。

操作步骤如下：

（1）新建一个表单，在表单中添加 1 个“页框”控件（PageFrame1），并调整控件的位置和大小，修改其属性 PageCount 为 3。

（2）打开“数据环境设计器”窗口，添加商品情况表 sp. dbf、部门表 bm. dbf 和销售表 xs. dbf。

（3）在“数据环境设计器”窗口，将商品表 sp 拖至页框的第 1 个页面中，部门表 bm 拖至页框的第 2 个页面中，销售表 xs 拖至页框的第 3 个页面中。

（4）在“属性”窗口，设置控件的字体和字号。“数据浏览”表单和控件的主要属性如表 9－28 所示。

图 9－59　“页框”应用表单

表 9－28　“数据浏览”表单和控件的主要属性

对象名	属性名	属性值	说　明
Form1	Caption	页框应用	设置表单的标题
PageFrame1	PageCount	3	设置 3 页页框
Page1	Caption	商品	第 1 个页面的标题
Page2	Caption	部门	第 2 个页面的标题
Page3	Caption	销售	第 3 个页面的标题

（5）保存并执行表单 sjll.scx。

9.3.11　“命令按钮组”控件

“命令按钮组”控件是把一些命令按钮组合在一起，作为一个控件管理。每一个命令按钮有各自的属性、事件和方法，使用时需要独立地操作每一个指定的命令按钮。

“命令按钮”控件的主要属性是命令按钮数（ButtonCount）。

【例 9－17】设计一个计算器表单（zhjsq.scx），如图 9－60 所示。

图 9－60　计算器表单

操作步骤如下：

（1）新建一个表单，在表单中添加1个“文本框”控件（Text1）和1个“命令按钮组”控件（Commandgroup1），并调整各控件的位置和大小。

（2）使用“命令按钮组”控件的生成器设置命令按钮数为16，并设置这16个按钮的Caption属性分别为0、1、2、3、4、5、6、7、8、9、.、+、-、*、/、计算。

（3）打开“代码编辑”窗口，为“命令按钮组”控件（Commandgroup1）添加Click事件代码，如图9-61所示。

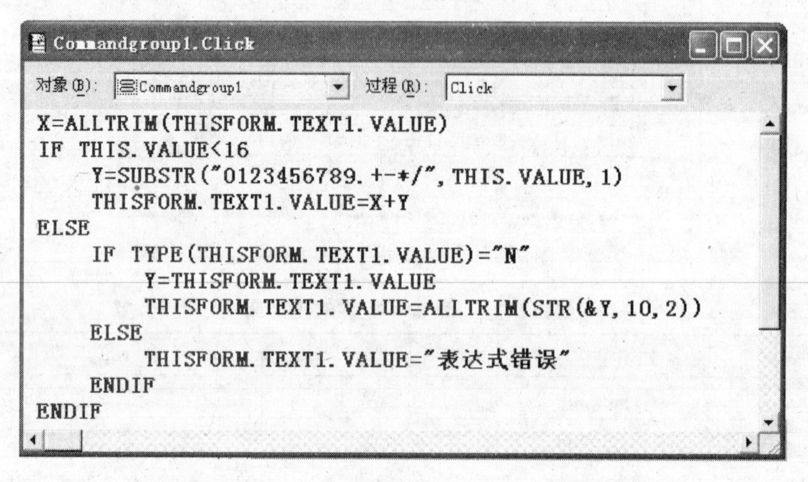

图9-61　“命令按钮组”的Lostfocus事件代码

（4）保存并执行表单zhjsq.scx。

9.3.12　ActiveX控件和ActiveX绑定控件

“ActiveX控件”的功能是向应用程序中添加OLE对象，它又称为OLE控件。OLE是对象链接与嵌入的英文缩写（Object Linking and Embedding），即把一个对象以链接或嵌入的方式包含在其他的Windows应用程序中，如Word，Excel等。“ActiveX绑定”控件与OLE容器控件一样，可向应用程序中添加OLE对象，它又称为OLE绑定控件。与OLE容器控件不同的是，OLE绑定型控件绑定在一个通用型字段上。绑定型控件是表单或报表上的一种控件，其中的内容与后端的表或查询中的某一字段相关联。

【例9-18】设计一个OLE对象表单（ole.scx），如图9-62所示。当表单运行时，自动打开Excel工作表，在工作表中可以进行Excel电子表格的编辑操作。

操作步骤如下：

（1）新建一个表单，在表单中添加一个“ActiveX”控件，在随后出现的“插入对象”对话框中，选择要插入的对象类型为“Microsoft Excel工作表”，并设置“ActiveX”控件的位置和大小。

（2）设置“ActiveX”控件的AutoActivate属性值为“1-获得焦点”，将使得表单运行时，“ActiveX”控件自动打开，即打开Excel工作表。

（3）保存并执行表单ole.scx。

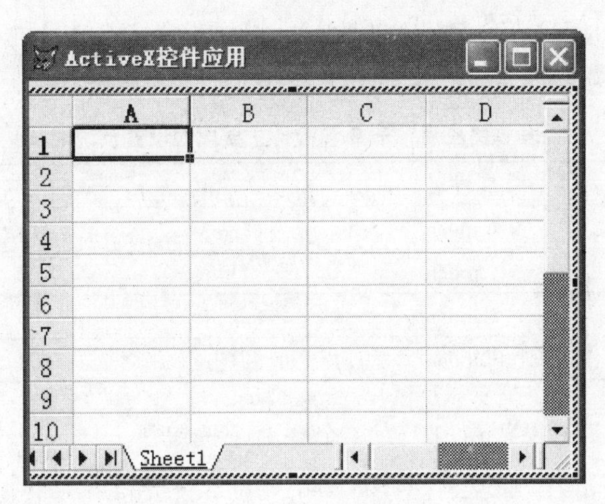

图 9-62　OLE 对象表单

9.3.13　“表单集”控件

“表单集”控件是容器对象，是一个或多个相关表单的集合。在一个表单集中可以同时显示多个表单窗口，从而可以设计出多窗口的应用程序。

【例 9-19】设计一个有两个表单的表单集（bdj.scx），如图 9-63 所示。通过单击 Form1 中的命令按钮，在 Form2 中的表格控件中显示相应数据表中的数据。

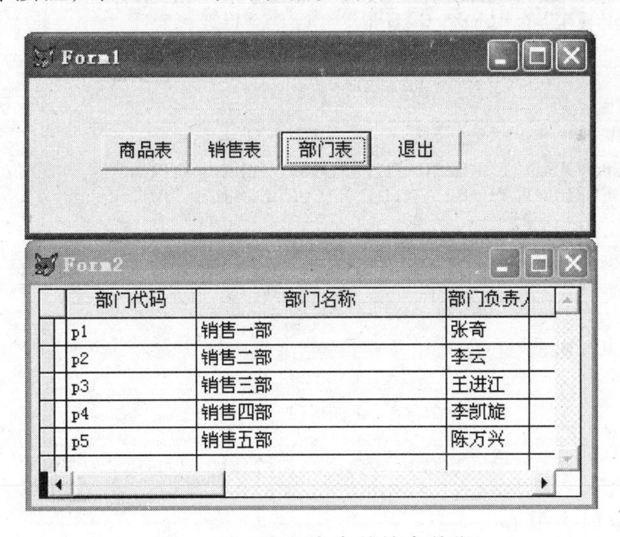

图 9-63　有两个表单的表单集

操作步骤如下：

（1）新建一个表单，打开“表单设计器”窗口，自动生成一个表单 Form1。

（2）选择“表单”菜单中的“创建表单集”命令，接着选择“表单”菜单中的“添加新表单”命令，于是向表单集增加表单 Form2。

（3）打开“数据环境设计器”，添加商品情况表 sp.dbf、销售表 xs.dbf 和部门表 bm.dbf。

（4）在表单 Form1 中添加 4 个“命令按钮”控件（Command1 ~ Command4），在表

单 Form2 中添加一个“表格”控件（Grid1），并设置控件的位置和大小。

表单控件的主要属性如表 9 - 29 所示。

表 9 - 29　　“表单集应用”表单和控件主要属性设置及说明

对象名	属性名	属性值	说　明
Form1．Command1	Caption	商品表	第 1 个命令按钮的标题
Form1．Command2	Caption	销售表	第 2 个命令按钮的标题
Form1．Command3	Caption	部门表	第 3 个命令按钮的标题
Form1．Command4	Caption	退出	第 4 个命令按钮的标题

（5）打开“代码编辑”窗口，为 4 个“命令按钮”（Command1 ~ Command4）控件分别添加 Click 事件代码，如图 9 - 64 所示。

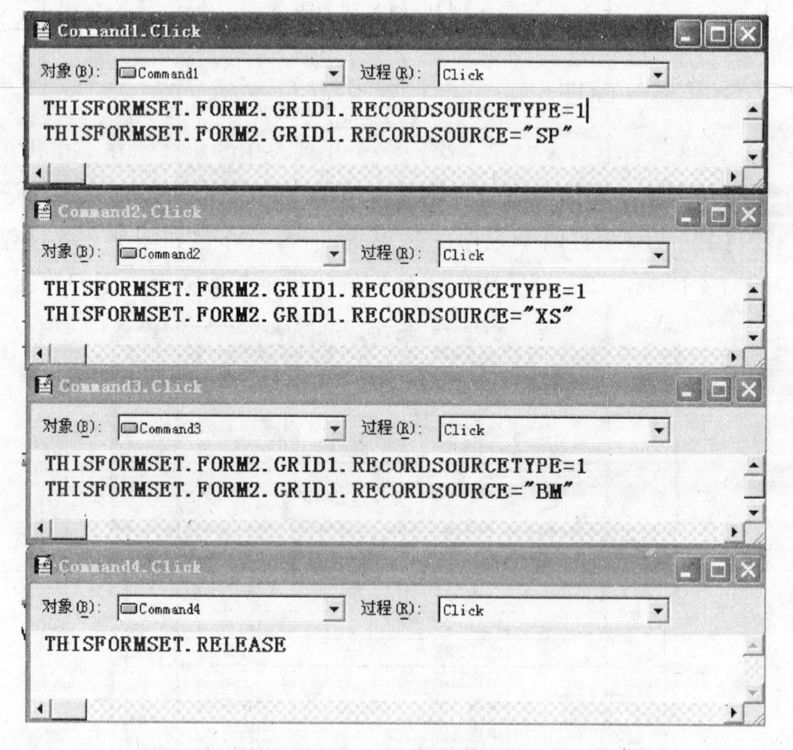

图 9 - 64　表单中各命令按钮控件的 Click 事件代码

（6）保存并执行表单 bdj.scx。

思考题

1. 什么是表单？新建的表单存盘后，在磁盘上会产生哪些文件？
2. 如何修改一个表单？如何定义表单属性和方法？
3. 在表单设计器中，常用的工具栏有哪些？它们的作用是什么？
4. 文本框控件和标签控件最主要的区别是什么？
5. 编辑框控件和文本框控件有何不同？

6. 在表单设计时，经常要用到对话框，在使用 MessageBox( )函数时，主要应设置哪些内容？

7. 使用选项按钮和复选框有什么区别？

8. 简述组合框控件和列表框控件的异同？

9. 在列表框中，数据源有几种类型？通过什么属性进行设计？

10. 在设计表格控件时，应注意哪些属性？

11. ActiveX 控件有什么特点？

10　报表设计及应用

报表（Report）是数据库管理系统中的重要组成部分，它是 Visual FoxPro 中最常用的输出形式，通过使用报表向导和报表设计器可以将自由表、数据库表、视图按照用户的需要以多种打印样式打印输出。

本章主要介绍使用 Visual FoxPro 提供的两个报表制作工具“报表向导”和“报表设计器”来设计报表。使用报表向导设计报表，用户只需要根据系统提示进行简单的选择即可自动生成报表；使用报表设计器，用户可以采用可视化的手段自行设计新报表或修改现有的报表。

10.1　报表概述

报表是用来输出数据的，一个报表包括了输出格式与输出数据两个方面，报表的输出格式由报表的布局风格和报表控件两个方面决定，报表的输出数据则由报表的数据源决定。报表的数据源可以是自由表、数据库表、视图之一；而报表的布局则是指定义报表的打印格式。

报表布局是指报表的总体输出样式，Visual FoxPro 中有 4 种报表布局。表 10－1 中列出了常规报表的布局及其说明。

表 10－1　　常规报表的布局及其说明

布　局	说　明
列报表	每行打印一个记录，每个记录的字段在页面上按水平方向放置
行报表	每行打印一个字段，每个记录的字段在左侧竖直放置
一对多报表	一个记录或一对多关系，包括父表的记录及其相关的子表的记录
多栏报表	每页可打印多列的记录，每个记录的字段沿边缘竖直放置

（1）列报表和行报表

图 10－1 和图 10－2 分别为使用商品表作为数据源设计的列报表和行报表的输出结果。

商品表		
12/14/09		
商品代码	商品名称	单价
s1	笔记本电脑	7,380.00
s2	激光打印机	1,750.00
s3	DVD刻录机	185.00
s4	平板式扫描仪	380.00
s5	4GU盘	75.00
s6	台式计算机	4,200.00

图 10－1　列报表

商品表

12/14/09

商品代码: s1

商品名称: 笔记本电脑

单价: 7,380.00

生产日期: 03/12/09

进口否: Y

商品代码: s2

商品名称: 激光打印机

单价: 1,750.00

生产日期: 01/23/09

图 10－2　行报表

（2）一对多报表

一对多的报表中的数据源至少有两个表或视图，图 10－3 为使用商品表和销售表设计的一对多报表的输出结果。

商品销售

12/14/09

商品代码:s1　　商品名称:笔记本电脑　　单价:　7,380.00

商品代码	部门代码	销售数量
s1	p2	16
s1	p1	20

商品代码:s2　　商品名称:激光打印机　　单价:　1,750.00

商品代码	部门代码	销售数量
s2	p4	14
s2	p5	13
s2	p2	8
s2	p1	2

图 10－3　一对多报表

（3）多栏报表

多栏报表用于在输出数据量较大的报表时，为节省纸张可将报表设置分为多列输出，图 10－4 为使用商品表设计的多栏报表，其中商品信息分两栏输出。

商品表

12/14/09

商品代码: s1	商品代码: s2
商品名称: 笔记本电脑	商品名称: 激光打印机
单价: 7,380.00	单价: 1,750.00
商品代码: s3	商品代码: s4
商品名称: DVD刻录机	商品名称: 平板式扫描仪
单价: 185.00	单价: 380.00

图 10－4　多栏报表

在 Visual FoxPro 中有 3 种创建报表布局的方法：

① 用“报表向导”创建简单的单表或多表报表。

② 用“快速报表”从单表中创建一个简单报表。

③ 用“报表设计器”修改已有的报表或创建自己的报表。

“报表向导”是创建报表的最简单途径，它自动提供很多“报表设计器”的定制功能；“快速报表”是创建简单布局的最迅速途径；“报表设计器”允许用户自定义报表布局。以上每种方法创建的报表布局文件都可以在“报表设计器”中进行修改。

用户建立的报表文件以.frx 为扩展名，它存储报表的详细说明。它指定了存储的域控件、要打印的文本以及信息在页面上的位置。报表文件不存储每个数据字段的值，只存储一个特定报表的位置和格式信息。每次运行报表时，数据项的值都可能不同，这取决于报表文件所用数据源的字段内容是否更改。

10.2 创建简单报表

10.2.1 报表向导

报表向导是一种引导用户快速建立报表的手段，可使用下面 4 种方法启动“报表向导”：

（1）在“项目管理器”中，单击“文档”选项卡，选择“报表”，然后单击“新建”按钮，打开“新建报表”对话框。单击“报表向导”按钮，打开“向导选取”对话框。

（2）选择“文件”菜单中的“新建”命令，选择“报表”单选按钮，单击“向导”按钮。

（3）选择“工具”菜单中的“向导”命令，然后单击“报表”命令。

（4）单击“常用”工具栏中的“新建”按钮，选择“报表”，单击“向导”按钮。

使用上述方法启动报表向导后，打开“向导选取”对话框，如果报表的输出数据只有一个表，应选取“报表向导”；如果报表的输出数据来源于多个表，则应选取“一对多报表向导”。

下面以商品情况表 sp. dbf为数据源，说明使用报表向导设计简单报表的操作步骤。

【例 10 - 1】利用“报表向导”，根据商品情况表 sp. dbf创建按“进口否”进行分组的报表文件（sp. frx），如图 10 - 5 所示。

商品信息表

12/15/09

进口否	商品代码	商品名称	单价	生产日期
No				
	s2	激光打印机	1,750.00	01/23/09
	s3	DVD刻录机	185.00	02/03/09
	s4	平板式扫描仪	380.00	04/15/09
	s7	蓝牙无线鼠标器	320.00	02/07/09
	s8	双WAN口路由器	5,100.00	07/20/09
Yes				
	s1	笔记本电脑	7,380.00	03/12/09
	s5	4GU盘	75.00	06/19/09
	s6	台式计算机	4,200.00	05/10/09
	s9	15寸触摸液晶显示器	1,800.00	03/24/09

图 10－5　按"进口否"分组的打印报表

操作步骤如下：

（1）选择"文件"菜单中的"新建"命令，打开"新建"对话框。

（2）选择"报表"单选按钮，单击"向导"按钮，打开"向导选取"对话框，选择"报表向导"，如图 10－6 所示。

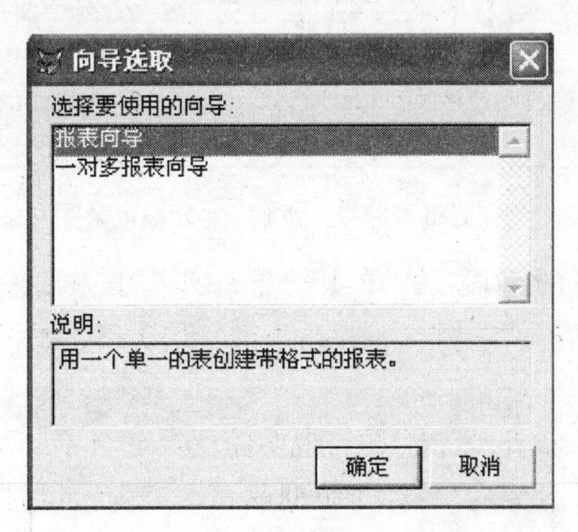

图 10－6　"向导选取"对话框

（3）单击"确定"按钮，打开"报表向导：步骤 1－字段选取"对话框。在"数据库和表"处，选择商品情况表 sp. dbf，将表中的"商品代码"、"商品名称"、"单价"、"生产日期"、"进口否" 5 个字段从"可用字段"列表框中移到"选定字段"列表框中，如图 10－7 所示。

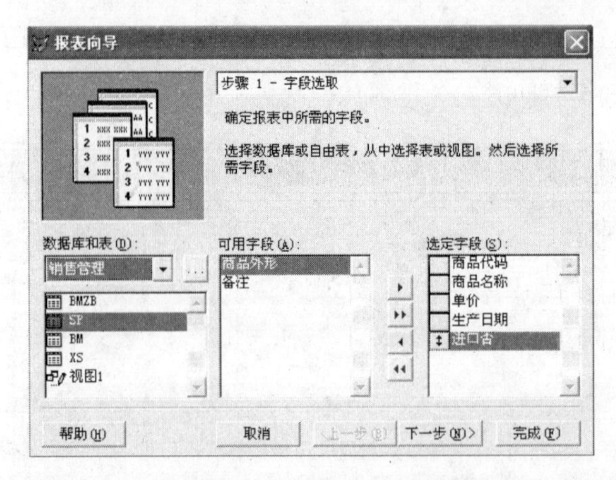

图 10-7 "报表向导：步骤之 1-字段选取"对话框

（4）选取字段后，单击"下一步"按钮，打开"报表向导：步骤 2-分组记录"对话框，选择按"进口否"字段值进行分组，如图 10-8 所示。

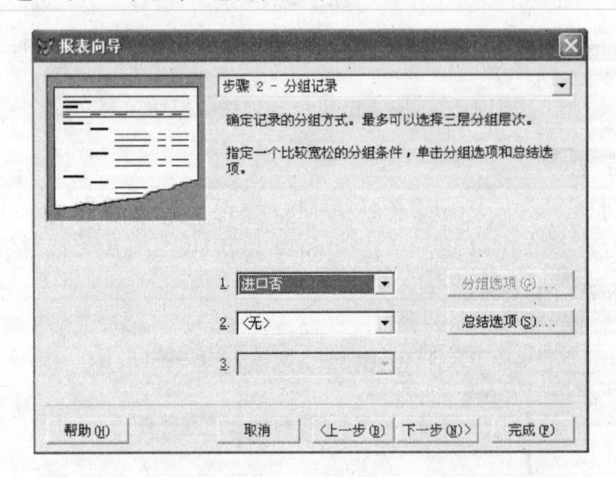

图 10-8 "报表向导：步骤 2-分组记录"对话框

（5）选择用以分组的字段后，单击"下一步"按钮，打开"报表向导：步骤 3-选择报表样式"对话框，选择"经营式"，如图 10-9 所示。

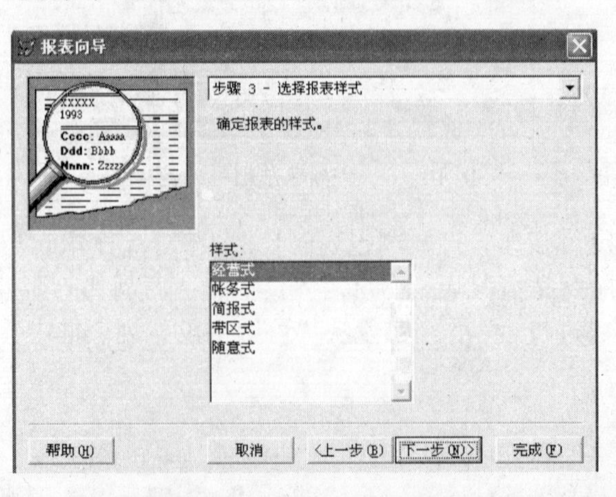

图 10-9 "报表向导：步骤 3-选择报表样式"对话框

（6）选择报表样式后，单击“下一步”按钮，打开“报表向导：步骤 4 - 定义报表布局”对话框，选择打印方向为“纵向”，如图 10 - 10 所示。

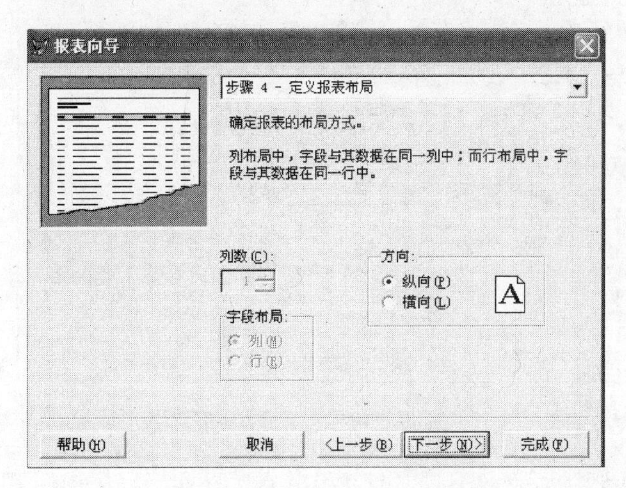

图 10 - 10　**“报表向导：步骤 4 - 定义报表布局”对话框**

（7）定义报表布局后，单击“下一步”按钮，打开“报表向导：步骤 5 - 排序记录”对话框，这里指定按商品代码升序排序记录，如图 10 - 11 所示。

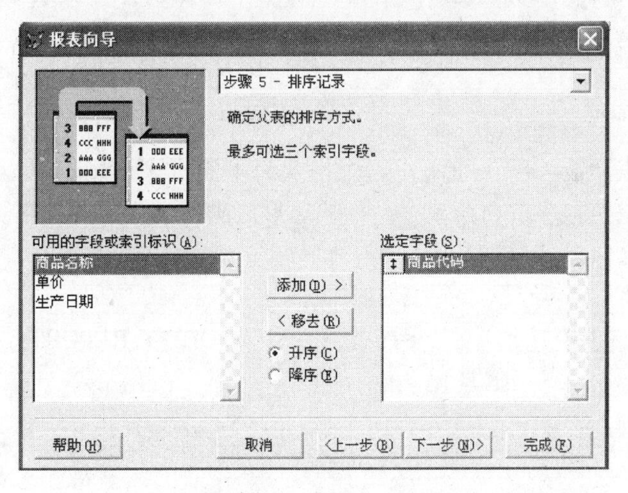

图 10 - 11　**“报表向导：步骤 5 - 排序记录”对话框**

（8）选择排序记录的字段后，单击“下一步”按钮，打开“报表向导：步骤 6 - 完成”对话框。在对话框中，为报表指定一个标题“商品信息表”。用户可以选择“保存报表以备将来使用”、“保存报表并在‘报表设计器’中修改报表”或“保存并打印报表”等选项，如图 10 - 12 所示。

图 10－12　"报表向导：步骤 6－完成"对话框

(9) 经过上述操作后，一个简单的分组报表设计完成。单击"预览"按钮，查看报表效果。最后单击"完成"按钮，打开"另存为"对话框，输入报表文件名sp.frx，单击"保存"按钮，保存报表文件。

(10) 选择"文件"菜单中的"打开"命令，打开"打开"对话框。选择"文件类型"为报表，选择文件为"sp"，单击"确定"按钮，打开报表 sp。然后单击工具栏上的"打印预览"按钮，可以看到如图 10－5 所示的报表信息。

10.2.2　快速报表

使用快速报表功能可以快速制作一个格式简单的报表，用户可以在报表设计器中根据实际需要对快速报表进行修改，从而快速形成满足实际需要的报表。

【例 10－2】以商品情况表 sp.dbf 为数据环境创建快速报表（sp2.frx）。

操作步骤如下：

(1) 打开"报表设计器"：在命令窗口输入 MODIFY REPORT sp2 命令并回车执行，打开"报表设计器"，如图 10－13 所示。

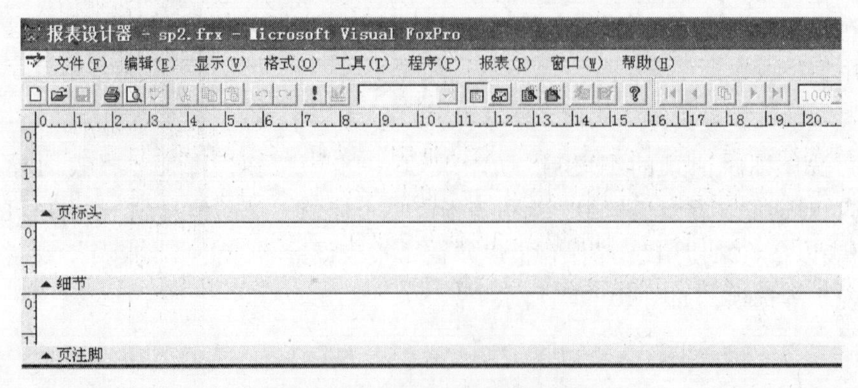

图 10－13　"报表设计器"窗口

（2）添加数据环境：在“报表设计器”窗口的任意位置单击右键，从弹出的快捷菜单中选择“数据环境”命令，打开“数据环境设计器”窗口。接着在“数据环境设计器”窗口的任意位置，单击右键，从弹出的快捷菜单中选择“添加”命令，将表sp.dbf 添加到“数据环境设计器”窗口。

（3）启动“快速报表”：单击“报表设计器”窗口，选择“报表”菜单中的“快速报表”命令，打开“快速报表”对话框，如图 10－14 所示。

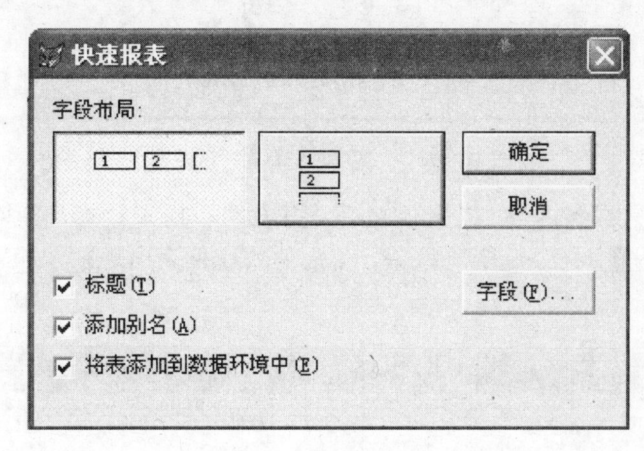

图 10－14　“快速报表”对话框

“快速报表”对话框中按钮的功能解释如下：

①“字段布局”按钮：左侧的按钮表示字段按列布局，产生列报表（即每行一个记录）；右侧的按钮表示字段按行布局，产生行报表（即每个记录的字段在一侧竖直放置）。

②“标题”复选框：表示是否在报表中为每一个字段添加一个字段名标题。

③“添加别名”复选框：表示是否在字段名前面添加表的别名。

④“将表添加到数据环境中”复选框：表示是否将打开的表添加到数据环境中作为表的数据源。前面已将表 sp.dbf 添加到数据环境中，否则打开快速报表功能时，将出现打开表对话框。

⑤“字段”按钮：用来选定在报表中输出的字段，单击该按钮，将打开“字段选择器”，然后为报表选择可用的字段（默认除通用型字段外的所有字段）。快速报表不支持通用型字段，即使将 sp.dbf 表中的通用型字段“商品外形”移到“选定字段”列表框中，商品外形也不会出现在快速报表中。

（4）选择字段：在“快速报表”对话框中，单击“字段”按钮，打开“字段选择器”对话框，为报表选择“商品代码”、“商品名称”、“单价”、“生产日期”、“进口否”和“备注”6 个字段，如图 10－15 所示。然后单击“确定”按钮，关闭“字段选择器”对话框，回到“快速报表”对话框。

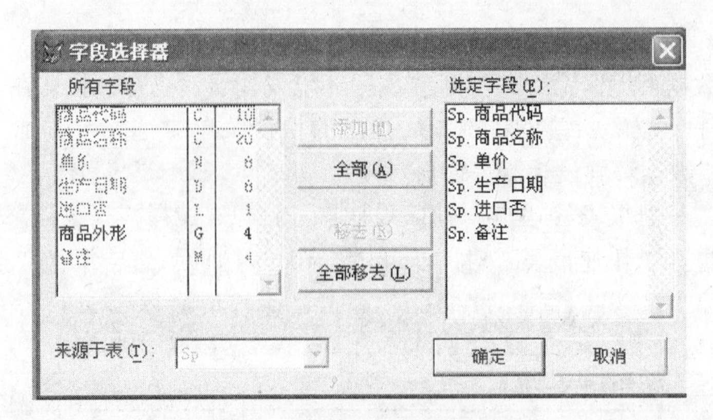

图 10－15　“字段选择器”对话框

（5）生成报表文件：经过以上步骤后，报表的布局和数据环境均已设置。单击“快速报表”对话框中的“确定”按钮，生成的快速报表出现在“报表设计器”窗口中，如图 10－16 所示。

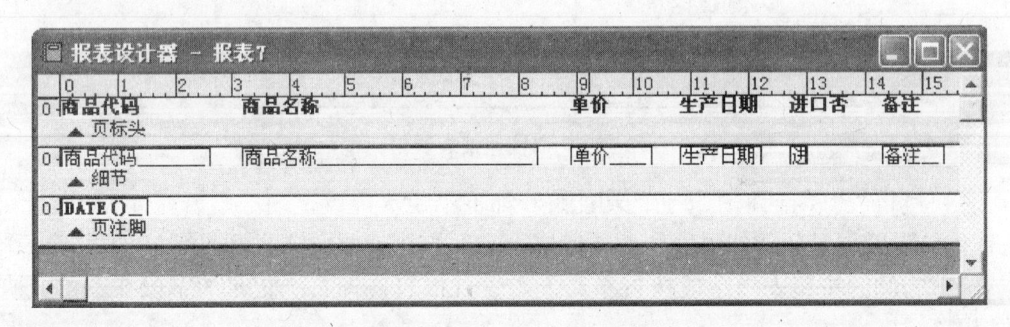

图 10－16　生成的快速报表

（6）预览：选择“显示”菜单中的“预览”命令（或单击右键，在弹出的快捷菜单中选择“预览”命令），预览报表效果，如图 10－17 所示。

商品代码	商品名称	单价	生产日期	进口	备注
s1	笔记本电脑	7380.00	03/12/09	Y	产地：新加坡
s2	激光打印机	1750.00	01/23/09	N	
s3	DVD刻录机	185.00	02/03/09	N	
s4	平板式扫描仪	380.00	04/15/09	N	
s5	4GU盘	75.00	06/19/09	Y	
s6	台式计算机	4200.00	05/10/09	Y	
s7	蓝牙无线鼠标器	320.00	02/07/09	N	
s8	双WAN口路由器	5100.00	07/20/09	N	
s9	15寸触摸液晶显示器	1800.00	03/24/09	Y	

图 10－17　预览快速报表

10.3　报表设计器

“报表设计器”是 Visual FoxPro 提供的一个可视化编程工具，利用“报表设计器”可以直观快速地创建报表布局。

10.3.1 报表设计器界面

10.3.1.1 打开报表设计器

可按以下步骤来打开“报表设计器”：

（1）选择“文件”菜单中的“新建”命令，打开“新建”对话框。

（2）在“新建”对话框中，选中“报表”单选按钮，然后单击“新建文件”按钮，打开“报表设计器”，同时在 Visual FoxPro 的系统菜单上将增加一个“报表”子菜单，如图 10－18 所示。

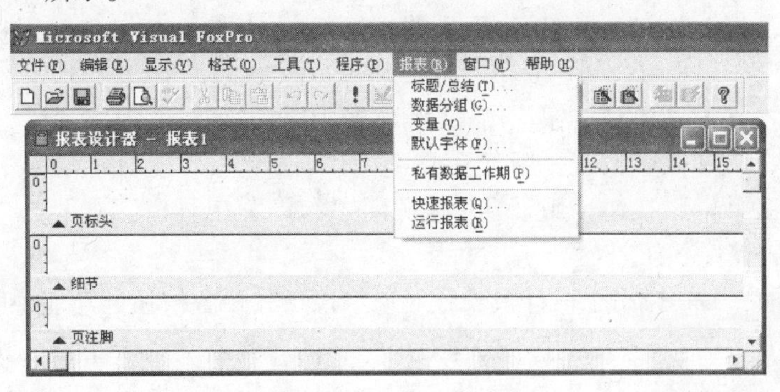

图 10－18 报表设计器

在“报表设计器”中，一个报表被分成多个组成部分，这些组成部分称为带区。在默认的设置下，新建的报表具有页标头、细节、页注脚 3 个带区。通过使用“报表”菜单中的“标题/总结”命令，可以打开标题带区和总结带区。通过使用“报表”菜单中的“数据分组”命令设置数据分组后，报表上还会有组标头和组注脚两个与数据分组有关的带区。在多栏报表上还可以设置列标头和列注脚带区。“报表设计器”中的所有带区及其说明如图 10－19 所示。

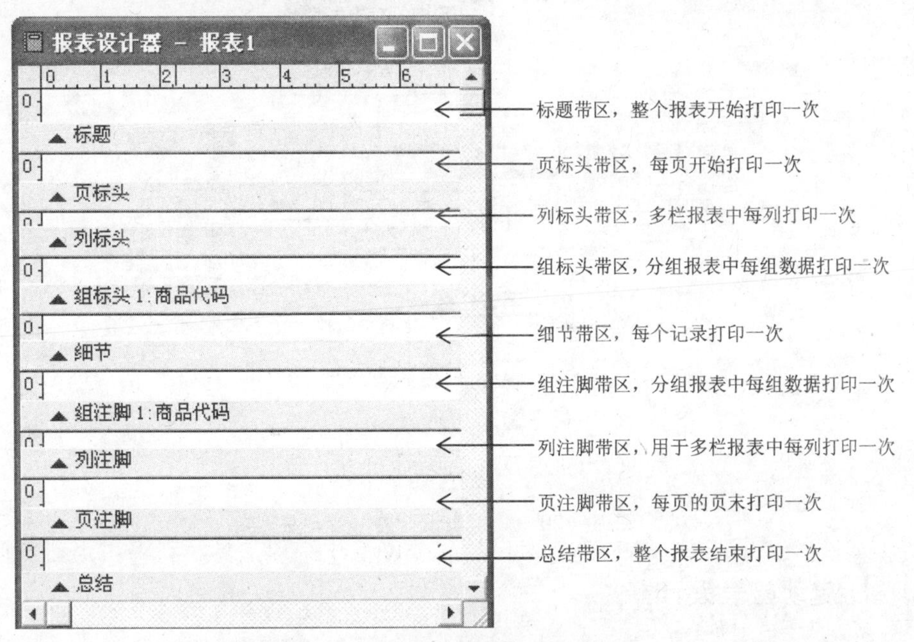

图 10－19 报表的组成带区及其说明

10.3.1.2 工具栏的使用

在“报表设计器”中，用户可以使用“报表设计器”工具栏和“报表控件”工具栏进行报表设计。下面对这两个工具栏的功能作简要说明。

(1)“报表设计器”工具栏

“报表设计器”工具栏中包含5个按钮（如图10－20所示），各按钮（从左到右）的功能如下：

①“数据分组”按钮，用来激活“数据分组”对话框，供用户对报表数据进行分组及设置属性。

②“数据环境”按钮，用来激活“数据环境设计器”窗口，供用户设置报表的数据源。

③“报表控件工具栏”按钮，用于显示或关闭“报表控件”工具栏。

④“调色板工具栏”按钮，用于显示或关闭“调色板”工具栏。

⑤“布局工具栏”按钮，用于显示或关闭“布局”工具栏。

(2)“报表控件”工具栏

“报表控件”工具栏用于设计报表各对象。该工具栏各按钮的功能说明如下：

①“选定对象”按钮，用于选择对象、移动对象或改变控件的大小。

②“标签”按钮，用于在报表上创建一个标签控件，显示与记录无关的数据。

③“域控件”按钮，用于在报表上创建一个字段控件，显示字段或内在变量数据。

④“线条”按钮、“矩形”按钮和“圆角矩形”按钮，用于绘制相应的图形。

⑤“图片/ActiveX绑定控件”按钮，用于显示图片或通用型字段的内容。

⑥“按钮锁定”按钮，用于锁定按钮。

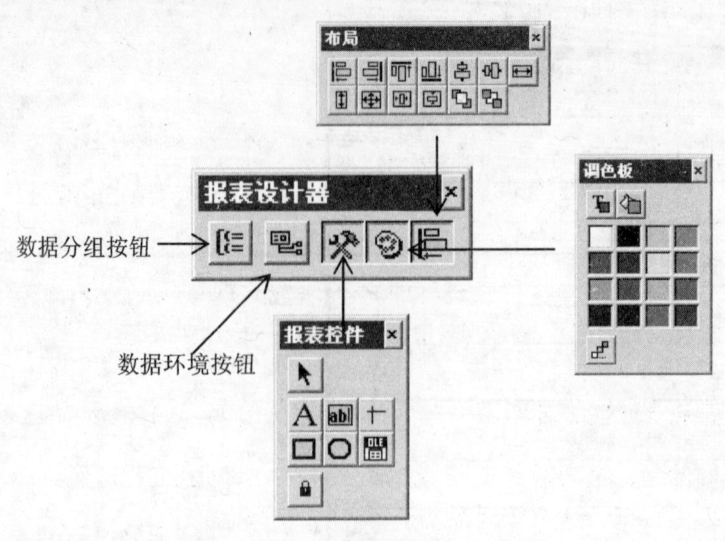

图10－20 “报表设计器”工具栏

10.3.2 启动报表设计器

在Visual FoxPro中，用户可以通过以下几种方法打开“报表设计器”：

（1）在“项目管理器”中，单击“文档”选项卡，选择“报表”，单击“新建”按钮，打开“新建报表”对话框，然后单击“新建报表”按钮。

（2）选择“文件”菜单中的“新建”命令，打开“新建”对话框，选中“报表”单选按钮，单击“新建文件”按钮。

（3）单击“常用”工具栏中的“新建”按钮，打开“新建”对话框，选中“报表”单选按钮，单击“新建文件”按钮。

（4）使用命令创建报表文件：

【命令1】CREATE REPORT［<报表文件名>］

【命令2】MODIFY REPORT［<报表文件名>］

【功能】创建或修改一个由<报表文件名>指定的报表文件，如果省略扩展名，则系统自动加上.frx扩展名。如果指定的报表文件名不存在，则创建一个新报表；如果该报表文件已存在，就打开它允许进行修改。

新建报表时，报表设计器窗口是空的，其中只包括页标头、细节、页注脚三个基本的报表带区。在打开一个已有的报表文件时，“报表设计器”窗口中将显示该报表的布局。例如，打开前面通过报表向导创建的报表文件sp.frx，在“报表设计器”中显示出其设计布局，如图10－21所示。

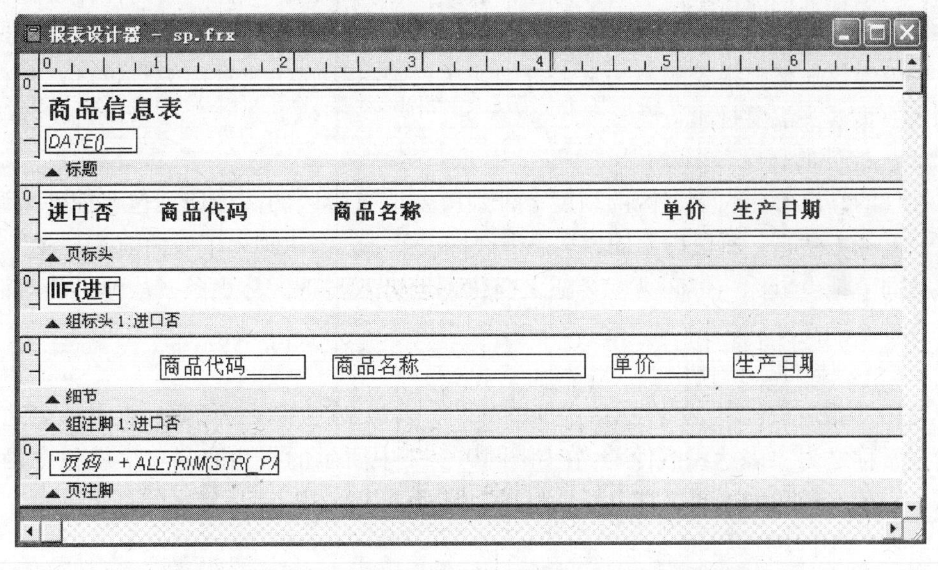

图10－21　在“报表设计器”中打开一个已存在的报表

10.3.3　设置报表的数据环境

与表单不同的是，报表总是要与数据相联系的，因此报表必须具有数据源，用于指定报表输出哪些数据，这个数据源就是报表的数据环境。

对于固定使用的数据源，可将其添加到“数据环境设计器”中，以便每次运行报表时自动打开、关闭时自动释放。一个报表的数据源可以是自由表、数据库表、视图。在报表设计器中，可以通过使用以下几种方法将数据源添加到报表“数据环境设计器”中：

（1）单击“报表设计器”工具栏中的“数据环境”按钮。

（2）选择“显示”菜单中的“数据环境”命令。

（3）在“报表设计器”任意空白处，单击鼠标右键，然后从弹出的快捷菜单中选择“数据环境”命令。

上述任意一种方法都可打开“数据环境设计器”，然后选择“数据环境”菜单中的“添加”命令，或右键单击数据环境设计器，从弹出的快捷菜单中选择“添加”命令，系统将弹出“添加表或视图”对话框，选择要添加的表或视图，即可以将数据源添加到数据环境中。

10.3.4 报表的控件设计

在报表布局的每一个带区中，可以通过报表控件设计报表的输出格式和输出数据。报表控件的使用方法与表单控件的使用方法类似，但由于报表控件只用于输出，比表单控件简单，因此没有表单控件的属性窗口。为了便于用户使用，所有的报表控件被组织在“报表控件工具栏”中。通过使用“报表控件工具栏”可以在报表的各个带区中添加报表控件。

（1）控件所在的带区

可以把报表控件工具栏中的任何控件放置在任何带区中，但相同的控件放置在不同带区的打印效果是不一样的。例如，把一个“标签”控件放在“标题”带区，这个标签的内容仅在整个报表的第一页上打印一次；若将其放在“页标头”带区，则在报表的每一页开头都要打印一次。

（2）控件的高度

控件的高度不能大于带区的高度，否则就要调整带区的高度使之包容控件。调整带区高度的方法是：将鼠标移动到某个带区标识条上，当出现上下双向箭头“↕”时，向上或向下拖曳鼠标，带区高度会随之变化，也可双击带区标识条，从弹出的对话框中设置带区的高度。

（3）“域控件”的使用

使用“报表控件”工具栏中的“域控件”，可以创建字段、函数、变量或表达式，因此通常称之为“表达式控件”。在如图 10－22 中所示的报表布局中，就包含函数、字段、系统变量和表达式，它们都是利用“域控件”在相应带区定义的打印单元。

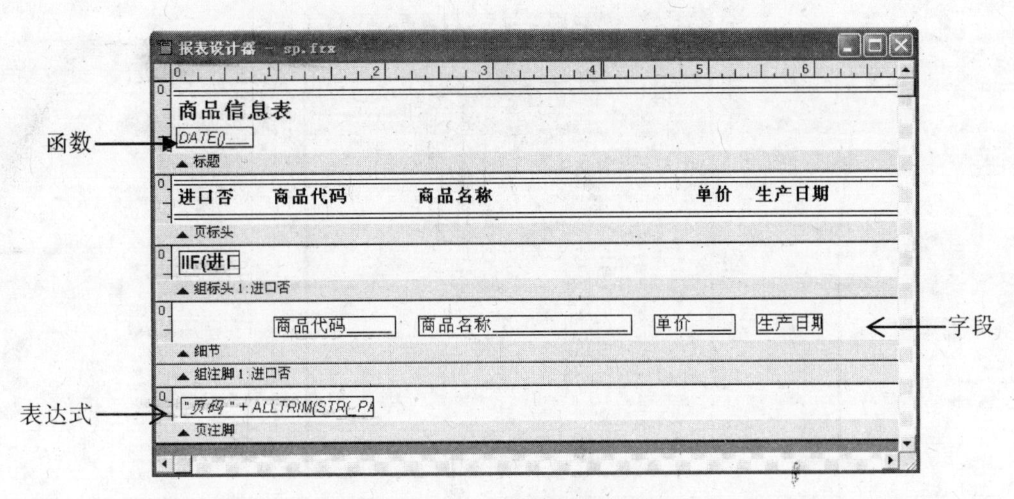

图 10－22　一个报表布局的例子

当用“域控件”在带区上拖出对象并释放鼠标后，立即弹出如图 10－23 所示的“报表表达式”对话框，用来为控件定义表达式。

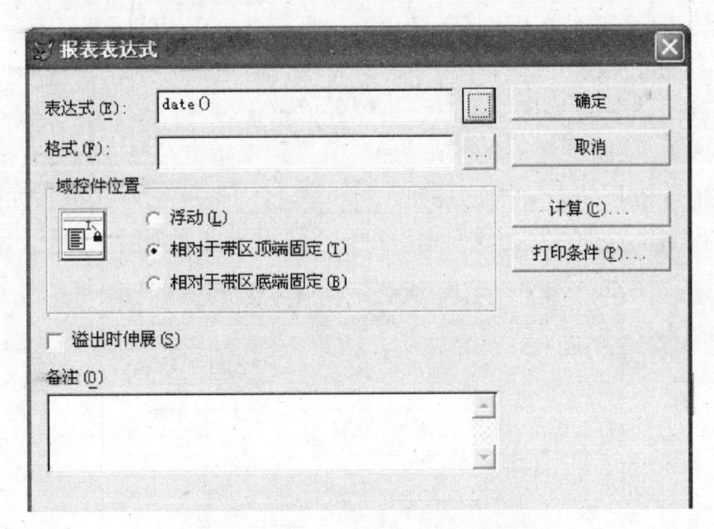

图 10－23　“报表表达式”对话框

利用“报表表达式”对话框定义域控件表达式的使用时，有以下几个问题：

①“表达式”文本框，用于键入表达式，这里输入的表达式是 date( )，表示在该域控件上输出计算机系统的当前日期；也可以单击右侧的“省略号”按钮…，打开“表达式生成器”对话框，用户从中可以选择字段、函数或系统变量。

②“格式”文本框，用于指定表达式的输出格式。

③“计算”按钮，单击该按钮，打开“计算字段”对话框，如图 10－24 所示。该图中有一个“重置”组合框和一个表示进行何种“计算”的“选项”按钮框。

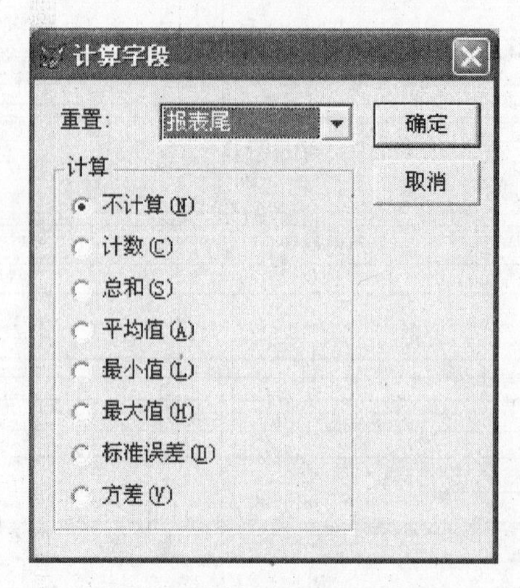

图 10-24 "计算字段"对话框

● "重置"组合框：用于指定控件的复零时刻，包括"报表尾"、"页尾"和"列尾"3 个选项。

● 报表尾：表示在整个报表打印结束时，将控件值重置为零。

● 页尾：表示在报表每页打印结束时，将控件值重置为零。

● 列尾：表示每一列打印结束时，将控件值重置为零。

● "计算区"：该区包含 8 个选项按钮，分别用于指定对控件所要进行的计算。

④"打印条件"按钮，单击该按钮，打开"打印条件"对话框，如图 10-25 所示。该对话框用来设置是否打印重复值、打印条件和打印时遇到空白行如何处理。

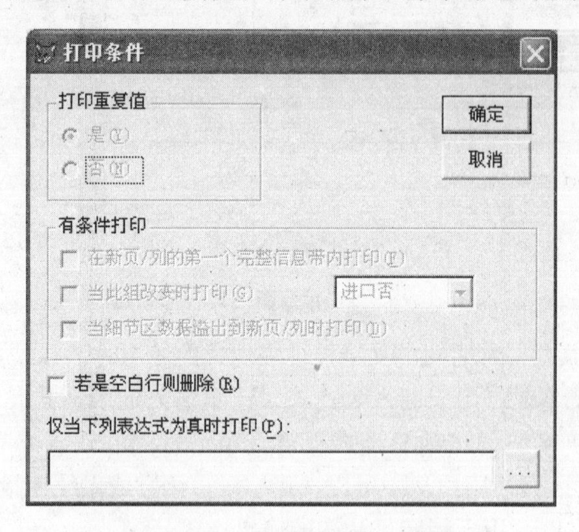

图 10-25 "打印条件"对话框

10.3.4 报表的数据分组

在实际应用中，使用报表输出一个表或视图中的数据时，有时会遇到需要根据数据的取值情况将一个表中的数据分为多组输出，并对每组数据进行统计计算的情况，这时就需要使用数据分组报表。例如，在例 10-1 中所生成的报表 sp.frx，就是按照

"进口否"字段进行分组的分组报表。

【例 10－3】使用"报表设计器"设计一个将商品情况表 sp. dbf 中的数据按进口与否分组显示商品信息，报表的预览结果如图 10－26 所示。

商品信息表

商品代码	商品名称	单价	生产日期
国产商品			
s2	激光打印机	1750.00	01/23/09
s3	DVD刻录机	185.00	02/03/09
s4	平板式扫描仪	380.00	04/15/09
s7	蓝牙无线鼠标器	320.00	02/07/09
s8	双WAN口路由器	5100.00	07/20/09
进口商品			
s1	笔记本电脑	7380.00	03/12/09
s5	4GU盘	75.00	06/19/09
s6	台式计算机	4200.00	05/10/09
s9	15寸触摸液晶显示器	1800.00	03/24/09

图 10－26　按进口与否分组输出的报表

操作步骤如下：

（1）打开商品情况表 sp. dbf。在表设计器中，对 sp 表的"进口否"字段建立普通索引。

（2）选择"文件"菜单中的"新建"命令，打开"新建"对话框，选中"报表"单选按钮，然后单击"新建文件"按钮，打开"报表设计器"。将 sp 加到报表的数据环境中，如图 10－27 所示。

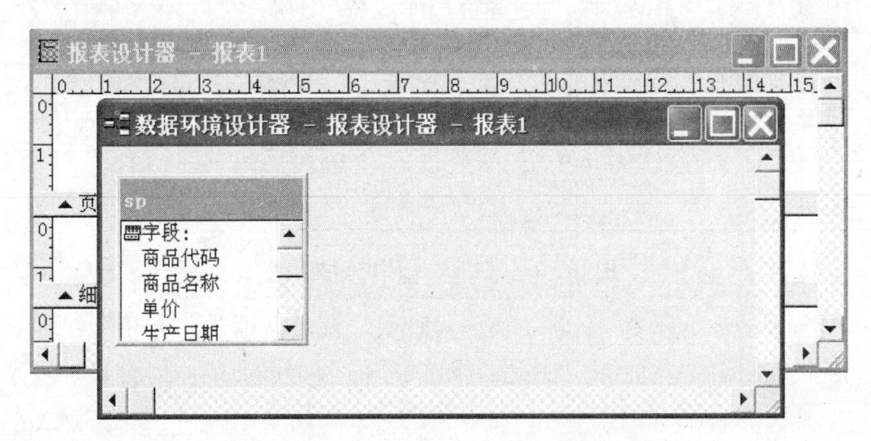

图 10－27　将 sp 表作为报表的数据环境

设置 sp 按照"进口否"排序：右键单击数据环境中的 sp 表，选择"属性"，在"属性"窗口中，设置 Cursor1 的 Order 属性为"进口否"，如图 10－28 所示。

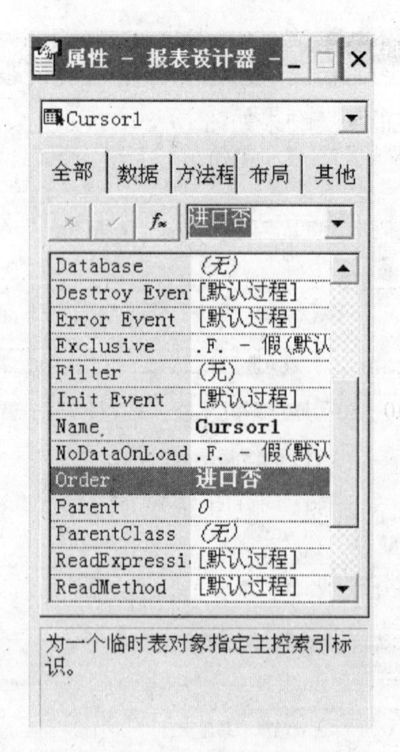

图 10-28 将 sp 表的排序字段

（3）使用报表控件工具栏，在报表的页标头带区添加 5 个标签控件，它们显示的内容分别为“商品信息表”、“商品代码”、“商品名称”、“单价”、“生产日期”，并根据需要设置其字体、字号，如图 10-29 所示。

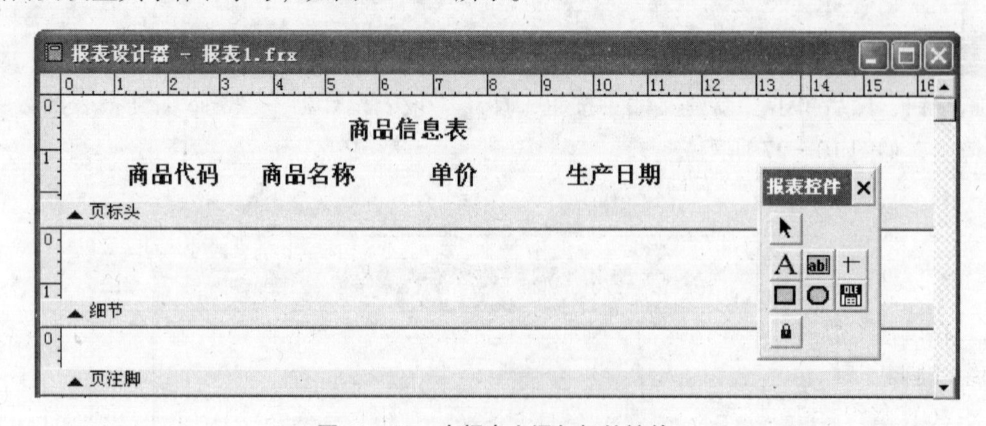

图 10-29 在报表上添加标签控件

（4）从报表的数据环境中，将“商品代码”、“商品名称”、“单价”、“生产日期” 4 个字段拖至报表的细节带区中，并适当设置字体、字号和布局，如图 10-30 所示。

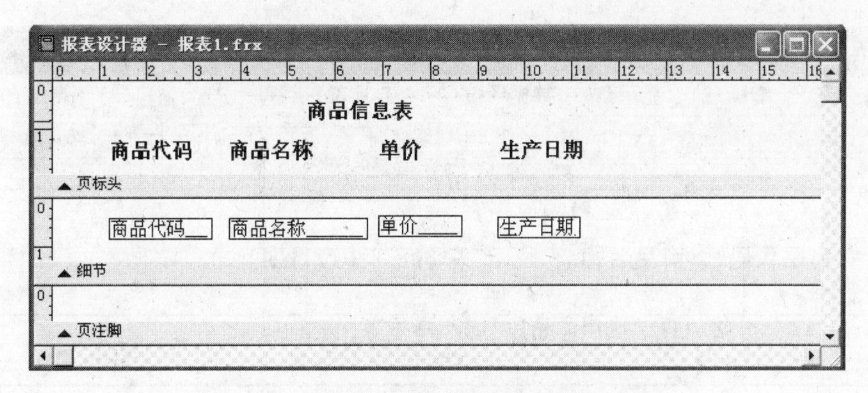

图 10－30　通过拖曳字段在报表上添加域控件

（5）选择“报表”菜单中的“数据分组”命令，打开“数据分组”对话框，在“分组表达式”中输入“sp.进口否”（如图 10－31 所示），然后单击“确定”按钮。

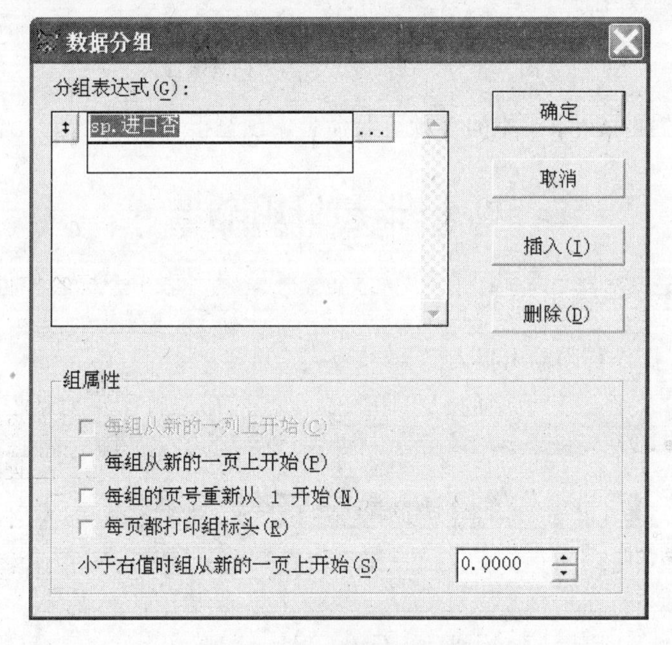

图 10－31　数据分组对话框

在设置了数据分组表达式后，在报表上将出现两个与数据分组有关的带区：组标头和组注脚。

（6）将组标头的带区分隔线适当向下拖动，在组标头带区中添加一个域控件，并设置该域控件的报表表达式为：IIF(sp.进口否,"进口商品","国产商品")，如图 10－32 所示。

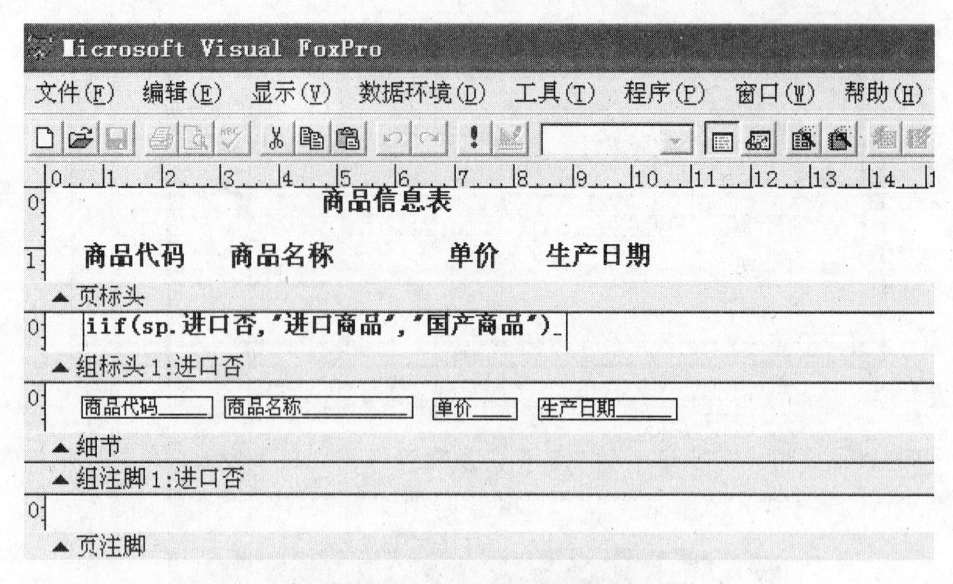

图 10 - 32 在报表上添加组标头域控件

(7) 选择“显示”菜单中的“预览”命令，预览报表。

10.4 报表的打印输出

10.4.1 使用菜单输出报表

按菜单方式操作打印输出报表：

(1) 选择“文件”菜单中的“打印”命令，打开“打印”对话框，如图 10 - 33 所示。

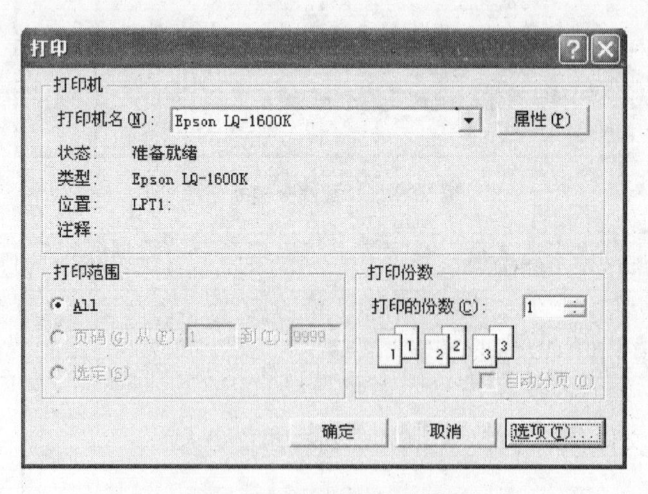

图 10 - 33 “打印”对话框

(2) 在“打印”对话框中，可以选择所要使用的打印设备和打印份数；单击“选项”按钮，打开“打印选项”对话框，可以选择打印的文件类型、打印文件和设置打印参数，如图 10 - 34 所示。

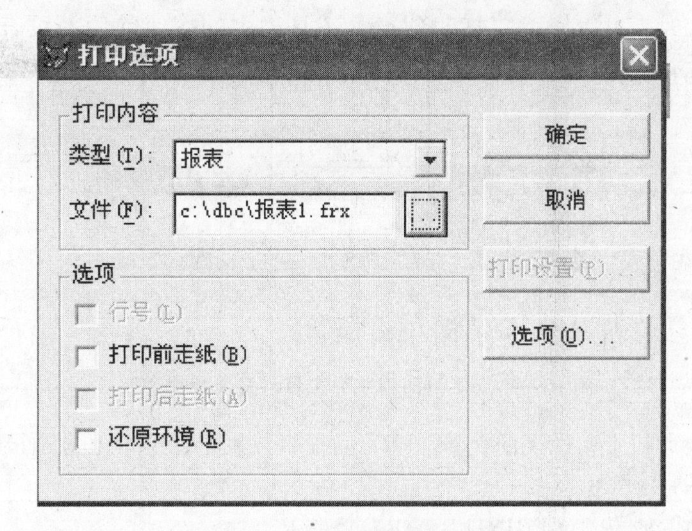

图 10-34 “打印选项”对话框

(3) 设置打印选项后，单击“确定”按钮，即可将报表打印输出。使用这种方式也可以输出其他类型的文件内容。

10.4.2 使用命令输出报表

【命令】REPORT FORM <报表文件名> [ENVIRONMENT]；
[<范围>][FOR <逻辑表达式>] [HEADING <字符表达式>]；
[NOCONSOLE][PLAIN][RANGE 开始页[,结束页]]；
[TO PRINTER [PROMPT]|TO FILE <文件名>[ASCII]]

【功能】打印报表、预览报表或输出报表至文件。

【说明】

<报表文件名>：指定要打印的报表文件名，扩展名默认为.frx，可省略。

ENVIRONMENT：用于恢复存储在报表文件中的数据环境信息，供打印时使用。

<范围> FOR <逻辑表达式>：指定满足条件的范围。

HEADING <字符表达式>：把字符表达式作为页标题打印在报表的每一页面上。

NOCONSOLE：在打印时禁止报表在屏幕上显示。

PLAIN：控件使用 HEADING 子句设置的页标题仅在报表的第一页出现。

RANGE 开始页 [，结束页]：指定打印页的范围，结束页默认为 9999。

TO PRINTER [PROMPT]：指定报表输出到打印机，若有 PROMPT 子句则出现打印对话框，以便供用户选择设置。

TO FILE <文件名> [ASCII]：输出到文本文件。若带有 ASCII，可使打印代码不写入文件。

如果要在屏幕上显示出名称为 SP. FRX 的报表，可使用以下命令：

REPORT FORM SP

如果要在报表预览窗口中预览名称为 SP. FRX 的报表，可使用以下命令：

REPORT FORM SP PREVIEW

在预览报表时，可以使用“打印预览”工具栏中的按钮前后翻页查看各个记录、进行打印或关闭预览窗口。“打印预览”工具栏的功能如图 10-35 所示。

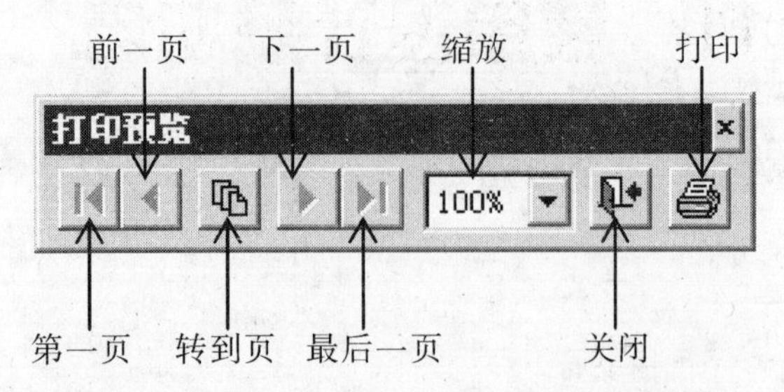

图 10-35 “打印预览”工具栏及其功能说明

如果要在打印机上打印名称为 SP. FRX 的报表并禁止在屏幕上显示报表，可使用以下命令：

REPORT FORM SP TO PRINTER NOCONSOLE

如果要将名称为 SP. FRX 的报表输出到文本文件 ABC. TXT 中，并过滤其中的打印机控制字符，可使用以下命令：

REPORT FORM SP TO FILE ABC ASCII

思考题

1. 创建报表的命令是什么？如何打印输出报表？

2. 什么是报表布局？报表布局有哪些类型，各具什么特点？

3. 报表设计器中的带区共有几种，它们的作用是什么？

4. 标题带区与页标头带区有什么不同？

5. 如何进行数据分组？

6. 如何在报表中添加域控件？

7. 报表有无数据环境，数据环境所起的作用是什么？在数据环境中能添加什么数据表？

8. 利用报表设计器创建报表时，系统默认有哪三个带区？

9. 利用域控件可以在报表中显示什么量的值？

11　菜单设计及应用

菜单（Menu）是应用程序与用户之间的接口。Visual FoxPro 提供了一个菜单设计工具，即“菜单设计器”。使用“菜单设计器”，只需编写少量代码就能设计出各种类型的菜单。

本章主要介绍如何设计下拉菜单和快捷菜单。

11.1　菜单设计概述

设计一个菜单，通常需要考虑应用系统的总体功能，通过菜单把系统功能有机地组织起来，当用户选择某个菜单选项时就能实现该选项的对应的系统功能。

11.1.1　菜单的结构及类型

（1）菜单的结构

一个常用的菜单结构如图 11 -1 所示。

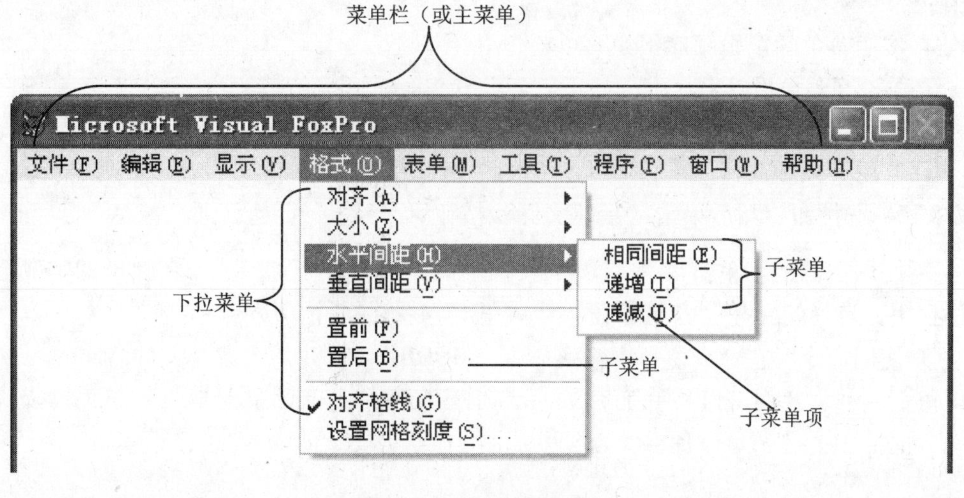

图 11 -1　菜单的结构

（2）菜单的类型

① 菜单栏

菜单栏（或主菜单）是指菜单以条形式、水平地放置在屏幕顶部或顶层表单的上部所构成的菜单条，常称为主菜单。每个菜单栏都有一个内部名字。菜单栏通常由若干菜单选项所组成，每一个菜单项都有一个显示标题和内部名字。显示标题用来给用户看，内部名字用于程序代码中。例如，图 11 - 1 中的菜单栏由“文件”、“编辑”、“显示”等菜单选项组成。

② 弹出式菜单

弹出式菜单是指一个具有封闭边框，由若干个垂直排列的菜单项组成的菜单。每个弹出式菜单都有一个内部名字。每一个菜单项都有一个显示标题和选项序号。显示标题用来给用户看，内部名字和选项序号用于程序代码中。弹出式菜单的特点是需要时就弹出来，不需要时就可将其隐藏起来。在 Windows 应用程序中往往用右键单击某个对象，就会弹出一个弹出式菜单，称为快捷菜单。

③ 下拉式菜单

下拉式菜单是由一个主菜单的菜单项和弹出菜单组合而成的，是一种能从菜单栏的选项下拉出来的弹出式菜单。在 Windows 中，很多应用程序都采用下拉式菜单，如 Visual FoxPro 本身的菜单就是一种下拉式菜单。

11.1.2 菜单设计的一般步骤

设计菜单一般按下述步骤进行：

(1) 规划菜单

在规划应用程序的菜单系统时，应考虑下列问题：

① 根据应用程序的功能，确定需要哪些菜单，是否需要子菜单，每个菜单项完成什么操作，实现什么功能等。所有这些问题都应该在定义菜单前就确定下来。

② 按照用户所要执行的任务组织菜单，而不要按应用程序的层次组织菜单。

③ 给每个菜单一个有意义的菜单标题，看到菜单，用户就能对功能有一个大概认识。

④ 按照菜单的逻辑顺序组织菜单项。

(2) 打开菜单设计器

可使用下面的几种方法打开“菜单设计器”：

① 使用菜单。选择“文件”菜单中的“新建”命令，打开“新建”对话框，选择“菜单”单选按钮，然后单击“新建文件”按钮。

② 使用工具栏。单击“常用”工具栏上的“新建”按钮，在弹出的“新建”对话框中，选择“菜单”单选按钮，然后单击“新建文件”按钮。

③ 使用命令。在命令窗口中输入命令：MODIFY MENU [<菜单文件名.mnx>].

以上三种方法都可以打开如图 11 - 2 所示的“新建菜单”对话框。单击“菜单”按钮，即可进入“菜单设计器”窗口，如图 11 - 3 所示。

图 11－2　“新建菜单”对话框

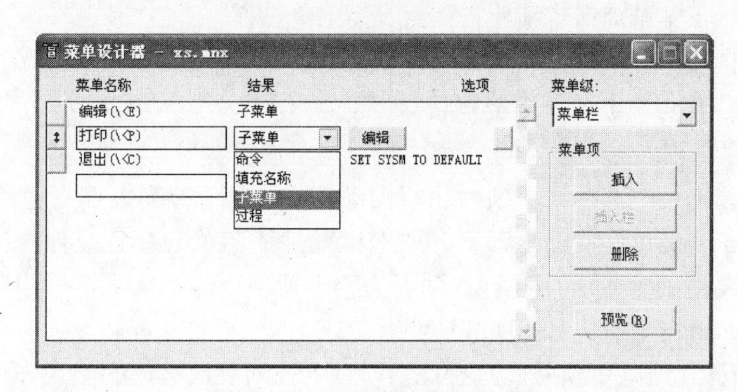

图 11－3　“菜单设计器”窗口

(3) 定义和保存菜单

定义菜单，就是在“菜单设计器”窗口中定义菜单栏、子菜单、菜单项的名称和执行的命令等内容。定义菜单之后，可选择“文件”菜单中的“保存”命令，或按组合键 Ctrl + W，将其保存到以.mnx 为扩展名的菜单文件中。

(4) 生成菜单程序

菜单文件并不能运行，但可通过它生成菜单程序文件。菜单程序文件主名与菜单文件主名相同，以.mpr 为扩展名加以区别。

生成菜单程序的方法是：在“菜单设计器”窗口，选择“菜单”菜单中的“生成”命令，然后在“生成菜单”对话框中输入菜单程序文件名，最后单击“生成”按钮。

(5) 运行菜单程序

要执行察看菜单程序的运行效果，可在命令窗口中输入下面的命令：

【命令】DO <菜单程序文件名.mpr>

其中，菜单程序文件名的扩展名.mpr 不可省略，否则无法与运行命令文件相区别。

11.1.3　菜单设计器简介

(1) 菜单设计器界面

打开“菜单设计器”时，首先显示的是用于定义菜单栏的界面。“菜单设计器”界面中各主要功能说明如下：

① 窗口右上部有一个标识为“菜单级”的下拉列表框，其功能是用来切换到上一

级菜单或下一级菜单和改变窗口的页面。

② 窗口左边有一个含有3列的列表框，分别为“菜单名称”、“结果”和“选项”，用于定义一个菜单项的有关属性。

③ 窗口右边有“插入”、“插入栏”、“删除”和“预览”4个按钮，分别用于菜单项的插入、删除和模拟显示。

（2）“菜单名称”列

用来输入菜单项的名称，即菜单的显示标题，并非程序内部的菜单名。Visual FoxPro 允许用户为访问某菜单项定义一个热键，方法是在要定义的字符前面加上“ \ < ”，如定义“文件”菜单项的热键为“ \ < F”。菜单运行时只需按下定义的热键字符即按组合键 Alt + F，该菜单项即可被执行。

为增强可读性，可使用分隔线将内容相关的菜单项分隔成组。只要在“菜单名称”中键入“ \ - ”，便可以创建一条分隔线。

（3）“结果”列

该列用于指定用户选择菜单项时执行的动作。单击下拉列表框右边的“▾”箭头，如图 11 - 3 所示，会拉出“命令”、“填充名称”、“子菜单”和“过程”四个选择。

① 命令：选择此项时，下拉列表框右边会出现一个命令文本框，用于输入一条可执行的 Visual FoxPro 命令，如 DO MAIN.PRG。

② 填充名称（或菜单项#）：选择此项时，下拉列表框右边会出现一个文本框，可以在文本框中输入该菜单项的内部名字或序号。如果当前定义的是一级菜单（即菜单栏），该选项为“填充名称”，应指定菜单项的内部名字；如果当前定义的是弹出式菜单，就显示“菜单项#”，应指定菜单项的序号。

③ 子菜单：该选项用于定义当前菜单的子菜单。选定此项后，右边会出现一个“创建”或“编辑”按钮（新建时显示“创建”，修改时显示“编辑”）。单击此按钮，菜单设计器就切换到子菜单页面，供用户创建或修改子菜单。要想返回上一级菜单，可从“菜单级”下拉列表框中选择相应的上一级选项。

④ 过程：该选项用于为菜单项定义一个过程，即选择该菜单命令时执行用户定义的过程。选定此项后，右边就会出现“创建”或“编辑”按钮，单击相应按钮，将出现文本编辑窗口，供用户输入程序过程。

（4）“选项”列

初始状态下，每个菜单项的“选项”列都有一个“无符号”按钮。单击该按钮将会弹出图 11 - 4 所示的“提示选项”对话框，该对话框供用户定义菜单项的其他属性。一旦定义了菜单项属性，该按钮就会显示一个“✓”符号，表示此菜单项的有关属性已经作了定义。下面就“提示选项”对话框作出说明。

① 快捷方式：定义该菜单项的快捷键。方法是把光标定位在“键标签”右边的文本框中，然后按下以后使用的快捷键（快捷键通常用 Ctrl 键或 Alt 键与另一个字符组合），如按下 Ctrl + E，则“键标签”文本框内就会自动出现 Ctrl + E；同时“键说明”文本框也会出现同样的内容，但可以进行修改。当菜单被激活时，按键字符组合将显示在菜单项标题的右侧。若要取消已定义的快捷键，只需按下空格键即可。

② 跳过：用于设置菜单项的跳过条件。用户可在文本框中输入一个逻辑表达式，

在菜单运行过程期间若该表达式为 .T.，则此菜单项将以灰色显示，表示当前该菜单项不可使用。

③ 信息：用于定义菜单项的说明信息，该信息将会出现在 Visual FoxPro 主窗口的状态栏中。

④ 主菜单名：用于指定该菜单项的内部名字，如果是弹出式菜单，则显示“菜单项#”，表示弹出式菜单项的序号。一般不需要指定，系统会自动设置。

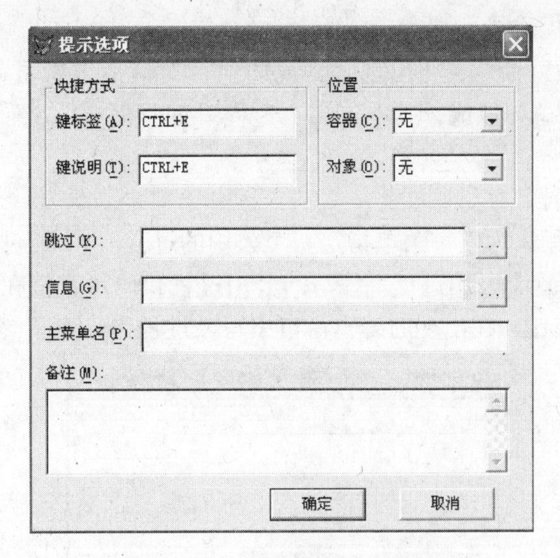

图 11 - 4　“提示选项”对话框

（5）其他按钮

① 插入：在当前菜单项之前插入一个菜单项。

② 删除：删除当前的菜单项。

③ 插入栏：该按钮仅在定义子菜单时才有效，其功能是在当前菜单项之前插入一个 Visual FoxPro 系统菜单命令。单击此按钮，弹出如图 11 - 5 所示的“插入系统菜单栏”对话框，只需从中选择所需的菜单命令，然后单击“插入”按钮。

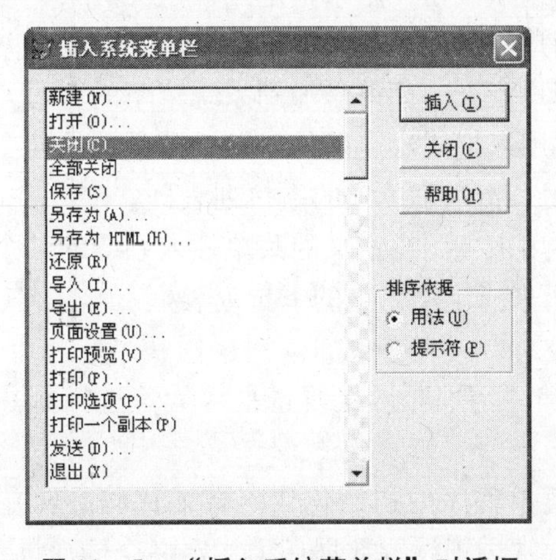

图 11 - 5　“插入系统菜单栏”对话框

④ 移动按钮：每个菜单项左侧有一个移动按钮 ↕，拖动移动按钮可以改变菜单项在当前菜单的位置。

11.1.4 “显示”菜单简介

打开“菜单设计器”，在“显示”菜单中有两个菜单命令选项，这就是“常规选项”和“菜单选项”命令。

（1）“常规选项”命令

执行“常规选项”命令，将出现“常规选项”对话框，如图 11－6 所示。该对话框用于定义菜单栏的总体性能，其中包含“过程”编辑框，“位置”区和“菜单代码”区等几个部分。

①“过程”编辑框

“过程”编辑框用来为整个菜单指定一个公用的过程。如果有些菜单尚未设置任何命令或过程，就执行这个公用过程。编写的公用过程代码可直接在编辑框中进行编辑，也可单击“编辑”按钮，在出现的编辑窗口中写入过程代码。

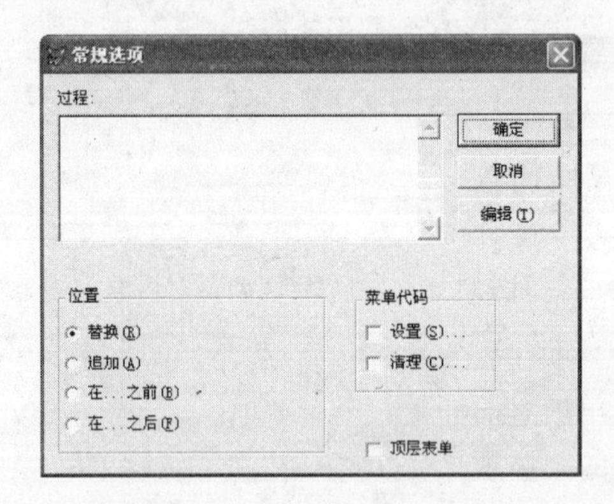

图 11－6 “常规选项”对话框

②“位置”框区

“位置”框区有 4 个选项按钮，用来指定用户定义的菜单与系统菜单的关系。

“替换”选项：以用户定义的菜单替换系统菜单。

“追加”选项：将用户定义的菜单添加到系统菜单的右边。

“在…之前”选项：用来把用户定义的菜单插入系统的某个菜单项的左边，选定该按钮后右侧会出现一个用来指定菜单项的下拉列表框。

“在…之后”选项：用来把用户定义的菜单插入系统的某个菜单项的后面，选定该按钮后右侧会出现一个用来指定菜单项的下拉列表框。

③“菜单代码”框区

该区域有“设置”和“清理”两个复选框，无论选择哪一个，都会出现一个编辑窗口。

设置：供用户设置菜单程序的初始化代码，该代码旋转在菜单程序的前面，是菜单程序首先执行的代码，常用于设置数据环境，定义全局变量和数组等。

清理：供用户对菜单程序进行清理工作，这段程序放在菜单程序代码后面，在菜单显示之后执行。

④“顶层表单”复选框

如果选择该复选框，则表示将定义的菜单添加到一个顶层表单里；未选时，则定义的菜单将作为应用程序的菜单。

(2)“菜单选项”命令

选择“显示”菜单中的“菜单选项”命令，打开“菜单选项”对话框，如图11－7所示。在这个对话框中，可以定义当前菜单项的公共过程代码。如果当前菜单项中没有编写程序代码或运行时选择此菜单选项，将执行这部分公共过程代码。

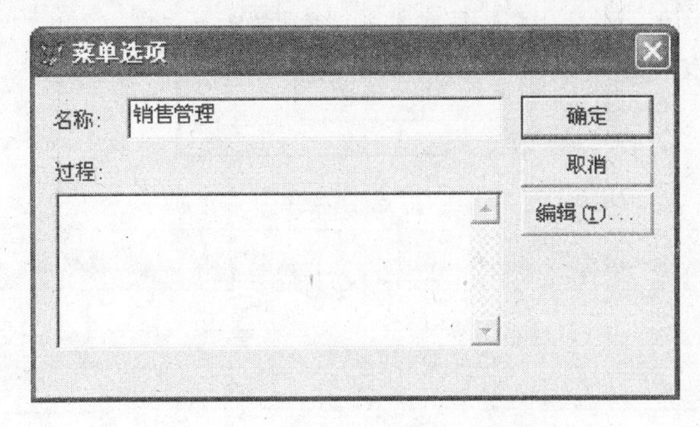

图11－7 “菜单选项”对话框

11.2 菜单设计及运行

11.2.1 设计下拉菜单

【例11－1】使用“菜单设计器”建立如图11－8所示的“商品信息查询系统”的菜单，菜单文件名为spcx.mnx。要求该菜单具有以下功能：

主菜单包括：“商品浏览”、“商品查询”、“商品打印”和“退出”4个菜单栏。

① 选择“商品浏览”，打开sjll表单。

② 选择“商品查询”，弹出下拉菜单，有3个子菜单：“商品销售信息”、“商品销售金额”、“部门销售金额”，这3个菜单选项的功能是分别打开spxscx1、sptj、bmtj表单。

③ 选择“商品打印”，弹出下拉菜单，有2个子菜单：“打印预览”、“商品打印”，这2个菜单选项的功能分别是预览sp报表、打印sp报表。

④ 选择“退出”，退出用户菜单，恢复到系统菜单。

图11－8 “商品信息查询系统”的菜单

设计步骤如下：

（1）在命令窗口中键入并执行命令：CREATE MENU spcx.mnx，打开“新建菜单”对话框，如图 11－9 所示。

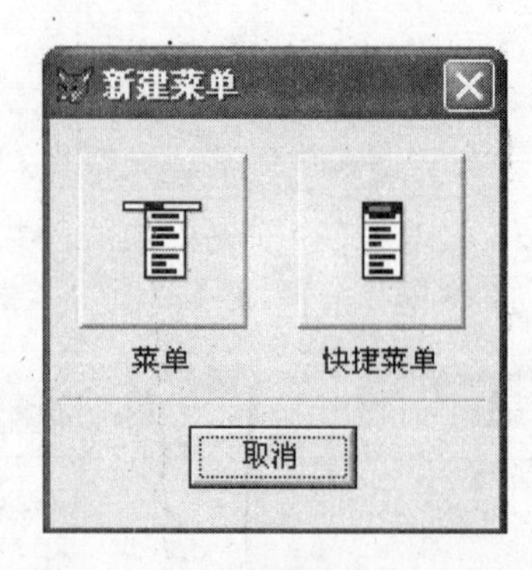

图 11－9 “新建菜单”对话框

（2）单击“菜单”按钮，打开“菜单设计器”窗口，如图 11－10 所示。

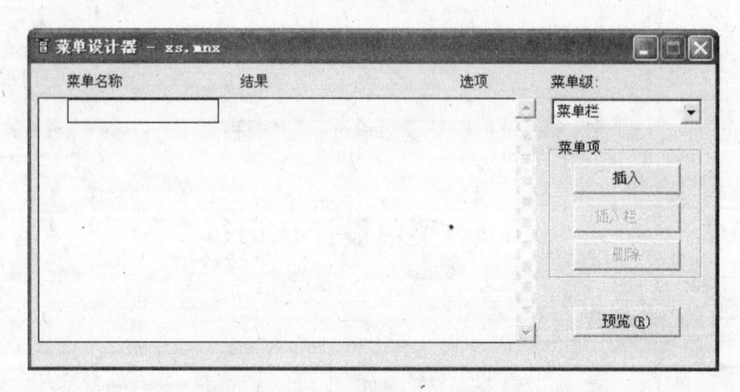

图 11－10 “菜单设计器”窗口

（3）在“菜单设计器”窗口的“菜单名称”下面，依次输入菜单栏（主菜单）中的 4 个菜单项，这 4 个菜单项的名称分别是“商品浏览”、“商品查询”、“商品打印”、“退出”。其中，“商品浏览”菜单项的“结果”是“命令”，在命令文本框中输入命令“do form sjll”。“商品查询”和“商品打印”菜单项的“结果”设置为“子菜单”，“退出”菜单项的“结果”设置为“过程”，如图 11－11 所示。

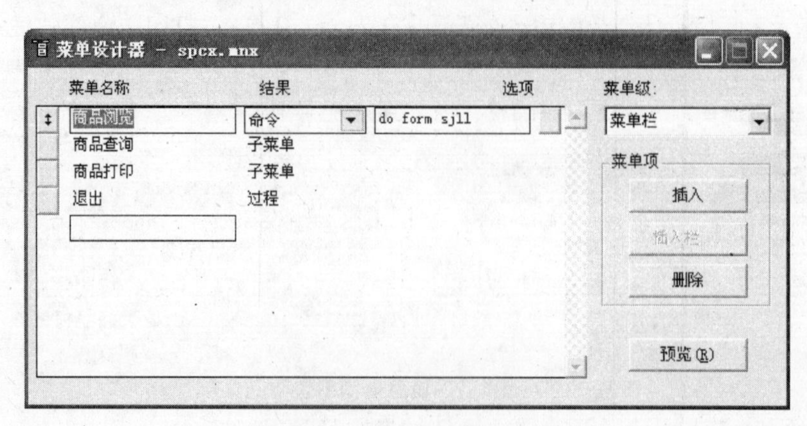

图 11－11 定义菜单栏

(4) 定义子菜单项。下面以定义“商品查询”子菜单为例说明操作过程，其余类似。为了定义“商品查询”的各个子菜单，选择“商品查询”这一行，单击“创建”按钮，使“菜单设计器”切换到子菜单页，然后依次输入3个子菜单名称：“商品销售信息”、“商品销售金额”、“部门销售金额”，这3个菜单的“结果”是“命令”，如图11－12所示。

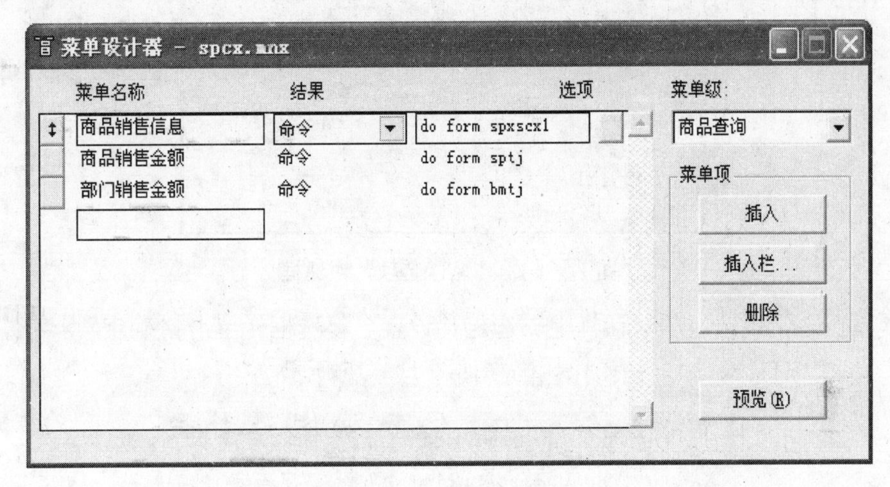

图11－12 定义子菜单

(5) 同样的方法，定义“商品打印”子菜单，其中“打印预览”对应的命令是“report form sp to preview”，“商品打印”对应的命令是“report form sp to printer noconsole”，如图11－13所示。

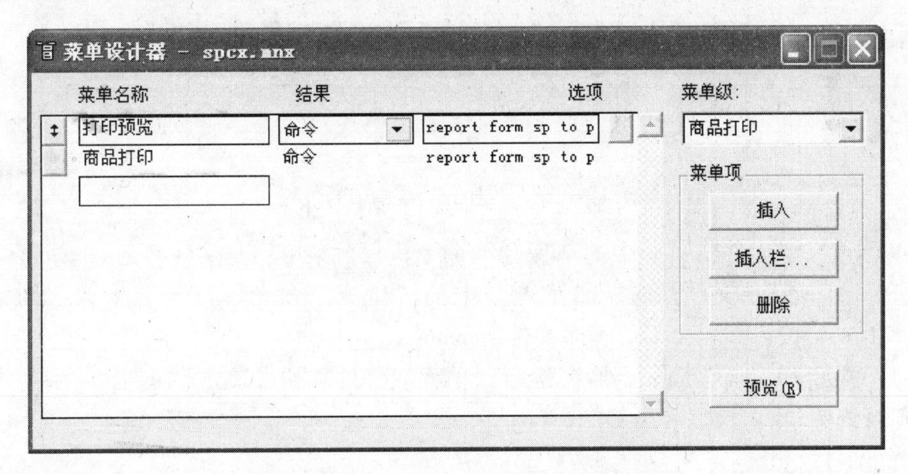

图11－13 “商品打印”子菜单的设计

(6) 设置菜单程序的初始化代码。选择“显示”菜单中的“常规选项”命令，打开“常规选项”对话框，如图11－14所示。

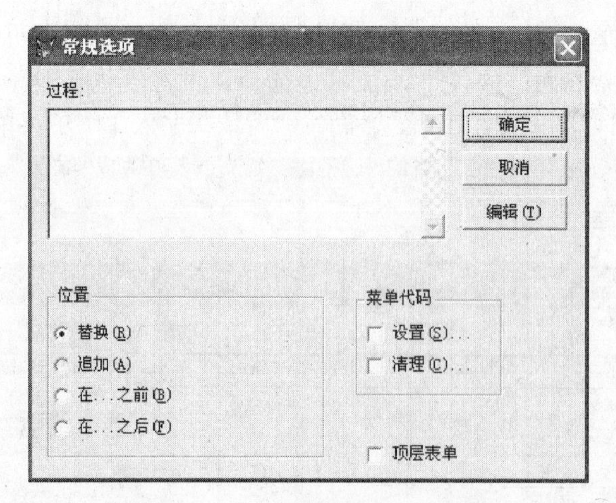

图 11－14　“常规选项”对话框

（7）在“常规选项”对话框中，选定“设置”复选框，单击“确定”按钮，返回“设置”编辑窗口中，输入初始化代码，如图 11－15 所示。

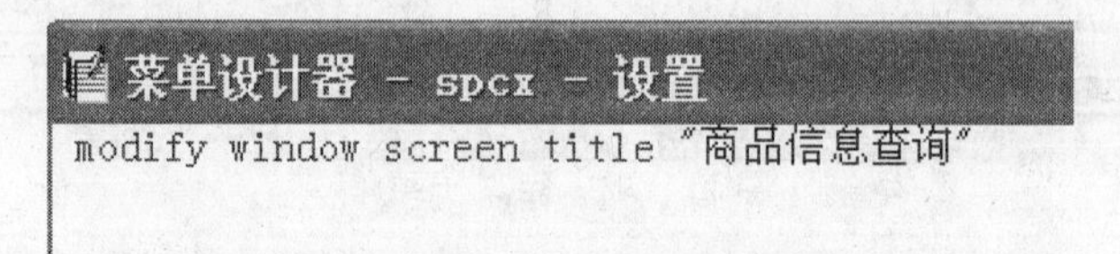

图 11－15　“设置”编辑窗口

（8）设置“退出”菜单项的命令行代码，如图 11－16 所示。

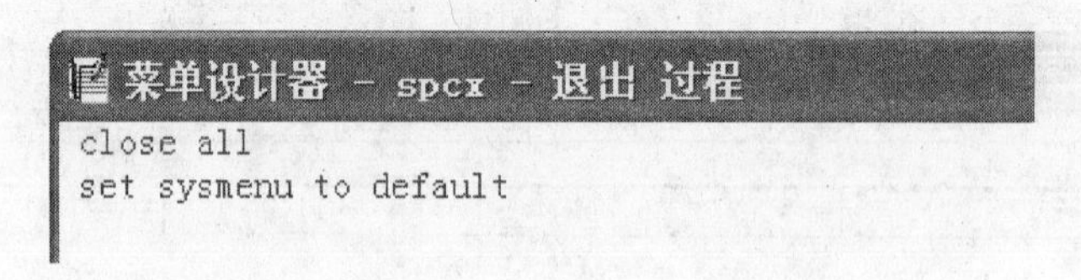

图 11－16　“退出”菜单项的过程

（9）选择“文件”菜单中的“保存”命令，保存菜单，其文件名为 spcx.mnx。

（10）生成菜单文件。选择“菜单”中的“生成”命令，打开“生成”对话框，单击“生成”按钮，生成菜单程序文件 spcx.mpr。

（11）执行 DO spcx.mpr 命令，运行菜单程序文件。如果单击“退出”菜单项，则恢复到系统菜单。

11.2.2　给表单设计下拉菜单

把下拉式菜单添加到顶层表单的步骤如下：

① 在“菜单设计器”中设计下拉式菜单。

② 选定“常规选项”对话框中的“顶层表单”复选框。

③ 将表单的 ShowWindow 属性值设置为 2，使其成为顶层表单。

④ 在表单的 Init 事件代码中添加调用菜单程序的命令，其格式为：

DO <菜单程序文件名.mnx> [WITH This [,<菜单名>]

【例 11 -2】设置 main 表单的下拉菜单为 spcx.mpr，如图 11 -17 所示。

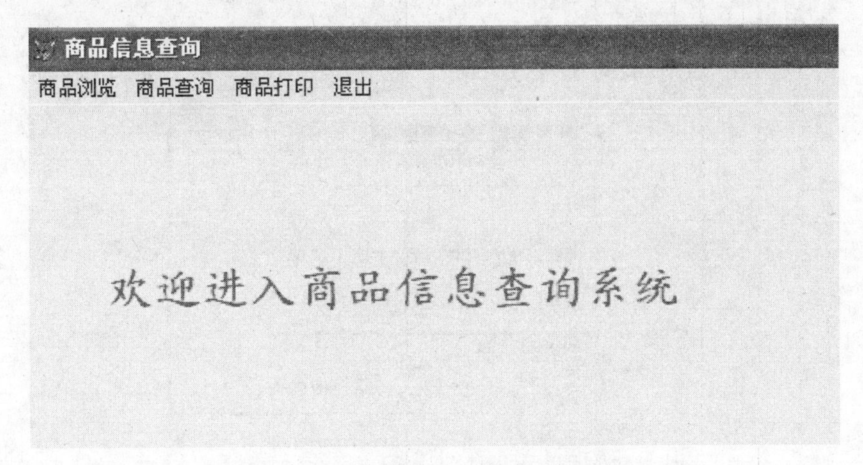

图 11 -17 顶层表单中添加菜单示例

操作步骤如下：

（1）执行命令 Modify MENU spcx.mnx，打开 spcx 的菜单设计器。单击“显示”菜单，选择“常规选项”命令，打开“常规选项”对话框，选择“顶层表单”复选框，如图 11 -18 所示。单击“确定”按钮，返回“菜单设计器”窗口。

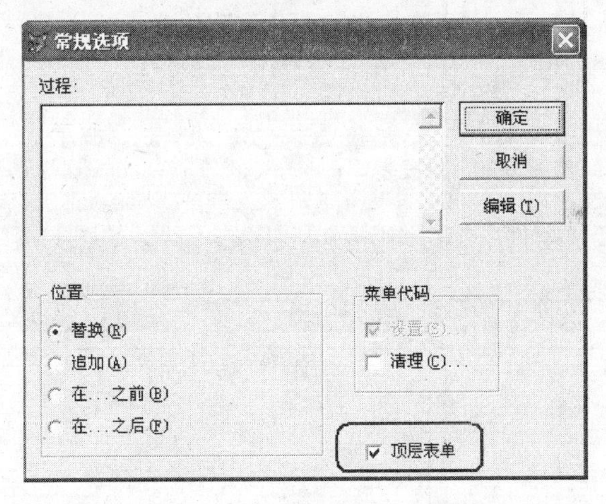

图 11 -18 “常规选项”对话框

（2）修改“退出”子菜单项的代码，如图 11 -19 所示。

图 11 -19 “退出”菜单选项的过程

（3）选择“文件”菜单中的“保存”命令，保存菜单。

（4）生成菜单文件。选择“菜单”中的“生成”命令，打开“生成”对话框，单击“生成”按钮，生成菜单程序文件 spcx.mpr。

（5）使用命令 MODIFY FORM main，打开表单 main.scx，修改 main.scx 表单的 ShowWindows 属性值为“2－作为顶层表单”，使其成为顶层表单，如图 11－20 所示。

图 11－20　修改表单 main.scx 的 ShowWindow 属性

（6）在表单的 Init 事件中编写调用菜单程序的代码，如图 11－21 所示。

图 11－21　表单的 Init 事件代码

（7）在表单的 Destroy 事件中编写清除菜单程序的代码，如图 11－22 所示。

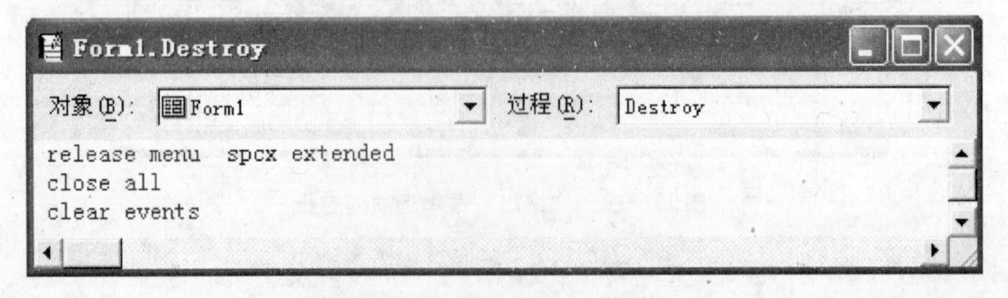

图 11－22　表单的 Destroy 事件代码

（8）保存并运行表单。

11.2.3 设计快捷菜单

快捷菜单与下拉式菜单不同。快捷菜单一般从属于某个界面对象，例如一个表单。当用鼠标在界面对象上右击时，就会弹出快捷菜单。快捷菜单没有条形菜单，只有弹出式菜单。快捷菜单的设计是在快捷菜单设计器中完成的。打开快捷菜单设计器的方法是在如图 11－2 所示的“新建菜单”对话框中选择“菜单”。

定义好了快捷菜单以后，一般需要在表单的指定对象的 RightClick 事件中调用快捷菜单。其操作步骤如下：

①利用快捷菜单设计器设计快捷菜单。

如果快捷菜单要引用表单中的对象，需要在快捷菜单的“设置”代码中添加一条接收当前表单对象引用的参数语句：

PARAMETERS ＜参数名＞

其中，＜参数名＞是指快捷菜单中引用表单的名称。

②在快捷菜单的“清理”代码中添加清除菜单的命令，命令格式如下：

RELEASE POPUPS ＜快捷菜单名＞［EXTENTED］

使得在执行菜单命令后能及时清除菜单，释放其占据的内存空间并生成快捷菜单程序文件。

③与设计下拉菜单类似，选择“菜单”的“生成”，生成下拉菜单程序文件。

④打开表单文件，在表单设计器中，选定需要调用快捷菜单的对象。

⑤在选定对象的 RightClick 事件代码中添加调用快捷菜单的命令：

DO ＜快捷菜单程序文件名＞［WITH This］

其中，如果需要在快捷菜单中引用表单中的对象，需要使用 WITH This 来传递参数。

【例 11－3】创建一个具有“暂停”、“继续”、“退出”功能的快捷菜单 js，提供给例 9－13 设计的显示计算机系统时间的表单（jsq.scx）使用。运行该表单以后，右键单击表单空白区域，弹出快捷菜单，菜单中的“暂停”、“继续”、“退出”三个菜单选项的功能分别和表单中的“暂停”、“继续”、“退出”的功能相同。程序运行效果如图 11－23 所示。

图 11－23　表单中调用快捷菜单

设计步骤如下：

（1）打开快捷菜单设计器。

（2）选择“显示”菜单中的“常规选项”命令，打开“常规选项”对话框。

① 在“常规选项”对话框中，选定“设置”复选框，单击“确定”按钮，在设置代码窗口中输入以下代码：

PARAMETERS mf

② 在“常规选项”对话框中，选定“清理”复选框，单击“确定”按钮，在设置代码窗口中输入以下代码：

RELEASE POPUPS js EXTENDED

（3）在“快捷菜单设计器”中，创建“暂停”、“继续”、“退出”三个菜单选项，三个菜单选项的“结果”列都设置为“命令”，如图 11－24 所示。

在“暂停”菜单项的命令文本框中输入代码：mf. Command1. Click

在“继续”菜单项的命令文本框中输入代码：mf. Command2. Click

在“退出”菜单项的命令文本框中输入代码：mf. Command3. Click

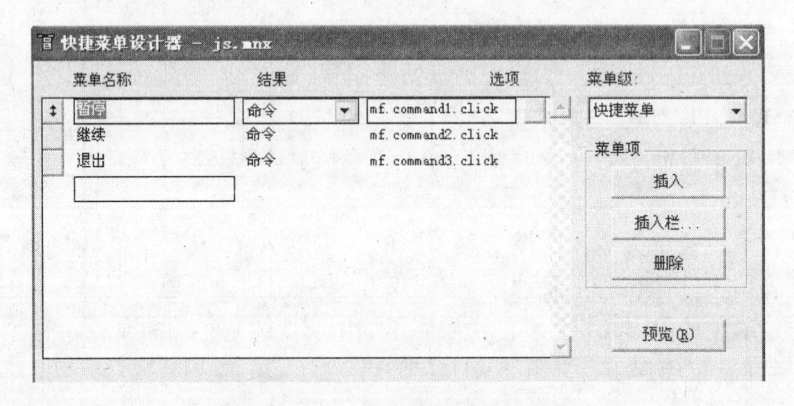

图 11－24　快捷菜单 js 的设计

（4）选择“文件”菜单中的“保存”命令，保存菜单，其文件名为 js.mnx。然后选择“菜单”中的“生成”命令，生成菜单程序文件 js.mpr。

（5）打开表单 jsq. scx，在表单的右击事件 RightClick 代码编辑窗口中输入代码：

DO JS.mpr with this

（6）保存表单并运行表单。

思考题

1. 简述如何创建下拉式菜单。

2. 如何在用户的菜单系统中加入系统菜单？如何在顶层表单中添加菜单？

3. 如何在弹出菜单的菜单项之间插入分隔线，将内容相关的菜单项分隔成组？

4. 如何给菜单项设置快捷键？

5. 如何将一个快捷菜单添加到一个控件中，如添加在编辑框控件之中？

6. 想一想，如何创建一个菜单 filemenu，其中包括两个菜单项“文件”和“帮助”，“文件”将激活子菜单，该子菜单包括“打开”、“存为”和“关闭”3 个菜单项；要求“关闭”子菜单项用 SET SYSMENU TO DEFAULT 命令返回到系统菜单。

12　应用程序的集成与发布

一个典型的数据库应用程序由数据表、用户界面、查询和报表等组成。在设计应用程序时，应仔细考虑每个组件将提供的功能以及与其他组件之间的关系。前面各章介绍了数据库、程序、表单、菜单和报表等这些可能包含在应用程序中的组件及其设计方法。

本章介绍如何把这些分离的组件连接在一起，生成一个单一的、可供最终用户安装使用的应用程序。

12.1　应用程序的一般开发过程

一个高质量的应用程序开发是从需求分析开始的，如用户要求的功能操作是什么、数据库的大小、是单用户还是多用户等。在规划阶段就应让用户更多地参与进来，在实施阶段需要不断地加工，并接受用户的反馈。

一个典型的应用程序由数据库、用户界面、查询和报表等组成。在设计时应充分考虑每个组件提供的功能以及其他组件之间的关系。应用程序必须保证数据的完整性，需要为用户提供菜单，提供一个或多个表单供数据输入、显示、查询和报表输出。除此之外，还要添加某些事件的响应代码，提供特定的功能。

12.1.1　应用程序设计的基本过程

应用程序设计涉及到数据库设计、数据输入和输出的用户界面设计以及程序调试等若干环节，最后需要将它们连编成可执行的应用程序。

图 12－1 概括了应用程序的基本开发过程。

12.1.2　应用程序组织结构

应用程序通常由若干个模块组成，每个模块功能相对独立而又相互联系。一个典型的数据库应用程序通常包含以下几个部分。

12.1.2.1　数据库

数据库里存储了应用程序需要处理的所有原始数据。根据应用系统的复杂程度，可以只有一个数据库，也可以有多个数据库。

12.1.2.2　用户界面

用户界面是提供用户与数据库应用程序之间的接口，通常有一个菜单、一个工具栏

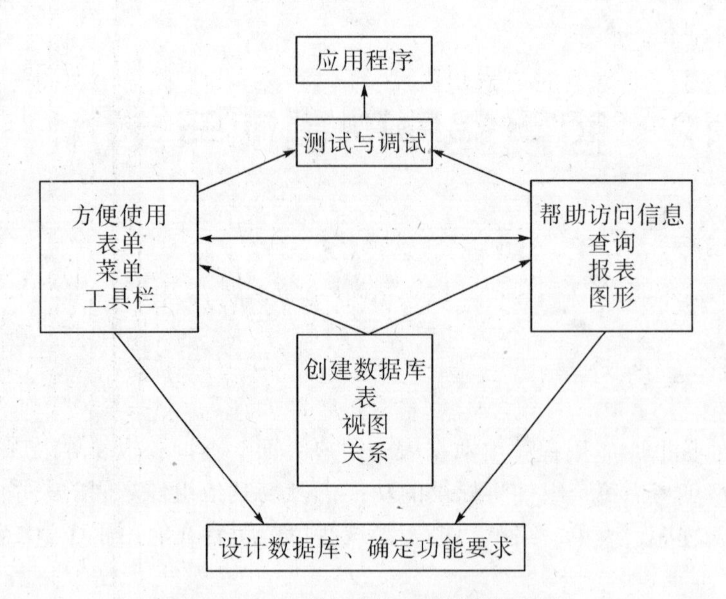

图 12-1　应用程序的开发过程流程图

和多个表单。菜单可以让用户快捷、方便地操纵应用程序提供的全部功能，工具栏让用户更方便地使用应用程序的基本功能。表单作为最主要的用户界面形式，提供给用户一个数据输入和显示的窗口，通过调用表单中的控件，如命令按钮，可以完成各种数据处理操作。可以说，用户的绝大部分工作都是在表单中进行的。

12.1.2.3　事务处理

事务处理是提供特定的功能代码，完成查询、统计等数据处理工作，以便用户可以从数据库的众多原始数据中获取所需要的各项信息。这些工作主要在事件的响应代码中设计完成。

12.1.2.4　打印输出

打印输出是指将数据库中的信息按用户要求的组织方式和数据格式打印输出，以便长期保存。这部分功能主要由各种报表和标签实现。

12.1.2.5　主程序

主程序是用于设置应用程序的系统环境和起始点，是整个应用程序的入口点。在建立主程序时需要考虑以下问题：

（1）设置应用程序的起始点

将各个组件链接在一起，然后主文件为应用程序设置一个起始点，由主文件调出应用程序的其他组件。任何应用程序必须包含一个主文件。主文件可以是程序文件，也可以使用一个表单作为主文件，将主程序的功能和初始的用户界面集成在一个表单程序中。

（2）初始化

初始化包括以下内容：

① 环境设置。主文件必须做的第一件事就是对应用程序的环境进行设置，默认的环境对应用程序来说并非最合适，这就需要在启动代码中为程序建立特定的环境。如果在开发环境中已经选择“工具”菜单中的“选项”命令设置好环境，可采用以下方

法将它们复制到主文件中：

选择“工具”菜单中的“选项”命令，按 Shift 键，单击“确定”按钮，打开“命令”窗口，显示环境 SET 命令，选择“命令”窗口显示的有关 SET 命令并将其复制并粘贴到主文件中。

② 初始化变量。

③ 打开需要的数据库、自由表及索引等。

（3）显示初始的用户界面

初始的用户界面可以是一个菜单，也可以是一个表单或其他组件。在主程序中可以使用 DO 命令运行一个菜单，或者使用 DO FORM 命令运行一个表单，以初始化用户界面。

（4）控件事件循环

应用程序的环境建立之后，显示初始的用户界面。面向对象机制是需要建立一个事件循环来等待用户的交互操作。控件事件循环的方法是执行 READ ENENTS 命令。

该命令的使用格式如下：

【命令】READ ENENTS

【功能】开始事件循环，等待用户操作。

【说明】仅 . EXE 应用程序需要建立事件循环。在开发环境中运行应用程序，不必使用该命令。从执行 READ ENENTS 命令开始，到相应的 CLEAR EVENTS 命令执行期间，主文件中所有的处理过程都将全部挂起，因此，将 READ ENENTS 命令正确地放在主文件中十分重要。如在一个初始过程中，可以将 READ ENENTS 作为最后一个命令，在初始化环境显示了用户界面之后执行。如果在初始过程中没有 READ ENENTS 命令，则执行 . EXE 程序时将返回到操作系统。例如，执行下面的命令：

DO FORM main. SCX

READ ENENTS

（5）退出应用程序时恢复原始的开发环境

① 结束事件循环。必须确保在应用程序中存在一个可执行 CLEAR EVENTS 命令来结束事件循环，使 Visual FoxPro 能执行 READ EVENTS 的后继命令。

CLEAR EVENTS 的格式如下：

【命令】CLEAR EVENTS

【功能】结束事件循环。一般可将 CLEAR EVENTS 命令安排在一个“退出”按钮或菜单命令中。

② 恢复原始的开发环境。通常用一个过程程序来专门恢复初始环境。

（6）设置主文件

设置主文件的方法是：在“项目管理器”中选择要设置的主文件，选择“项目”菜单中的“设置主文件”命令。一个项目中只可设置一个主文件，在“项目管理器”中，主文件以粗体字显示，并自动设置为“包含”状态。只有设置了“包含”，应用程序连编后，才能作为只读文件处理。这意味着用户只能使用程序，不能修改程序。

12.1.3 主程序设计

如上所述，主文件应进行初始化环境工作，调用一个菜单或表单来建立初始的用户界面，执行 READ EVENTS 命令来建立事件循环，在“退出”命令按钮或菜单中执行 CLEAR EVENTS 命令，退出应用程序时恢复环境。

在主文件中，没有必要直接包含上述所有任务的命令，常用的方法是调用过程或函数来控制某些任务，如环境初始化和清除等。

【例 12－1】编写商品信息查询系统的主程序。

操作步骤如下：

（1）在命令行上输入 MODI COMM main

（2）在程序编辑窗口中输入下列代码：

```
*环境设置代码
set defa to c:\spgl
set century on
clear windows
set talk off
set safety off
clear all
*调用登录表单
do form dl
read events
*恢复环境设置
set sysmenu to defa
set talk on
set safety on
close all
clear all
clear windows
clear events
cancel
```

12.1.4 设置主表单

用户不仅可指定一个程序为主程序，而且也可以指定一个表单或表单集作为主程序，把主程序的功能和初始用户界面合二为一。若想将某一表单既作为系统的初始界面，又能实现上面所述主程序所具有的功能，只要在主表单中的相应的事件、相关的方法中添加代码即可。

添加事件代码的方法如下：

（1）在指定的主表单功表单集的 Load 事件中添加设置环境的程序代码。

（2）在 Unload 事件中添加恢复环境设置的程序代码。

（3）将表单或表单集的 WindowType 属性设置为 1（模式）后，可用来创建独立运行的程序（.EXE）。

用表单作为主程序文件将受到一些限制，最好是用一个程序作为主程序文件。

12.2　利用“项目管理器”开发应用程序

在 Visual FoxPro 中，“项目管理器”是组织和管理应用程序所需的各种文件的工作平台，是处理数据和对象的主要组织工具和控制中心。“项目管理器”将一个应用系统开发过程中使用的数据库、表、查询、表单、报表、各种应用程序和其他一切文件集合成一个有机的整体。利用“项目管理器”能方便地将文件从项目中移出或加入到项目中。

12.2.1　用“项目管理器”组织文件

在应用程序开发过程中，无论是数据库、表、程序、菜单、表单或报表等组件，都可在“项目管理器”中进行新建、添加、修改、运行和移出等操作。

一个 Visual FoxPro 项目可能包含表单、报表和程序文件，除此之外，还常常包含一个或多个数据库、表及索引。如果某个现有文件不是项目的一部分，则可以人工添加它。只需在“项目管理器”中单击“添加”按钮，在“添加”对话框中选择需要添加的文件即可。这样，在编译应用程序时，Visual FoxPro 把它们作为组件包含进来。图 12-2 表示利用“项目管理器”组织“销售管理”项目的一些数据文件。

必须为项目指定一个主文件。主文件作为一个已编译应用程序的执行开始点，在该文件中可以调用应用程序中的其他组件。项目连编时，自动将调用的文件添加到“项目管理器”窗口，最后一般应回到主文件。项目的主文件以粗体字显示，图 12-2 中的 main 显示为粗体，表明它是主文件。设置主文件的方法是：在“项目管理器”中选定一个文件（程序、菜单或表单），单击右键，在弹出的快捷菜单中单击“设置主文件”命令（也可选择“项目”菜单中的“设置主文件”命令），如图 12-3 所示。

【例 12-2】利用“项目管理器”管理商品查询信息系统的所涉及到的文件。

操作步骤如下：

（1）在命令窗口输入命令 MODIFY PROJECT spgl 并回车执行。

（2）将“销售管理”数据库添加到项目数据库中，“销售管理”数据库中的数据库表 sp、xs、bm、bmfz、bmzb 也自动添加到项目中。

（3）将主界面表单 main 和主菜单 spcx 中涉及到的表单 bmtj、dl、main、sjll、sptj、spxscx1 添加到项目的表单中。

（4）将报表 sp 添加到项目的报表中。

（5）将主文件 main 添加到项目的程序中。

（6）将菜单 spcx 添加到项目的菜单中。

（7）设置 main 程序为项目的主文件，在“项目管理器”中，右键单击“代码”—“程序”—“main”，选择“设置主文件”，如图 12-3 所示。

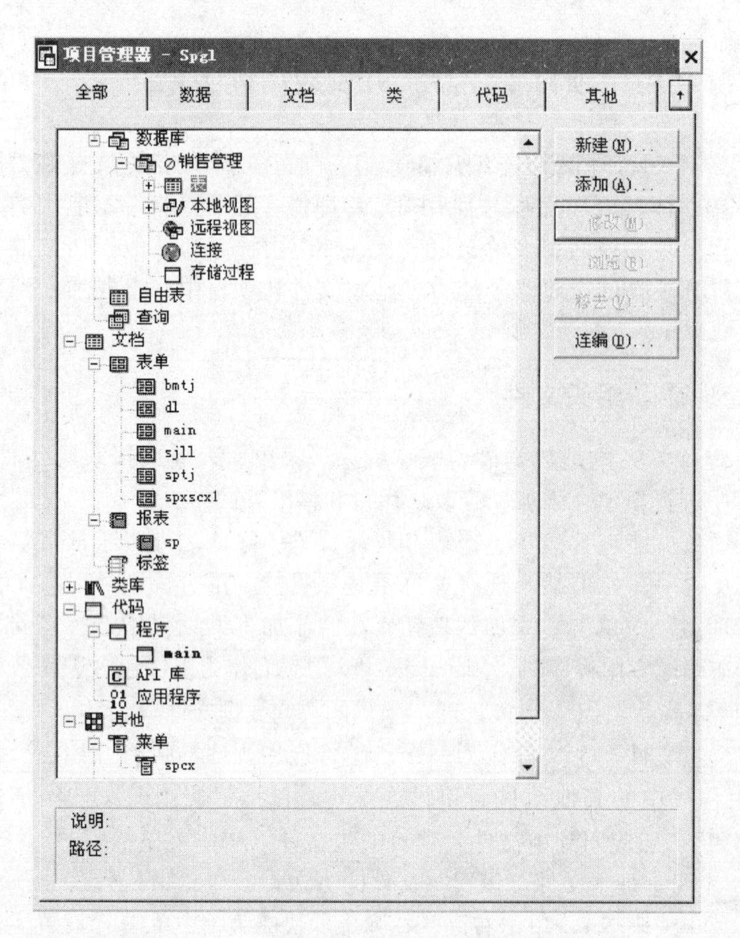

图 12-2 利用“项目管理器”组织各类文件

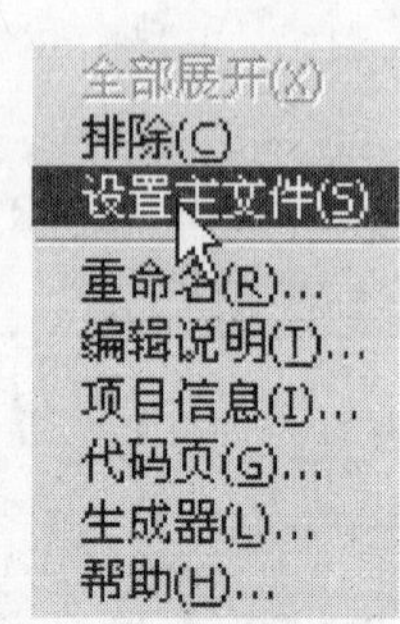

图 12-3 设置主文件

12.2.2 连编项目

连编是指将项目中的文件连接在一起，编译成单一的程序文件。项目在编译时涉及“包含”与“排除”两个概念。在“项目管理器”中，凡左侧带有“⊘”标记的文件属于“排除”类型，无此标记的文件则属于“包含”类型文件。

12.2.2.1 包含与排除

（1）包含。包含是指连编项目时将文件包含进生成的应用程序中，从而这些文件变成只读文件，不能再进行修改。通常将可执行的程序文件、菜单、表单、报表和查询等设置为“包含”。如果在程序运行中不允许修改表结构，则也可将其设置为“包含”。Visual FoxPro 默认程序文件为“包含”，而数据文件默认为“排除”。

（2）排除。排除是指连编项目时将某些数据文件排除在外，这些文件在程序运行过程中可以随意进行更新和修改。如将数据表设置为“排除”，则可修改其结构或添加记录。

要排除或包含一个文件的操作步骤如下：

① 在“项目管理器”中，选择要排除一个包含的文件。

② 右击鼠标，在弹出的快捷菜单中，如果选择的文件已被包含，则菜单将出现

"排除"项，单击"排除"命令，则选择的文件被排除；反之，出现"包含"命令，单击"包含"命令，则选定的文件被包含。

12.2.2.2 连编

连编是指对项目对象上的操作。在连编之前，应指定主文件、设置数据文件的"包含/排除"和确定程序之间的调用关系，然后单击管理器中的"连编"按钮，打开"连编选项"对话框，如图12－4所示。

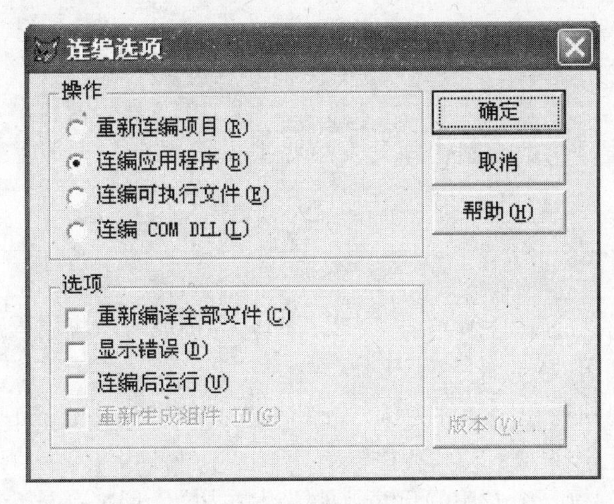

图12－4 "连编选项"对话框

(1)"操作"区选项按钮

① 重新连编项目：重新连接与编译项目中的所有文件，生成.pjx和.pjt文件（等价于在命令窗口执行BUILD PROJECT命令）。如果项目连编过程中发生错误，必须加以纠正并重新连编直至成功为止；如果连编项目成功，则在建立应用程序之前应试运行项目。可以在"项目管理器"中选择"主文件"，然后单击"运行"按钮；也可在命令窗口中键入DO命令执行主程序。如果正常，即可连编成应用程序文件。

② 连编应用程序：等价于在命令窗口执行BUILD APP命令，可以生成以.APP为扩展名的程序。.APP文件必须在Visual FoxPro环境下才能运行。执行方式为：DO文件名.APP。

③ 连编可执行文件：此选项等价于在命令窗口执行BUILD EXE命令，可以生成以.EXE为扩展名的可执行文件。.EXE文件可在Visual FoxPro环境下运行，也可脱离开发环境在Windows中独立运行。

④ 连编COM DLL：使用项目中的类信息，创建一个具有.DLL扩展名的动态连接库文件。

(2)"选项"区复选框按钮

① 重新编译全部文件：重新编译项目中的所有文件，当向项目中添加组件时，应重新项目的连编。如果没有在"连编选项"对话框中选择"编辑全部文件"，则只重新编译上次连编后修改过的文件。

② 显示错误：指定是否显示编译时发生的错误。

③ 连编后运行：指定连编后是否立即运行应用程序。

【例 12－3】连编“商品查询信息系统”项目文件。

操作步骤如下：

（1）在命令窗口中输入 MODIFY PROJECT spgl 并回车执行，打开“项目管理器”。

（2）单击“连编”按钮，打开“连编选项”对话框，选择“连编可执行文件”，单击“确定”按钮。

（3）在“另存为”对话框中，输入连编后的可执行文件的文件名 spgl. exe。

12.3 发布应用程序

所谓发布应用程序，是指制作一套安装盘提供给用户，使其能安装到其他计算机上使用。

12.3.1 准备工作

在发布应用程序之前，必须连编一个以 . APP 为扩展名的应用程序文件，或者一个以 . EXE 为扩展名的可执行文件。

下面以 . EXE 可执行程序文件为例，介绍事先必须进行的准备工作。

（1）首先将项目连编成 . EXE 程序。

（2）在磁盘上创建一个专用的目录（称为发布树），用来存放希望复制到发布磁盘的文件。这些文件包括：

① 连编的可执行程序文件。

② 在项目中设置为“排除”类型的文件。

③ 可执行文件需要和两个 Visual FoxPro 动态连接库 Vfp6rchs. dll（中文版）、Vfp6renu. dll（英文版）以及 Vfp6r. dll 支持库相连接构成完整的运行环境，这三个文件都在 Windows 的 system 目录中（如果是 Windows XP 环境，则在 system32 目录中）。

例如，若为销售管理系统建立一个专用目录（文件夹）C:\SPGL，然后将上述文件复制到该目录中。

12.3.2 应用程序的发布

应用程序的发布是指为所开发的应用程序制作一套应用程序安装盘，使之能安装到其他计算机中使用。

【例 12－4】制作商品信息查询系统的发布。

操作步骤如下：

（1）建立发布树（目录），发布树用来存放用户运行时需要的全部文件。这里建立一个发布目录 C:\SPGL，将一些必要的文件拷贝到该目录中。

（2）打开“工具”菜单，依次选择“向导”、“安装”命令，打开“安装向导”对话框，如图 12－5 所示。

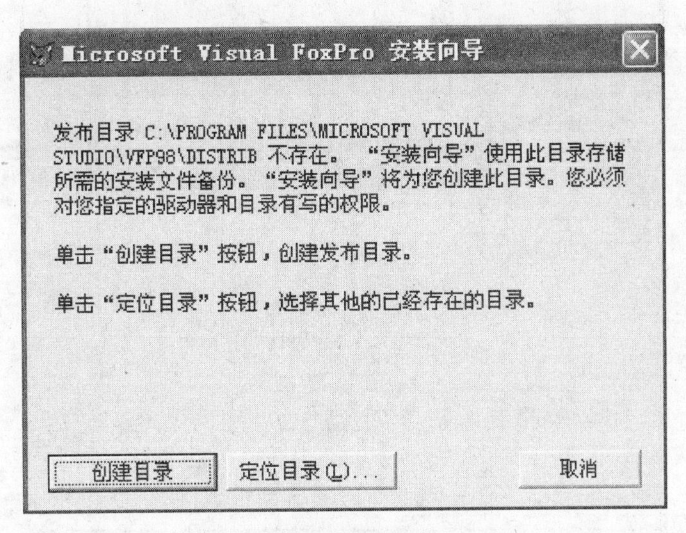

图 12-5 “安装向导”对话框

（3）单击“创建目录”按钮，可创建发布目录。单击“定位目录”按钮，选择其他已存在的发布目录，打开“安装向导：步骤 1-定位文件”对话框，单击“发布树目录”右侧的按钮，在“选择目录”对话框中选择目录 C:\SPGL，如图 12-6 所示。

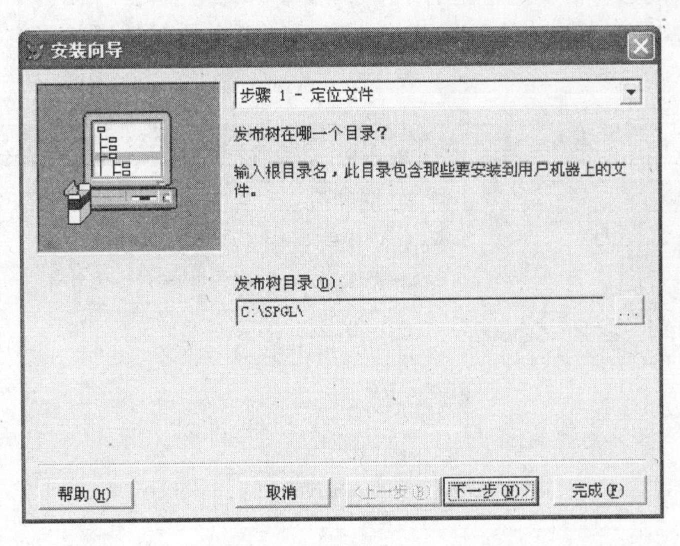

图 12-6 “安装向导：步骤 1-定位文件”对话框

（4）定位文件后，单击“下一步”按钮，打开“安装向导：步骤 2-指定组件”对话框。要求指定必须包含的系统文件，选定“Visual FoxPro 运行时刻组件”复选框，如图 12-7 所示。

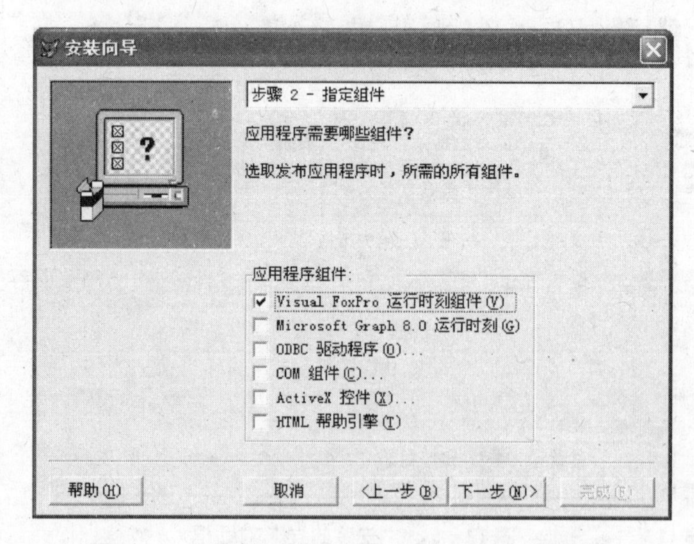

图 12-7　“安装向导：步骤 2-指定组件”对话框

（5）指定组件后，单击“下一步”按钮，打开“安装向导：步骤 3-磁盘映象”对话框。磁盘映像有两个含义：一是在软件发布整理过程中，将结果存放在何处，需要给出一个目录的名称。在这里选择目录 C:\SPGL;二是选择介质。如果做成软盘方式，则选择“1.44MB 3.5 英寸”复选框，表示做出来的软件以软盘方式存储，如图 12-8 所示。

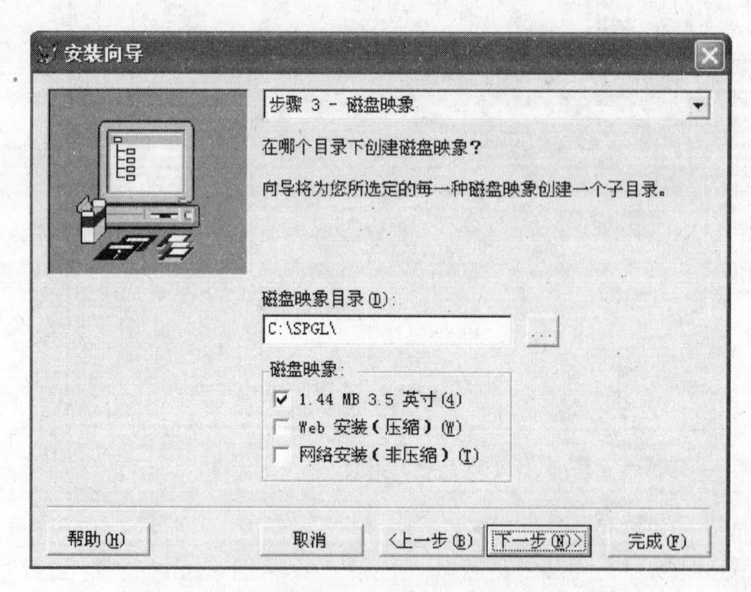

图 12-8　“安装向导：步骤 3-磁盘映象”对话框

（6）选择磁盘映象后，单击“下一步”按钮，打开“安装向导：步骤 4-安装选项”对话框。在“安装对话框标题”栏内输入“销售管理系统”，在“版权信息”栏内输入“版权所有”，在“执行程序”栏内输入“C:\SPGL\spgl.exe”，如图 12-9 所示。

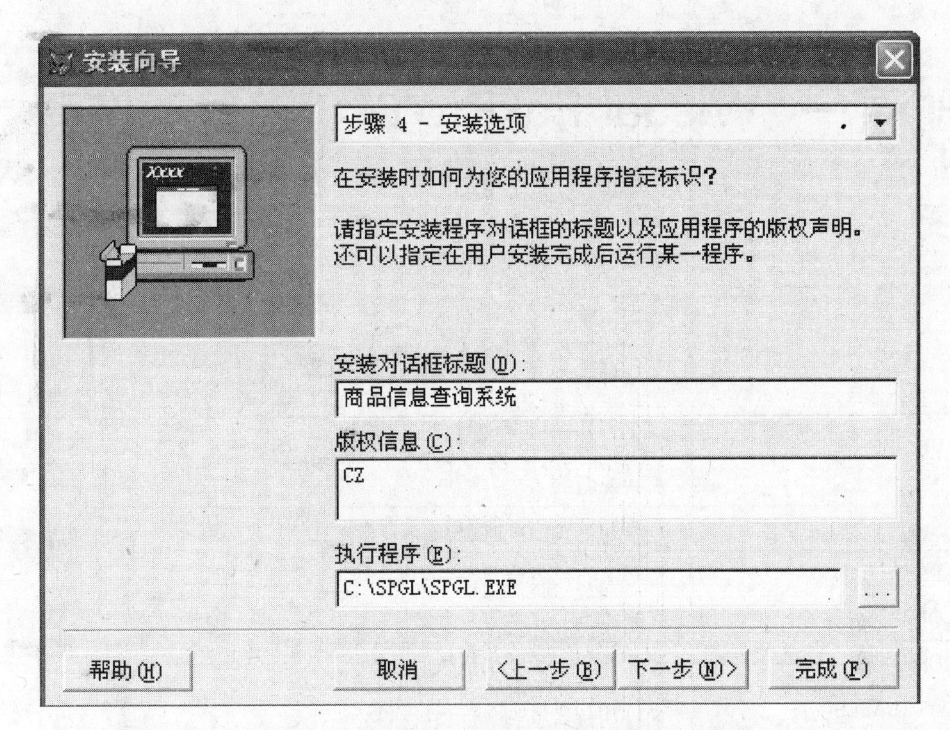

图 12-9 “安装向导：步骤 4-安装选项”对话框

（7）设置完成安装选项后，单击“完成”按钮，即可压缩整理程序。

（8）磁盘映像复制到软盘上。经过上述步骤操作后，在目录 C:\SPGL\ 中有一个磁盘映像子目录 DISK144，其下还有 DISK1 ~ XX 等几个子目录，供用户复制一套发布盘，以便将一个子目录的全部文件复制到一张软盘中。

（9）应用程序的安装：在发布盘 DISK1 中有一个文件 SETUP. EXE，只要在 Windows中运行该文件，即可一步一步地进行应用程序的安装。

思考题

1. 连编应用程序时，设置文件的“排除”和“包含”有何用途?

2. 设计 Visual FoxPro 应用程序时，主文件（程序）的作用是什么?

3. Visual FoxPro 应用程序连编后生成 . APP 和 . EXE 两种类型的可执行文件，其运行环境有何不同。如没有支持库 Vfp6r. dll，特定地区资源文件：Vfp6rchs. dll（中文版）和 Vfp6renu. dll（英文版）这些文件，. EXE 在执行时会出现什么问题。

4. 在应用程序的设计中，常见的用户界面有几种，其作用是什么?

附录一 Visual FoxPro 6.0 常用函数表

函　数	用　途
&	宏代换函数
ABS( )	计算并返回绝对值
ACLASS( )	将对象的类名放置于数组中
ACOPY( )	复制数组
ACOS( )	计算并返回弧度制余弦值
ADATABASES( )	将打开的数据库的名字存入数组
ADBOBJECTS( )	将当前数据库中表等对象的名字存入数组
ADEL( )	删除一维数组元素或二维数组行或列
ADIR( )	文件信息存入数组并返回文件数
AELEMENT( )	通过数组下标返回数组元素号
AERROR( )	创建包含 VFP、OLE 或 ODBC 错误信息的数组
AFIELDS( )	将当前表的结构存入数组中，并返回字段数
AINS( )	一维数组插入元素，二维数组插入行或列
ALEN( )	返回数组中元素、行或列数
ALIAS( )	返回表的别名或指定工作区的别名
ALLTRIM( )	删除字符串前后空格
AMEMBERS( )	将对象的属性、过程、对象成员名代入数组
APRINTERS( )	将 Windows 打印管理器中当前打印机名存入数组
ASC( )	取字符串最左边字符的 ASCII 码值
ASCAN( )	在数组中查找指定的表达式
ASELOBJ( )	将表单设计器当前控件的对象引用存入数组
ASIN( )	计算并返回反正弦值
ASORT( )	将数组元素排序
ASUBSCRIPT( )	计算并返回数组元素行或列的下标
AT( )	求子字符串起始位置
ATC( )	主要用于双字节字符表达式，对于单字节同 AT

续表

函　数	用　途
ATAN( )	计算并返回反正切值
ATC( )	类似 AT，但不分大小写
ATCC( )	类似 ATC，但不分大小写
ATCLINE( )	查找并返回子串行号函数
ATLINE( )	查找并返回子串行号函数，但不分大小写
AUSED( )	将表的别名和工作区存入数组
BAR( )	返回所选弹出式菜单或 VFP 菜单命令项号
BETWEEN( )	确定表达式值是否在其他两个表达式值之间
BINTOC( )	将整型值转换为二进制字符
BITAND( )	返回两个数字按二进制 AND 操作的结果
BITCLEAR( )	清除数值表达式中的二进制指定位并返回结果值
BITLSHIFT( )	返回数值表达式中二进制左移结果
BITNOT( )	返回数字按二进制 NOT 操作的结果
BITOR( )	计算并返回两个数值进行 OR 操作的结果
BITRSHIFT( )	返回数值表达式中二进制右移结果
BOF( )	记录指针移动到文件头否
CANDIDATE( )	索引标识是否是候选索引
CAPSLOCK( )	设置并返回 CAPSLOCK 键的当前状态
CDOW( )	从日期或日期时间返回英文星期几
CDX( )	返回复合索引文件名
CEILING( )	计算并返回大于或等于数值表达式的下一个整数
CHR( )	返回 ASCII 码相应字符
CHRSAW( )	确定键盘缓冲区是否有字符
CHRTRAN( )	替换字符
CMONTH( )	从日期或日期时间返回英文月份
CNTBAR( )	返回用户自定义菜单项数
CNTPAD( )	返回菜单标题数
COL( )	返回光标当前列的位置
COMPOBJ( )	比较两个对象的属性相同否
COS( )	计算并返回余弦值
CPCONVERT( )	将备注型字段或字符表达式转换为另一代码页
CPDBF( )	返回做过标记的打开表的代码页
CREATEOBJECT( )	从类定义或 OLE 创建对象
CREATEOFFLINE( )	取消存在的视图

续表

函　数	用　途
CTOD( )	将日期字符串转换为日期型
CTOT( )	从字符表达式返回日期时间
CURDIR( )	返回当前的目录或文件夹名
CURSORGETPROP( )	返回为表或临时表设置的当前属性
CURSORSETPROP( )	为表或临时表设置属性
CURVAL( )	直接从磁盘返回字段值
DATE( )	返回当前系统日期
DATETIME( )	返回当前日期和时间
DAY( )	返回日期型和日期时间型的天数
DBC( )	返回当前数据库名字和路径
DBF( )	指定工作区中的表名
DBGETPROP( )	返回当前数据库、字段、表或视图的属性
DBSETPROP( )	为当前数据库、字段、表或视图设置属性
DBUSED( )	用于测试数据库是否打开
DDEAbort Trans( )	结束 DDE（动态数据交换）事务处理
DDEAdvise( )	建立一个用于动态数据交换的通报链接或自动链接
DDEEnabled( )	允许或禁止 DDE 处理或返回 DDE 状态
DDEExecute( )	利用 DDE，执行服务器的命令
DDEInitiate( )	建立 DDE 通道
DDELastError( )	返回最后一次 DDE 函数的错误
DDEPoke( )	在客户和服务器之间传送数据
DDERequest( )	用 DDE 向服务器程序获取数据
DDESetOption( )	改变或返回 DDE 的设置
DDESetService( )	创建、释放或修改 DDE 服务名和设置
DDETerminate( )	关闭 DDE 通道
DELETED( )	返回指示当前记录是否有删除标记
DIFFERENCE( )	返回 0 ~4 之间的值，表示两字符串拼法的区别
DISKSPACE( )	返回磁盘可用空间字节数
DMY( )	从日期或日期时间中返回日月年的格式
DOW( )	返回星期几
DTOC( )	将日期型转为字符型
DTOR( )	将度转为弧度
DTOS( )	从日期或日期时间中返回 yyyymmdd 格式的日期
DTOT( )	从日期表达式返回日期时间的值

续表

函　　数	用　　途
EMPTY( )	确定表达式是否为空
EOF( )	测试记录指针是否在表尾后
ERROR( )	返回错误号
EVALUATE( )	计算并返回表达式的值
EXP( )	计算并返回指数值
FCHSIZE( )	改变文件的大小
FCLOSE( )	刷新并关闭文件或通信口
FCOUNT( )	返回字段数
FCREATE( )	创建并打开低级文件
FDATE( )	返回最后修改日期或日期时间
FEOF( )	确定指针是否指向文件尾部
FERROR( )	返回执行文件的出错信息号
FFLUSH( )	将打开的文件刷新到磁盘
FGETS( )	取文件内容
FIFLD( )	返回表中某个字段名
FILE( )	测试文件名是否存在
FILTER( )	返回由 SET FILTER 中设置的过滤器表达式
FKLABEL( )	返回功能键名（如 F1、F2、F3 等）
FKMAX( )	返回键盘中可编程功能键个数
FLOCK( )	试图对当前表或指定表加锁
FLOOR( )	计算并返回小于或等于指定数值的最大整数
FONTMETRIC( )	返回当前安装的操作系统字体，返回字体属性
FOPEN( )	打开文件
FOR( )	返回索引表达式
FOUND( )	测试最近一次搜索数据是否成功
FPUTS( )	向文件中写内容
FREAD( )	读文件内容
FSEEK( )	移动文件指针
FSIZE( )	指定字段字节数
FTIME( )	返回文件最后修改时间
FULLPATH( )	返回路径函数
FV( )	计算并返回未来值函数
FWRITE( )	将字符串写入文件
GETBAR( )	返回菜单项数

续表

函　数	用　途
GETCOLOR( )	显示窗口颜色对话框，返回所选颜色数
GETCP( )	显示代码页对话框
GETDIR( )	显示选择目录对话框
GETENV( )	返回指定的 MS - DOS 环境变量内容
GETFILE( )	显示打开对话框，返回所选文件名
GETFLDSTATE( )	表或临时表的字段被编辑返回数字
GETFONT( )	显示字体对话框，返回选取的字体名
GETOBJECT( )	激活自动对象，创建对象引用
GETPAD( )	返回菜单标题
GETPEM( )	返回属性值或事件或方法程序的代码
GETPRINTER( )	显示打印对话框，返回所选打印机名
GOMONTH( )	返回指定月的日期
HEADER( )	返回当前表或指定表头部字节数
HOME( )	返回 VFP 和 Visual Studio 目录名
HOUR( )	返回小时
IIF( )	根据逻辑表达式，返回两个指定值之一
INDBC( )	测试指定的数据库是当前数据库返回.T.
INKEY( )	返回所按键的 ASCII 码
INLIST( )	测试表达式是否在表达式清单中
INSMODE( )	返回或设置 INSERT 方式
INT( )	计算并取整
ISALPHA( )	测试字符串是否以数字开头
ISBLANK( )	确定表达式是否空格
ISCOLOR( )	测试是否在彩色方式下运行
ISEXCLUSIVE( )	测试表或数据库独占打开返回.T.
ISLOWER( )	确定字符串是否以小写字母开头
ISMOUSE( )	测试有鼠标硬件返回.T.
ISNULL( )	测试表达式是 NULL 值返回.T.
ISREADONLY( )	测试决定表是否只读打开
ISRLOCKED( )	测试返回记录锁定状态
ISUPPER( )	确定字符串是否以大写字母开头
JUSTPATH( )	返回路径
KEY( )	返回索引关键表达式
KEYMATCH( )	搜索索引标识或索引文件

续表

函　数	用　途
LASTKEY( )	返回取最后按键值
LEFT( )	从字符串的最左边字符取出子串
LEFTC( )	从字符串的最左边字符取出子串，用于双字节字符
LEN( )	返回字符串长度函数
LENC( )	返回字符串长度函数，主要用于双字节字符
LIKE( )	字符串包含函数
LIKEC( )	确定字符串包含函数，主要用于双字节字符
LINENO( )	返回从主程序开始的程序执行的行号
LOADPICTURE( )	创建图形对象引用
LOCFILE( )	查找磁盘中的文件函数
LOCK( )	对表中的当前记录加锁
LOG( )	计算并求自然对数函数
LOG10( )	计算并求常用对数函数
LOOKUP( )	搜索表中匹配的第 1 个记录
LOWER( )	将大写转换为小写
LTRIM( )	删除字符串前导空格
LUPDATE( )	返回表的最后修改日期
MAX( )	计算并求最大值
MCOL( )	返回鼠标指针在窗口中列的位置
MDX( )	返回由序号返回.cdx 索引文件名
MDY( )	将日期或日期时间换成月日年的格式
MEMLINES( )	返回备注型字段行数
MEMORY( )	返回内存可用空间
MENU( )	返回活动菜单项名
MESSAGE( )	以字符串形式返回当前出错信息
MESSAGEBOX( )	显示用户定义的信息对话框
MIN( )	计算并返回最小值函数
MINUTE( )	从日期时间表达式返回分钟
MLINE( )	从备注型字段返回指定行
MOD( )	将两数值表达式相除返回余数
MONTH( )	从日期时间表达式返回月份函数
MRKBAR( )	确定菜单项是否作选择标识
MRKPAD( )	确定菜单标题是否作选择标识
MROW( )	返回鼠标指针在窗口中列的位置

续表

函　数	用　途
MTON( )	从货币表达式返回数值
MWINDOW( )	鼠标指针是否指定在窗口内
NDX( )	返回索引文件名
NTOM( )	从数值转换为货币
NUMLOCK( )	返回或设置当前 NUMLOCKS 键的状态
OBJTOCLIENT( )	返回控件或与表单有关的对象的位置或大小
OCCURS( )	返回字符表达式出现的次数
OLDVAL( )	返回没有更新的字段值
ON( )	测试并返回发生指定情况时执行的命令
ORDER( )	返回当前控制索引文件或标识名
OS( )	返回操作系统名称版本号
PAD( )	以大写字母的形式返回菜单标题
PADL( )	返回在表达式左边、右边、两边用字符或空格填充
PARAMETERS( )	返回最近调用程序时传递的参数个数
PAYMENT( )	计算并返回分期付款本息额函数
PCOL( )	返回打印机头当前列坐标
PCOUNT( )	返回经过当前程序的参数个数
PEMSTATUS( )	返回属性、事件或方法的特性
PI( )	计算并返回 π 常数
POPUP( )	以字符串形式返回活动菜单名
PRIMARY( )	测试主索引标识返回.T.
PRINTSTATUS( )	测试打印机在线返回.T.
PRMBAR( )	返回菜单项文本
PRMPAD( )	返回菜单标题文本
PROGRAM( )	返回当前执行程序的程序名
PROMPT( )	返回所选的菜单标题的文本
PROPER( )	从字符串中分离首字母大写、其余字母小写的形式
PROW( )	返回打印机头当前行坐标
PRTINFO( )	返回当前指定的打印机设置
PUTFILE( )	调用 Save As 对话框，返回指定的文件名
RAND( )	返回介于 0 ~ 1 之间的一个随机数
RAT( )	返回最后一个子串位置
RECCOUNT( )	返回记录个数
RECNO( )	返回当前记录号

续表

函　　数	用　　途
RECSIZE( )	返回记录长度
REFRESH( )	更新数据
RELATION( )	返回关联表达式
REQUERY( )	重新搜索数据
RGB( )	返回颜色值
RIGHT( )	返回字符串的右子串
RLOCK( )	对一个表中的记录加锁
ROUND( )	返回四舍五入数值
ROW( )	返回光标行坐标
RTOD( )	将弧度转化为角度
RTRIM( )	删除字符串尾部空格
SAVEPICTURE( )	从图片对象创建一个位图文件
SCHEME( )	返回一个颜色对
SCOLS( )	返回屏幕列数函数
SEC( )	返回秒
SECONDS( )	返回经过秒数
SEEK( )	搜索被索引的表中的查找函数
SELECT( )	返回当前工作区号
SET( )	返回指定 SET 命令的状态
SIGN( )	符号函数，返回数值 1、-1 或 0
SIN( )	计算并返回正弦值
SKPBAR( )	确定菜单项是否可用
SKPPAD( )	确定菜单标题是否可用
SOUNDEX( )	返回字符串语音表示
SPACE( )	返回产生空格字符串
SQLCANCEL( )	取消执行 SQL 语句查询
SQRT( )	计算并返回平方根
SROWS( )	返回 VFP 主屏幕可用行数
STR( )	将数字型转换成字符型
STUFF( )	用一个字符串置换另一个字符串
SUBSTR( )	从字符串表达式取子串
SYS(0)	返回网络机器信息
SYS(2)	返回当天的秒数
SYS(5)	默认驱动器函数

续表

函　数	用　途
SYS(9)	返回 VFP 序列号函数
SYS(12)	返回内存变量函数
SYS(13)	返回打印机状态函数
SYS(14)	返回索引表达式函数
SYS(16)	返回执行程序名函数
SYS(17)	返回中央处理器类型函数
SYS(21)	返回控制索引号函数
SYS(100)	返回 SET CONSOLE 状态函数
SYS(101)	返回 SET DEVICE 状态函数
SYS(102)	返回 SET PRINTER 状态函数
SYS(103)	SET TALK 状态函数
SYS(1001)	返回内存总空间函数
SYS(1016)	返回用户占用内存函数
SYS(1037)	返回打印设置对话框函数
SYS(2001)	指定 SET 命令当前值函数
SYS(2002)	返回光标状态函数
SYS(2003)	返回当前目录函数
SYS(2004)	返回系统路径函数
SYS(2005)	返回当前源文件名函数
SYS(2006)	返回图形卡和显示器函数
SYS(2010)	返回 CONFIG.SYS 中文件设置个数
SYS(2011)	加锁状态函数
SYS(2015)	返回唯一过程名函数
SYS(2018)	返回错误参数函数
SYS(2019)	返回 VFP 配置文件名和位置函数
SYS(2020)	返回默认盘空间
SYS(2022)	返回指定磁盘的簇中字节数
SYS(2023)	返回临时文件路径
SYS(2029)	返回表类型函数
TAG( )	返回一个. CDX 标识名或. IDX 索引文件名
TAGCOUNT( )	返回. CDX 标识或. IDX 索引数
TAGNO( )	返回. CDX 标识或. IDX 索引位置
TAN( )	计算并返回正切函数
TARGET( )	返回被关联表的别名

续表

函　　数	用　　途
TIME( )	返回系统时间
TRANSFORM( )	按格式返回字符串
TRIM( )	去掉字符串尾部空格
TTOC( )	将日期时间转换为字符串
TTOD( )	从日期时间返回日期
TXNLEVEL( )	返回当前处理的级数
TXTWIDTH( )	返回字符表达式的长度
TYPE( )	返回表达式类型
UPDATED( )	如果当前 READ 期间数据发生变化，则返回.T. 的值
UPPER( )	将小写字母变为大写字母
USED( )	确定别名是否已用或表是否被打开
VAL( )	将字符串转换为数字型
VARTYPE( )	返回表达式数据类型
VERSION( )	FoxPro 版本函数
WBORDER( )	用于确定活动窗口是否有边界函数
WCHILD( )	返回子窗数或名称函数
WCOLS( )	返回窗口列函数
WEEK( )	返回一年的星期数
WEXIST( )	确定窗口是否存在函数
WFONT( )	返回当前窗口的字体的名称、类型和大小
WLAST( )	返回前一窗口是否被激活函数
WLCOL( )	返回窗口列坐标函数
WLROW( )	返回窗口横坐标函数
WMAXIMUM( )	确定窗口是否最大函数
WMINIMUM( )	确定窗口是否最小函数
WONTOP( )	确定最前窗口函数
WOUTPUT( )	确定输出窗口函数
WPARENT( )	返回活动窗口或父窗函数
WROWS( )	返回活动窗口或指定窗口行数
WTITLE( )	返回活动窗口或指定窗口标题
WVISIBLE( )	确定窗口是否被激活并且未隐藏
YEAR( )	从指定日期或日期时间表达式中返回年份

附录二 Visual FoxPro 6.0 命令概要

命 令	功 能
#DEFINE…#UNDEF	创建和释放编译时所用的常量
#IF…#ENDIF	根据条件编译源代码
#IFDEF | #IFNDEF…ENDIF	根据编译常量确定是否编译代码
#INCLUDE	让预处理器去处理指定头文件的内容并合并到程序中
&&	在命令行尾标明注释开始
*	在程序中用星号注释行的开始
\ | \ \	打印并显示文本行
? | ??	计算并输出表达式的值
???	把字符表达式输出到打印机
@…BOX	绘制指定的边角的方框，现用 Shape 控件实现
@…CLASS	创建一个用 READ 激活的控件或对象
@…CLEAR	清除 VFP 的主窗口的部分区域
@…EDIT—编辑框	创建编辑框，现用 EditBox 控件实现
@…FILL	改变屏幕中某一区域内已存在的文本颜色
@…GET—复选框	创建复选框，现用 CheckBox 控件实现
@…GET—组合框	创建组合框，现用 ComboBox 控件实现
@…GET—按钮	创建命令按钮，现用 CommandButton 控件实现
@…GET—列表框	创建列表框，现用 ListBox 控件实现
@…GET—选项按钮	创建选项按钮，现用 OptionGroup 控件实现
@…GET—微调	创建微调控件，现用 Spinner 控件实现
@…GET—文本框	创建文本框，现用 TexBox 控件实现
@…GET—透明按钮	创建透明命令按钮，现用 CommandButton 控件实现
@…MENU	创建一个菜单，现用菜单设计器和 CREATE MENU 命令
@…PROMPT	创建一个菜单栏，现用菜单设计器和 CREATE MENU 命令
@…SAY	在指定行列显示或打印，用 Label 控件、TextBox 控件实现
@…SAY—Pictures & OLE	显示图片和 OLE 对象，用 Image、OLE Bound、OLE Container 控件实现

续表

命　令	功　能
@…SCROLL	在窗口中的区域上、下、左、右移动
@…TO	绘制方框、圆或者椭圆，现用 Shape 控件实现
ACCEPT	从显示屏接受字符串，现用 TextBox 控件实现
ACTIVATE MENU	显示并激活一个菜单栏
ACTIVATE POPUP	显示并激活一个菜单
ACTIVATE SCREEN	激活 VFP 主窗口
ADD CLASS	添加类定义到.VCX 可视类库中
ALTER TABLE	将一个自由表添加到当前打开的数据库中
ALTER TABLE - SQL	通过编程修改表的结构
APPEND	在表的末尾添加一个或者多个新记录
APPEND FROM	将其他文件中的记录添加到当前表的末尾
APPEND FROM ARRAY	将数组的行作为记录添加到当前表中
APPEND GENERAL	从文件导入 OLE 对象，并将对象置于数据库的通用字段中
APPEND MEMO	将文本文件的内容复制到备注字段中
APPEND PROCEDURES	将文本文件的存储过程添加到当前数据库的存储过程中
ASSERT	当指定的逻辑表达式为假，则显示一个消息框
AVERAGE	计算数值表达式或者数值型字段的算术平均值
BEGIN TRANSACTION	开始一次事务处理
BLANK	清除当前记录中字段的数据
BROWSE	打开浏览窗口并显示当前表记录
BUILD APP	从项目文件中创建. APP 扩展名的应用程序
BUILD DLL	使用项目文件中的类信息创建一个动态链接库
BUILD EXE	从项目文件中创建一个可执行文件
BUILD PROJECT	创建一个项目文件
CALCULATE	对表中的字段或字段表达式执行财务和统计操作
CALL	执行指定的二进制文件、外部命令或外部函数
CANCEL	中断当前运行的 VFP 程序文件的运行
CD	CHDIR	将默认的 VFP 目录改为指定的目录
CHANGE	显示要编辑的字段
CLEAR	清除屏幕或从内存中释放指定项
CLEAR RESOURCES	从内存中清除资源文件
CLOSE	关闭各种类型的文件
CLOSE MEMO	关闭备注编辑窗口
CLOSE TABLES	关闭打开的表
COMPILE	编译程序文件并生成对应的目标文件
COMPILE DATABASE	编译数据库中的存储过程

续表

命　　令	功　能
COMPILE FORM	编译表单对象
CONTINUE	继续执行前面的 LOCATE 命令
COPY FILE	用于复制任意类型的文件
COPY MEMO	将当前记录的备注字段的内容拷贝到一个文本文件中
COPY PROCEDURES	将当前数据库中的存储过程复制到文本文件中
COPY STRUCTURE EXTENDED	将当前表的结构作为记录复制到新表中
COPY STRUCTURE	复制一个同当前表具有相同结构的空表
COPY TAG	从复合索引文件中的索引标识创建单索引文件. IDX
COPY TO	将当前表中的数据复制到指定新文件中
COPY TO ARRAY	将当前表中的数据复制到数组中
COUNT	统计表的记录个数
CREATE	创建一个新的 VFP 表
CREATE CLASS	打开类设计器，创建新的类定义
CREATE CLASSLIB	创建一个新的、空的可视类库文件
CREATE COLOR SET	从当前颜色选项中设置一个新的颜色集
CREATE CONNECTION	创建一个命名连接，并将其存储在当前数据库中
CREATE CURSOR—SQL	创建临时表
CREATE DATABASE	创建并打开一个数据库
CREATE FORM	打开表单设计器
CREATE LABEL	打开标签设计器制作标签
CREATE MENU	打开菜单设计器创建菜单
CREATE PROJECT	打开项目管理器并创建一个项目
CREATE QUERY	打开查询设计器
CREATE REPORT	在报表设计器中打开一个报表
CREATE REPORT…	快速报表命令，以编程方式创建一个报表
CREATE SCREEN…	快速屏幕命令，以编程方式创建屏幕画面
CREATE SCREEN	打开表单设计器
CREATE SQL VIEW	显示视图设计器，创建一个 SQL 视图
CREATE TABLE—SQL	创建一个具有指定字段的表
CREATE TRIGGER	创建一个表的触发器
CREATE VIEW	从 VFP 环境中建立一个视图文件
DEACTIVATE MENU	撤销用户自定义菜单栏，并将它从屏幕上消除
DEACTIVATE POPUP	关闭用 DEFINE POPUP 创建的菜单
DEACTIVATE WINDOW	撤销用户自定义窗口，并将它们从屏幕上消除
DEBUG	打开 VFP 调试器
DEBUGOUT	在“调试输出”窗口中显示表达式的值

续表

命　令	功　能
DECLARE	创建一维或二维数组
DEFINE BAR	在 DEFINE POPUP 创建的菜单上创建一个菜单项
DEFINE CLASS	创建用户自定义的类或者子类，并同时定义其属性、事件和方法程序
DEFINE BOX	在正文内容周围画一个框
DEFINE MENU	创建一个菜单栏
DEFINE PAD	在菜单栏上创建菜单标题
DEFINE POPUP	创建一个菜单
DEFINE WINDOW	创建一个窗口，并定义其属性
DELETE	为删除的记录作标记
DELETE CONNECTION	从当前的数据库中删除一个命名连接
DELETE DATABASE	从磁盘中删除一个数据库
DELETE FILE	从磁盘中删除一个文件
DELETE TAG	删除复合索引文件. CDX 中的索引标识
DELETE TRIGGER	从当前数据库中删除一个表的触发器
DELETE VIEW	从当前数据库中删除一个 SQL 视图
DIMENSION	创建一维或二维的内存变量数组
DIR 或 DIRECTORY	显示一个目录或文件夹中的文件信息
DISPLAY	显示当前表的信息
DISPLAY CONNECTIONS	显示当前数据库中的命名连接的信息
DISPLAY DATABASE	显示当前数据库的有关信息
DISPLAY DLLS	显示与共享库函数的有关信息
DISPLAY FILES	显示文件的有关信息
DISPLAY MEMORY	显示当前内存或者数组的内容
DISPLAY OBJECTS	显示一个对象或者一组对象的有关信息
DISPLAY PROCEDURES	显示当前数据库中存储过程的名称
DISPLAY STATUS	显示 VFP 环境的状态
DISPLAY STRUCTURE	显示表文件的结构
DISPLAY TABLES	显示当前数据库中的所有表及其相关信息
DISPLAY VIEWS	显示当前数据库中视图的信息
DO	执行一个 VFP 的程序或者过程
DO CASE…ENDCASE	执行第一组条件表达式为真（.T.）下面的命令
DOEVENTS	执行所有等待的 Windows 事件
DO FORM	运行已编译的表单或表单集
DO WHILE…ENDDO	根据指定的条件，循环运行一组命令
DROP TABLE	将表从数据库中移出，并从磁盘中删除

续表

命　　令	功　　能
DROP VIEW	将视图从当前数据库中删除
EDIT	显示要编辑的字段
EJECT	向打印机发送换页符
EJECT PAGE	向打印机发出条件走纸的指令
END TRANSACTION	结束当前事务处理并保存
ERASE	从磁盘中删除一个文件
ERROR	生成一个 VFP 错误信息
EXIT	退出 DO WHILE、FOR 或 SCAN 循环
EXPORT	从表中将数据复制到不同格式的文件中
EXTERNAL	向项目管理器发出未定义的引用
FILER	打开名称为“文件管理器”的文件维护程序
FIND	现用 SEEK 命令来代替
FLUSH	将表和索引所作出的修改存入磁盘
FOR…ENDFOR	将一组命令反复执行的次数
FUNCTION	标识用户自定义函数定义的开始
GATHER	将数组、内存变量组或对象中的数据置换表中当前记录
GETEXPR	建立表达式并将其存储在内存变量或数组元素中
GO | GOTO	移动记录指针到指定的记录号的记录中
HELP	打开帮助窗口
HIDE MENU	隐藏用户自定义的活动菜单栏
HIDE POPUP	隐藏一个或多个用 Define Popup 命令创建的活动菜单
HIDE WINDOW	隐藏一个活动窗口
IF…ENDIF	根据逻辑表达式，有条件地执行一组命令
IMPORT	从外部文件格式导入数据，创建一个新表
INDEX	创建一个索引文件
INPUT	从键盘输入数据，送入一个内存变量或元素
INSERT	在当前表中插入新记录
INSERT INTO - SQL	在表尾追加指定字段值的记录
JOIN	连接两个已有的表并创建新表
KEYBOARD	将指定的字符表达式存入键盘缓冲区
LABEL	根据表文件定义或打印标签
LIST	连续显示表或者环境信息
LIST CONNECTIONS	连续显示当前数据库中命名联接的有关信息
LIST DATABASE	连续显示当前数据库的有关信息
LIST DLLS	连续显示共享库函数的有关信息
LIST FILES	连续显示文件信息

续表

命　　令	功　　能
LIST MEMORY	连续显示变量信息
LIST OBJECTS	连续显示一个或者一组对象的信息
LIST PROCEDURES	连续显示数据库中内部存储过程的名称
LIST STATUS	连续显示状态信息
LIST TABLES	连续显示存储在当前数据库中的所有表及其信息
LIST VIEWS	连续显示当前数据库中的 SQL 视图的信息
LOAD	将二进制文件、外部命令或者外部函数装入内存中
LOCAL	创建本地内存变量或者内存变量数组
LOCATE	按顺序查找满足指定逻辑表达式的第一个记录
LPARAMETERS	从调用程序中向一个局部内存变量或数组传递数据
MD | MKDIR	在磁盘上建立一个新目录
MENU	创建菜单系统
MENU TO	激活菜单栏
MODIFY CLASS	打开类设计器，以便修改已定义的类或创建新的类定义
MODIFY COMMAND	打开编辑窗口，以便修改或创建程序文件
MODIFY CONNECTION	打开连接设计器，允许修改已存储在当前数据库中的有名连接
MODIFY DATABASE	打开数据库设计器，允许用户按交互方式修改当前数据库
MODIFY FILE	打开编辑窗口，修改或创建一个文本文件
MODIFY FORM	打开表单设计器，允许修改或创建表单
MODIFY GENERAL	打开编辑窗口，编辑当前记录中的通用字段
MODIFY LABEL	打开标签设计器，以便修改或创建标签文件
MODIFY MEMO	打开一个编辑窗口，以便编辑备注字段
MODIFY MENU	打开菜单设计器，以便修改或创建菜单系统
MODIFY PROCEDURE	打开文本编辑器，为当前数据库创建或修改存储过程
MODIFY PROJECT	打开项目管理器，以便修改或创建项目文件
MODIFY QUERY	打开查询设计器，以便修改或创建查询
MODIFY REPORT	打开报表设计器，以便修改或创建报表
MODIFY SCREEN	打开表单设计器，以便修改或创建表单
MODIFY STRUCTURE	打开表设计器对话框，允许在对话框中修改表的结构
MODIFY VIEW	显示视图设计器，允许修改已有的 SQL 视图
MODIFY WINDOW	编辑用户定义的窗口
MOUSE	执行单击、双击、移动或拖动鼠标
MOVE POPUP	将菜单移到新位置
MOVE WINDOW	将窗口移动到新的位置
ON BAR	指定要激活的菜单或菜单栏
ON ERROR	指定发生错误时要执行的命令

续表

命　　令	功　能
ON ESCAPE	确定程序或命令执行期间，指定按 Esc 键时所执行的命令
ON EXIT BAR	确定离开指定的菜单项时执行一个命令
ON KEY LABEL	当按下指定的键（组合键）或单击鼠标时，执行指定的命令
ON PAGE	确定打印输出到达报表指定行或执行 Eject Page 命令时，指定执行的命令
ON PAD	确定选定菜单标题时要激活的菜单或菜单栏
ON READERROR	确定为响应数据输入错误而执行的命令
ON SELECTION BAR	确定选定菜单项时执行的命令
ON SELECTION MENU	确定选定菜单栏的任何菜单标题时执行的命令
ON SELECTION PAD	确定选定菜单栏上的菜单标题时执行的命令
ON SELECTION POPUP	确定选定弹出式菜单的任一菜单项时执行的命令
ON SHUTDOWN	确定当试图退出 VFP 或 Windows 时，将执行指定的命令
OPEN DATABASE	打开一个数据库
PACK	永久删除当前表中具有删除标记的记录
PACK DATABASE	删除当前数据库中已作删除标记的记录
PARAMETERS	把调用程序传递过来的数据赋给私有内存变量或数组
PLAY MACRO	执行一个键盘宏
POP KEY	恢复用 PUSH KEY 放入栈中的 ON KEY LABEL 指定的键值
POP POPUP	恢复用 PUSH POPUP 放入栈中的指定的菜单定义
PRINTJOB…ENDPRIN JOB	激活打印作业中系统内存变量的设置
PRIVATE	从当前程序中指定隐藏调用程序中定义的内存变量或数组
PROCEDURE	标识一个过程的开始
PUBLIC	定义全局内存变量或数组
PUSH KEY	将所有当前 ON KEY LABEL 命令设置放入内存堆栈中
PUSH MENU	将菜单定义放入内存的菜单栏定义堆栈中
PUSH POPUP	将菜单定义放入内存的菜单定义堆栈中
QUIT	结束当前运行的 VFP，并把控制返回给操作系统
RD | RMDIR	从磁盘上删除目录
READ	激活控件
READ EVENTS	开始事件处理
READ MENU	激活菜单
RECALL	去掉指定记录的删除标记
REGIONAL	创建局部内存变量和数组
REINDEX	重建当前打开的索引文件
RELEASE	从内存中删除内存变量或数组
RELEASE BAR	从内存中删除指定菜单项或所有菜单项

续表

命　令	功　能
RELEASE CLASSLIB	关闭包含类定义的可视类库文件
RELEASE MENUS	从内存中删除用户自定义菜单栏
RELEASE MODULE	从内存中删除一个单独的二进制文件、外部命令或外部函数
RELEASE PAD	从内存中删除指定的菜单标题或所有菜单标题
RELEASE POPUPS	从内存中删除指定的菜单或全部菜单
RELEASE PROCEDURE	关闭用 SET PROCEDURE 打开的过程
RELEASE WINDOWS	从内存中删除窗口
RELEASE CLASS	从可视类库中删除类定义
RELEASE TABLE	从当前数据库中删除一个表
RENAME	将文件名改为新文件名
RENAME CLASS	对包含在可视类库的类定义重新命名
RENAME CONNECTION	将给当前数据库中已命名的连接重新命名
RENAME TABLE	更换当前数据库中的表名称
RENAME VIEW	更换当前数据库中的 SQL 视图名称
REPLACE	更新表中记录
REPLACE FROM ARRAY	用数组中的值更新字段数据
REPORT FORM	显示或打印报表
RESTORE FROM	从内存变量文件或备注字段恢复已保存的内存变量和数组
RESTORE MACROS	从键盘宏文件或备注字段中恢复到内存中
RESTORE SCREEN	恢复保存在屏幕缓冲区、内存变量或数组元素中的系统主窗口
RESTORE WINDOW	从窗口文件或备注字段中恢复内存窗口的定义或状态
RESUME	继续执行被挂起的程序
RETRY	重新执行同一命令
RETURN	将程序控制返回给调用程序
ROLLBACK	放弃当前事务期间所作的任何改变
RUN | !	执行外部操作命令或程序
SAVE MACROS	将键盘宏保存到键盘宏文件中
SAVE SCREEN	把窗口的图像存入屏幕缓冲区、内存变量或数组元素中
SAVE TO	将当前内存变量或数组存入到内存变量文件或备注字段中
SAVE WINDOWS	把指定窗口的定义保存到窗口文件或备注字段中
SCAN…ENDSCAN	移动表的记录指针，并对满足指定条件的记录执行一组命令
SCATTER	把当前记录的数据复制到一组变量或数组中
SCROLL	全屏幕移动主窗口或用户定义的窗口的一个区域
SEEK	查找表中首次出现索引关键字与表达式匹配的记录
SELECT	选择指定的工作区
SELECT - SQL	从表中查询数据

续表

命　令	功　能
SET	打开数据工作期窗口
SET ALTERNATE	把?、??、DISPLAY 或 LIST 命令创建的屏幕或打印机输出定向到一个文本文件
SET AUTOSAVE	当退出 READ 或返回到命令窗口时，确定 VFP 是否把缓冲中的数据保存到磁盘上去
SET ANSI	确定 SQL 命令中如何用操作符 = 对不同长度字符串进行比较
SET BELL	打开或关上计算机的铃声，并设置铃声属性
SET BLINK	设置闪烁属性或高密度属性
SET BLOCKSIZE	指定 VFP 如何为保存备注字段分配磁盘空间
SET BORDER	确定为创建的方框、菜单和窗口定义边框
SET CARRY	确定是否将当前记录的数据送到新记录中
SET CENTURY	确定是否显示日期表达式的世纪部分
SET CLASSLIB	打开一个包含类定义的可视类库
SET CLEAR	确定是否清除 VFP 主窗口
SET CLOCK ON | OFF	确定是否显示系统时钟
SET COLLATE	指定在后续索引和排序操作中字符字段的排序顺序
SET COLOR OF	指定用户自定义菜单和窗口的颜色
SET COLOR OF SCHEME	指定调色板中的颜色
SET COLOR SET	加载已定义的颜色集
SET COLOR TO	指定用户自定义菜单和窗口的颜色
SET COMPATIBLE	控制与 FoxBASE + 以及其他 Xbase 语言的兼容性
SET CONFIRM ON | OFF	确定是否通过在文本框中键入最后一个字符来退出文本框
SET CONSOLE ON | OFF	启用或废止从程序内向窗口的输出
SET CPCOMPILE	指定编译程序的代码页
SET CPDIALOG ON | OFF	打开表时，指定是否显示“代码页”对话框
SET CURRENCY TO	定义货币符号，并且指定表达式中的显示位置
SET CURSOR ON | OFF	当 VFP 等待输入时，确定是否显示插入点
SET DATEBASE	指定当前的数据库
SET DATASESSION	激活指定的表单的数据工作期
SET DATE	指定日期和日期时间表达式的显示格式
SET DEBUG ON | OFF	控制能否从菜单系统中打开调试窗口和跟踪窗口
SET DEBUGOUT	将调试结果输出到文件
SET DECIMALS TO	显示数值表达式时，指定小数位数
SET DEFAULT TO	指定缺省驱动器、目录和文件夹
SET DELETED ON | OFF	指定是否处理带有删除标记的记录
SET DEVELOPMENT ON | OFF	在运行程序时，比较目标文件的编译时间与程序的创建日期时间

续表

命　令	功　能
SET DEVICE	指定@…SAY 产生的输出定向到屏幕、打印机或文件中
SET DISPLAY	改变监视器上的当前显示方式
SET DOHISTORY	把程序中执行过的命令放入命令窗口或文本中
SET ESCAPE ON | OFF	确定按下 Esc 键时，中断所执行的程序和命令
SET EVENTLIST	确定调试时跟踪的事件
SET EVENTTRACKING	开启或关闭事件跟踪或将事件跟踪结果输出到文件
SET EXACT ON | OFF	确定精确或模糊规则，比较两个不同长度的字符串
SET EXCLUSIVE	指定 VFP 以独占方式还是以共享方式打开表
ST FDOW	指定一个星期中的第一天
SET FIELDS ON | OFF	指定表中可以存取的字段
SET FILTER	指定访问当前表中记录时必须满足的条件
SET FIXED ON | OFF	确定数值数据显示时，指定小数位数是否固定
SET FORMAT TO	打开 APPEND、CHANG、EDIT 和 INSERT 等命令格式
SET FULLPATH	指定 CDX( )、DBF( )、IDX( )和 NDX( )是否返回文件名的路径
SET FUNCTION	将表达式（键盘宏）赋给功能键或组合键
SET FWEEK	指定一年的第一个星期的条件
SET HEADINGS ON | OFF	指定 TYPE 命令显示文件内容时，是否显示字段的列标头
SET HELP ON | OFF	确定 VFP 的联机帮助功能是否可用
SET HELPFILTER	在帮助窗口显示. DBF 风格的帮助主题
SET HOURS	设置系统时钟为 12 或 24 小时格式
SET INDEX ON | OFF	打开索引文件
SET KEY	确定基于索引键的访问记录范围
SET KEYCOMP ON | OFF	控制 VFP 的击键位置
SET LIBRARY	打开一个外部 API（应用程序接口）库文件
SET LOCK ON | OFF	打开或关闭某些文件的自动锁定命令
SET LOGERRORS ON | OFF	确定 VFP 是否将编译错误消息送到一个文本文件中
SET MACKEY	显示“宏键定义”对话框的单个键或组合键
SET MARGIN TO	设置打印机左边距，并对所有定向到打印机的输出都起作用
SET MARK OF	为菜单标题或菜单项显示或清除指定标记字符
SET MARK TO	指定日期表达式显示时的分隔符
SET MEMOWINTH	指定备注字段和字符表达式的显示宽度
SET MESSAGE	确定在 VFP 主窗口或图形状态栏中显示的信息
SET MOUSE	设置鼠标能否使用，并控制鼠标的灵敏度
SET MULTILOCKS ON | OFF	确定是否用 LOCK( )或 RLOCK( )锁住多个记录
SET NEAR ON | OFF	当 FIND 或 SEEK 查找不成功时，确定记录指针停留的位置
SET NOCPTRANS	防止打开表中的选定字段转到另一个代码页

续表

命　令	功　能
SET NOTIFY ON | OFF	确定显示某种系统信息
SET NULL ON | OFF	确定 ALTER TABLE、CREATE TABLE 和 INSERT - SQL 命令是否支持 null 值
SET NULLDISPLAY	指定 null 值显示时对应的字符串
SET ODOMETER	确定处理记录的命令设置计数器的进展间隔
SET OLEOBJECT	在找不到对象时，用于确定是否搜索 OLE Registry
SET ORDER	指定表的控制索引文件或索引标识
SET PALETTE	使用 VFP 使用默认调色板
SET PATH	指定文件搜索路径
SET POINT	确定显示数值表达式或货币表达式时，确定小数点字符
SET PRINTER	确定输出到打印机
SET PROCEDURE	打开一个过程文件
SET READBORDER	确定是否在@ …GET 创建的文本框周围放上边框
SET REFRESH	确定浏览窗口，是否更新网络上其他用户的修改记录
SET RELATION	建立两个或多个已打开的表之间的关系
SET RELATIONOFF	清除当前选定工作父表与相关子表之间已建立的关系
SET REPROCESS	确定一次锁定尝试不成功时，再尝试加锁的次数或时间
SET RESOURCE	指定或更新资源文件
SET SAFETY ON | OFF	确定在改写已有文件之前，确定是否显示对话框
SET SECONDS ON | OFF	确定时间部分的秒是否在日期时间值显示
SET SEPARATOR	在小数点左边，每三位数一组用的分隔字符
SET SHADOWS	给窗口、菜单、对话框和警告信息放上阴影
SET SKIP TO	在表之间建立一对多的关系
SET SKIP OF	使用用户自定义菜单或统一菜单的菜单栏、菜单标题或菜单项
SET SPACE ON | OFF	确定使用？或?? 命令时，在字段或表达式之间是否显示空格
SET STATUS ON | OFF	显示或清除字符表示的状态栏
SET STATUS BAR	显示或清除图形状态栏
SET STEP	为程序调试打开跟踪窗口并挂起程序
SET STICKY	在选择菜单项按 Esc 键或单击鼠标前，保持菜单下拉状态
SETSYSFORMAT ON | OFF	确定是否随当前 Windows 系统设置而更新
SET SYSMENU ON | OFF	确定在程序运行期间，是否使用 VFP 系统菜单栏
SET TALK ON | OFF	确定是否显示命令结果
SET TEXTMERGE ON | OFF	确定是否对文本合并分隔符括起的内容进行计算
SET TEXTMERGE DELIMETERS	指定文本合并分隔符
SET TOPIC	调用 VFP 帮助系统时，指定打开的帮助主题
SET TOPIC ID	调用 VFP 帮助系统时，指定显示的帮助主题

续表

命　令	功　能
SET TRBETWEEN	在跟踪窗口的断点之间启用或废止跟踪
SET TYPEAHEAD	指定键盘输入缓冲区可以储存的最大字符数
SET UDFPARMS	确定参数传递方式
SET UNIQUE ON | OFF	确定索引关键字是否可以有重复记录保留在索引文件中
SET VIEW ON | OFF	打开或关闭数据工作期窗口或从一个视图文件中恢复系统环境
SET WINDOW OF MEMO	指定备注字段的编辑窗口
SHOW GET	重新显示所指定到内存变量、数组元素或字段的控件
SHOW GETS	重新显示所有控件
SHOW MENU	显示一个或多个用户自定义菜单栏，而不激活该菜单
SHOW OBJECT	重新显示指定控件
SHOW POPUP	显示一个或多个用户定义的菜单，但不激活
SHOW WINDOW	显示一个或多个用户定义窗口，但不激活
SIZE POPUP	改变用 DEFINE POPUP 创建的菜单大小
SIZE WINDOW	改变窗口的大小
SKIP	使记录指针在表中向前或向后移动
SORT	对当前表排序，并将排序后的记录输出到一个新表中
STORE	将数据储存到内存变量、数组或数组元素中
SUM	对当前表的指定数值字段或全部数值字段进行求和
SUSPEND	暂停程序的执行，并返回到 VFP 交互状态
TEXT…ENDTEXT	输出文本行、表达式和函数的结果
TOTAL	计算当前表中数值字段的总和
TYPE	显示文件的内容
UNLOCK	对表中一个或多个记录解除锁定或解除文件锁定
UPDATE - SQL	以新值更新表中的记录
UPDATE	用其他表的数据更新当前工作区中打开的表
USE	打开表及其相关索引文件或打开一个 SQL 视图，关闭表
VALIDATE DATABASE	确保当前数据库中表和索引位置的正确性
WAIT	显示一条信息并暂停 VFP 的执行
WITH…ENDWITH	指定对象的多个属性
ZAP	将表中的所有记录删除，只保留表的结构
ZOOM WINDOW	改变用户自定义窗口或系统窗口的大小及位置

参考文献

1. 匡松，何福良，等. Visual FoxPro 面向对象程序设计及应用［M］. 北京：清华大学出版社，2007.

2. 李雁翎. Visual FoxPro 应用基础与面向对象程序设计教程［M］. 2 版. 北京：高等教育出版社，2004.

3. 王珊，陈红. 数据库系统原理教程［M］. 北京：清华大学出版社，2003.

4. 教育部考试中心. 全国计算机等级考试大纲［M］. 北京：高等教育出版社，2004.

5. 刘卫国. Visual FoxPro 程序设计教程［M］. 北京：北京邮电大学出版社，2006.